"十二五"职业教育国家规划教材
经全国职业教育教材审定委员会审定

速冻食品加工技术

第2版

隋继学　李淑荣　主编

中国农业大学出版社
·北京·

内容简介

本书以项目制的形式，详细介绍速冻粮油制品、水产品、果蔬制品等加工工艺原理、加工方法及品质控制技术等知识，内容上体现实践性、应用性和先进性。与已经出版的同类教材相比，本书增加了任务分析、任务实施、评价与反馈、知识拓展等内容，体现了速冻食品行业的新技术、新知识和实践技能操作规范。

图书在版编目(CIP)数据

速冻食品加工技术/隋继学，李淑荣主编．—2版．—北京：中国农业大学出版社，2014.9(2025.7重印)

ISBN 978-7-5655-1015-1

Ⅰ.①速…　Ⅱ.①隋…②李…　Ⅲ.①冷冻食品-食品加工　Ⅳ.①TS205.7

中国版本图书馆CIP数据核字(2014)第150706号

书　名　速冻食品加工技术　第2版

作　者　隋继学　李淑荣　主编

策划编辑　康昊婷　　**责任编辑**　洪重光

封面设计　郑　川　李尘工作室　　**责任校对**　陈　莹　王晓凤

出版发行　中国农业大学出版社

社　址　北京市海淀区圆明园西路2号　　**邮政编码**　100193

电　话　发行部 010-62818525,8625　　读者服务部 010-62732336

编辑部 010-62732617,2618　　出　版　部 010-62733440

网　址　http://www.cau.edu.cn/caup　　**e-mail** cbsszs @ cau.edu.cn

经　销　新华书店

印　刷　北京时代华都印刷有限公司

版　次　2014年9月第2版　2025年7月第3次印刷

规　格　787×1 092　16开本　15.25印张　378千字

定　价　45.00元

编审人员

主　编　隋继学（河南牧业经济学院）

　　　　　李淑荣（北京农业职业学院）

副主编　张一鸣（河南牧业经济学院）

　　　　　刘　超（北京农业职业学院）

参　编（按姓氏笔画排序）

　　　　　王　丽（北京农业职业学院）

　　　　　毛新莉（郑州思念食品有限公司）

　　　　　孙向阳（河南牧业经济学院）

　　　　　刘小飞（北京农业职业学院）

　　　　　李兆棣（河南牧业经济学院）

　　　　　尚　丹（郑州三全食品股份有限公司）

　　　　　柳　青（北京农业职业学院）

主　审　黄忠民（郑州三全食品股份有限公司）

前　言

党的二十大报告提出，增进民生福祉，提高人民生活品质。随着国民经济的发展和人民生活水平的不断提高，速冻食品以其新鲜、营养、卫生、方便等优点受到人们的重视，近几年贸易量以 10%～30%的速度递增，一跃成为当今世界上发展最快的食品工业之一。

为了适应快速发展的速冻食品生产技术的要求，满足食品加工技术、食品营养与检测、食品机械与管理、农畜特产品加工、制冷与冷藏技术等专业高等职业教育的要求，本着力求适应社会行业需要，本教材在阐述基本原理的同时，突出以实践、实训教学和技能培养为主导的特点，增加了综合知识和技能的拓展，力求做到精简、精练、实用。本书不仅供高等职业院校食品类专业师生学习使用，也可作为速冻食品生产企业职工的培训用书。

本书以项目制的形式，详细介绍速冻粮油制品、水产品、果蔬制品等加工工艺原理、加工方法及品质控制技术等知识，内容上体现实践性、应用性和先进性。与已经出版的同类教材相比，本书增加了任务分析、任务实施、评价与反馈、知识拓展等内容，体现了速冻食品行业的新技术、新知识和实践技能操作规范。

本书第一版由郑州牧业工程高等专科学校隋继学任主编，郑州牧业工程高等专科学校张一鸣和马丽卿、河南农业大学黄现青、商丘职业技术学院袁仲、黑龙江农业职业技术学院郝为民、双汇集团邓九、郑州思念食品有限公司徐锋、郑州三全食品股份有限公司张华、郑州亨利制冷设备有限公司郭明涛等参编。本次出版为第二版，由河南牧业经济学院隋继学、北京农业职业学院李淑荣组织编写。前言部分和项目一由隋继学、李淑荣编写，项目二由河南牧业经济学院张一鸣、北京农业职业学院刘小飞编写，项目三由河南牧业经济学院孙向阳、北京农业职业学院刘小飞编写，项目四由河南牧业经济学院张一鸣、北京农业职业学院王丽编写，项目五由河南牧业经济学院李兆棣、北京农业职业学院刘超编写，项目六由郑州三全食品股份有限公司尚丹、北京农业职业学院刘超编写，项目七由河南牧业经济学院孙向阳、北京农业职业学院柳青编写，项目八由郑州思念食品有限公司毛新莉、河南牧业经济学院隋继学、北京农业职业学院李淑荣编写。

本书由国家速冻食品工程技术中心主任、全国速冻食品产业技术创新战略联盟秘书长、郑州三全食品股份有限公司技术总监、教授级高级工程师黄忠民主审。

由于编者水平及资料有限，不妥之处，希望兄弟院校及广大读者在使用中多提宝贵意见，以便再版时予以修改完善。

编　者

2025 年 7 月

目 录

项目一

速冻食品加工基础理论和速冻装置的认知

项目描述

本项目重点阐述了冷冻食品加工技术的基本理论、速冻食品与冷冻食品的差别、影响速冻食品质量的因素，以及生产速冻食品所需的速冻装置。

知识目标

通过本项目的学习，学生应了解速冻食品的基本理论知识，掌握速冻食品加工的基本知识，以及速冻食品生产所需速冻设备的类型和基本工作原理。

能力目标

通过本项目的学习，学生应掌握速冻食品的概念及分类，熟练掌握速冻食品加工技术的基本理论知识，以及速冻食品加工设备的使用。

任务1　认识速冻食品

【任务目标】

1. 掌握速冻食品的基本概念。
2. 明确速冻食品和冷冻食品的区别。

【相关知识】

一、速冻食品的基本概念

到目前为止，国际食品行业对速冻食品的概念还没有统一规定。一般认为真正意义上的速冻食品应同时具备以下五个方面的特征。

(1)食品冻结时的冷却介质温度应达到−30℃或以下；

(2)食品冻结过程中形成的冰结晶不超过100 μm；

(3)食品冻结时通过最大冰结晶生成带的时间不应超过30 min；

(4)食品冻结结束时的中心温度应在－18℃以下；

(5)食品冻结后的流通，包括贮藏、运输、销售等环节，都应在－18℃以下进行。

如果某冷冻食品同时具备以上特征，则可定义为速冻食品。

二、速冻食品的分类

按照速冻食品的性质及来源进行划分，速冻食品可分为畜禽类、水产类、果蔬类和调理类等四大类。

畜禽类：畜禽类包括猪肉、牛肉、羊肉等牲畜肉，也包括鸡肉、鸭肉、鹅肉和鹌鹑肉等禽肉。不管是牲畜肉还是禽肉，作为速冻食品进行冻结时，都不是胴体肉，而是分割肉。因为胴体肉的冻结速度再快，也很难在30 min内完成冻结。随着中式传统风味酱、卤、烧、烤等肉制品的生产工艺与现代食品加工技术紧密结合，中式肉制品实现了工业化生产，可微波加热的速冻中式肉制品的发展也得到了推进。

水产类：水产类主要指鱼、虾、蟹等海产品以及淡水鱼的精深加工产品。由于水产品捕捞后鲜度下降很快，因此要求冻结速度快，并在更低的温度下冷藏，如金枪鱼的冷藏温度为－45～－50℃，比一般的冷冻食品的冻结温度还低得多。速冻鱼的主要品种以小包装为主，目前较流行的品种有冻全鱼和去头、内脏、鳍、鳞后将可食部分加工成鱼段、鱼片、鱼糜、鱼丸等半成品，按1 000 g、500 g、250 g包装的速冻产品。

果蔬类：果蔬类除水果、蔬菜单体外，还包括水果、蔬菜按照客户要求切分成不同规格的片状、块状、条状、丝状等半成品。以速冻方式保藏水果，是目前常用的加工方法，由于果蔬的含水量大，必须进行快速冻结。适宜速冻加工的果蔬种类很多，速冻水果绝大部分用于制作其他食品，目前在我国还是以出口为主。

调理类：特指两种以上的生鲜农、水、畜产品为原料，加工处理，急速冷冻的食品。

三、速冻食品的特点

(1)卫生质优。食品经过低温速冻处理，既能最大限度地保持食品本身的色泽、风味及营养成分，又能有效地抑制微生物的活动，保证食用安全。

(2)营养合理。速冻调理食品配料时，可以通过原料的不同搭配来控制脂肪、热量及胆固醇的含量，以适应不同消费者的需要。

(3)品种繁多。速冻食品现有四大类，3 500多个品种，从副食到主食，从盘菜到小吃，样样俱全，这是其他加工食品不可比的。

(4)食用方便。很多速冻食品利用微波等加热即可食用，非常方便。速冻食品既能调节季节性供需平衡，又能减轻家务劳动，减少城市垃圾，保护环境。

(5)成本较低。与罐头食品相比，速冻食品具有口味鲜美和能耗低的特点。速冻食品的能耗比同类的罐头食品低30%左右。

【任务分析】

速冻食品是食品的重要组成部分，通过本任务的学习，同学们要知道究竟什么样的食品才是速冻食品。速冻食品与一般的冷冻食品相比有什么区别。深入超市进行实地考察，根据速冻食品的分类，记录每个分类3种以上的速冻食品。

【任务实施】

(一)工作准备

(1)熟记速冻食品的定义和分类。
(2)按照任务的要求,设计调研方案,确定人员分工,做好记录单。

(二)计划实施

1. 工作方案

经过小组讨论,设计调研方案,见表1-1。

表1-1 调研方案设计表

<table>
<tr><td>组长</td><td></td><td>组员</td><td colspan="3"></td></tr>
<tr><td>学习项目</td><td colspan="5"></td></tr>
<tr><td>学习时间</td><td></td><td>地点</td><td></td><td>指导教师</td><td></td></tr>
<tr><td rowspan="3">准备内容</td><td>调研对象</td><td colspan="4"></td></tr>
<tr><td>调研地点</td><td colspan="4"></td></tr>
<tr><td>调研食品名称</td><td colspan="4"></td></tr>
<tr><td>调研食品描述</td><td colspan="5"></td></tr>
</table>

2. 人员分工

确定人员分工,见表1-2。

表1-2 工作分工表

姓名	工作分工	完成时间	完成效果

【评价与反馈】

1. 小组内评价

表 1-3 小组内评价表

班级		小组		姓名	
等级	实训态度/20	知识运作能力/30	调研报告/30	协作能力/20	总分
A	态度认真，积极主动，准备充分 16～20	熟练运用知识，完成任务 24～30	报告翔实，表述准确 24～30	协作能力强，表达能力强 16～20	
B	较好 12～16	较好 18～24	较好 18～24	较好 12～16	
C	一般 8～12	一般 12～18	一般 12～18	一般 8～12	
D	较差 0～8	较差 0～12	较差 0～12	较差 0～8	
得分					

2. 小组间评价

表 1-4 小组间评价表

班级		小组	评价人	
等级	调研报告形式评分/40	调研结果评价/40	答辩/20	总分
A	形式新颖，全面反映调研内容 16～20	结果准确 30～40	流程正确，回答问题确切，知识范围广 16～20	
B	较好 12～16	较好 18～24	较好 18～24	
C	一般 8～12	一般 12～18	一般 12～18	
D	较差 0～8	较差 0～12	较差 0～12	
得分				

3. 教师评价

表 1-5 教师评价表

班级		小组		姓名	
等级	工作态度/20	知识运用能力/30	调研报告/30	协作创新能力/20	总分
A	工作认真，积极主动 16～20	知识掌握的熟练 24～30	格式规范，内容完整，真实 24～30	表现突出，报告完整，立意创新，同学认可 16～20	
B	较好 12～16	较好 18～24	较好 18～24	较好 12～16	
C	一般 8～12	一般 12～18	一般 12～18	一般 8～12	
D	较差 0～8	较差 0～12	较差 0～12	较差 0～8	
得分					

【知识拓展】

一、速冻食品和一般的冷冻食品的区别

(1)从冻结时间上分，一般的冷冻食品冻结时间比较长，少的几个小时，长的十几个甚至几十个小时。而速冻食品的冻结时间一般不超过 30 min。

(2)冷却介质的温度不同，速冻食品要求在－30℃或更低的温度下进行；而一般冷冻食品的冻结温度为－23～－25℃。

(3)由于一般的冷冻食品的冻结时间比较长，如牲畜肉胴体长达 20 多个小时，形成的冰晶数量少，规格上也比较大，一般为 500～800 μm。

(4)速冻食品的冻结终温以及在冷链中运行的温度，均为－18℃。

二、速冻食品的选购

正是由于速冻食品具有以上特点，才受到越来越多地消费者青睐，并迅速发展开来。尽管如此，消费者在选购速冻食品时，还要注意以下几个方面的问题。

(1)要选择信誉度较好的大型商场、超市购买食品，同时注意超市是否具备对速冻食品冷藏的基本条件。

(2)要选择市场占有率较高的大型企业生产的知名品牌。品牌知名度较高的产品，大多为具有实力的大型企业生产，其产品质量有保障。

(3)要选择预包装产品。一般来讲，预包装产品比散装产品更卫生、更安全。尽管 2007 年 7 月 1 日，国家规定超市不得销售散装速冻食品，但是有些规模较小的超市、商店还有可能继续销售。对于不带包装的速冻食品，消费者尽量不要购买。

(4)要选择标识规范的产品。速冻米面食品标签上不仅应标注食品名称、配料清单、净含量、制造商、经销商的名称和地址、日期标志和储藏说明，还必须标注速冻、生制或熟制以及馅料含量占净含量的百分比和食用方法等内容。

【思考练习】

1. 什么是速冻食品？其特点是什么？
2. 如何挑选速冻食品？
3. 速冻食品和一般冷冻食品有什么区别？

任务 2　食品冻结基本概念和原理的认知

【任务目标】

1. 掌握食品冻结的基本原理，为速冻食品加工奠定理论基础。
2. 掌握冻结点、冻结曲线、最大冰结晶生成带等有关概念。

【相关知识】

一、食品冻结

食品冻结是指将食品的温度降低到食品冻结点以下的某一预定温度(一般要求食品的中心温度达到－18℃或以下),使食品中的大部分水分冻结成冰晶体,以减少微生物活动和食品生化变化所必需的液态水分。

二、冻结点

冻结点是指一定压力下液态物质由液态转向固态的温度点。图 1-1 为水的相图,图中 *AO* 线为液汽线,*BO* 线为固汽线,*CO* 线为固液线,*O* 点为三相点。从图中可以看出,压力对水的冻结点有影响,真空(610 kPa)下水的冻结点为 0.009 9℃。常压(1.01×10^5 Pa)下水中溶解有一定量的空气,这些空气使水的冻结点下降,冻结点变为 0.002 4℃。纯水在一个大气压下的冰点是 273.15 K(即 0℃),可是,实际上纯水并不在 0℃时就结冻,在一般情况下,纯水只有被冷却到低于 0℃的某一温度时才开始冻结。这种现象被称为过冷。开始出现冰晶的温度与相平衡冻结温度之差,称为过冷度。冻结点和过冷点之间的水是处于亚稳态(过冷态),极易形成冰结晶。冰结晶的形成包括冰晶的成核和冰晶的成长过程。

对于水溶液而言,溶液中溶质和水(溶剂)的相互作用使得溶液的饱和水蒸气压较纯水的低,也使溶液的冻结点低于纯水的冻结点,这种现象即是溶液的冻结点下降现象。因此食品物料要降到 0℃以下才产生冰晶。溶液的冻结点下降值与溶液中溶质的种类和数量(即溶液的浓度)有关。食品物料中的“水”是含有一定溶质的溶液,只是其溶质的种类较为复杂,溶质的种类较多。

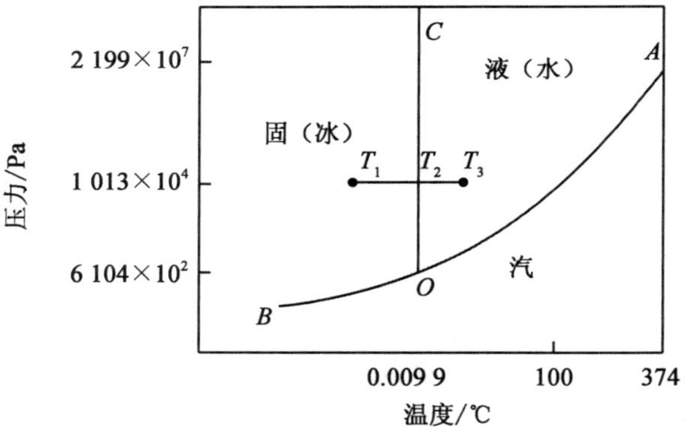

图 1-1　水的相图

三、低共熔点

下面以一个简单的二元溶液系统为例来说明溶液的冻结点下降情况。图 1-2 为蔗糖水溶液的液固相图。图中 *AB* 线为溶液的冰点曲线,也即冻结点曲线,*BC* 线为液晶线,也是蔗糖的溶解度曲线。

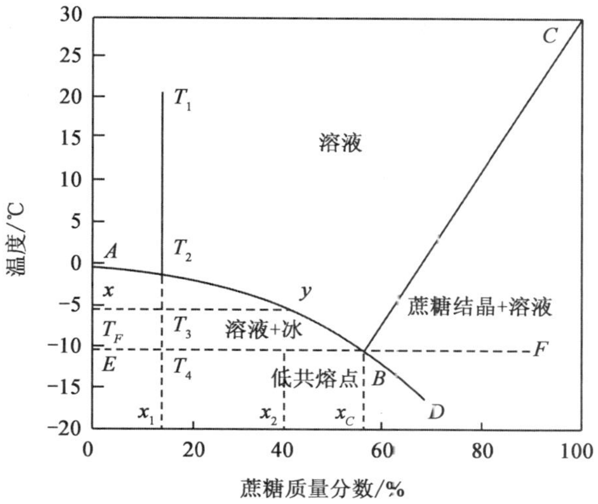

图 1-2　蔗糖水溶液的液固相图

从图上可以看出从 A 到 B，随着蔗糖溶液浓度的增加，溶液的冻结点逐渐下降。一定浓度的蔗糖溶液经过冷态后开始冻结，部分水分首先形成冰结晶，使剩余溶液的浓度增加。根据拉乌尔第二法则，剩余溶液浓度的增加又导致这些溶液的冻结点进一步下降，故而溶液的冻结并非在同一温度完成。我们一般所指的溶液或食品物料的冻结点是它(们)的初始冻结温度。溶液或食品物料在初始冻结点开始冻结，随着冻结过程的进行，水分不断地转化为冰结晶，冻结点也随之降低，直至所有的水分都冻结，此时溶液中的溶质、水(溶剂)达到共同固化，这一状态点 B 被称为低共熔点或冰盐冻结点。

四、冻结过程和冻结曲线

冻结过程是指食品物料降温到完全冻结的整个过程。冻结曲线是描述冻结过程中食品物料的温度随时间变化的曲线，它是以食品的温度为纵坐标，以冻结时间为横坐标，在普通坐标图上绘制的一条曲线。以纯水的冻结曲线为例(图 1-3)，水从初温(T_1)开始降温，达到水的过冷点 S，由于冰结晶开始形成，释放的相变潜热使水的温度迅速回升到冻结点 T_2，然后水在这种不断除去相变潜热平衡的条件下，继续形成冰结晶，温度保持在平衡冻结温度。形成一个结晶平衡带，平衡带的长度(时间)表示全部水转化成冰所需的时间。当全部的水被冻结后，冰以较快的速率降温，达到最终温度 T_3。

五、冻结速率

冻结速率是指食品物料内某点的温度下降速度或冰峰的前进速度。人们对食品冻结速度快与慢的划分，目前还未完全统一。我们经常谈到缓慢冻结、快速冻结和超快速冻结等概念。实际上冻结速率与冻结物料的特性和表示的方法等有关，目前用于表示冻结速率的方法有以下几种形式。

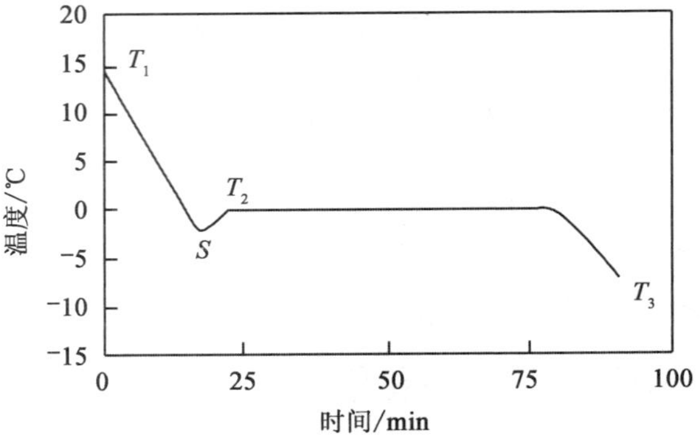

图 1-3　纯水的冻结曲线

1. 时间—温度法

一般以降温过程中食品物料内部温度最高点，即热中心的温度表示食品物料的温度。但由于在整个冻结过程中食品物料的温度变化相差较大，选择的温度范围一般是最大冰结晶生成带，常用热中心温度从−1℃降低到−5℃这一温度范围的时间来表示冻结速率。若通过此温度区间的时间少于 30 min，称为快速冻结；大于 30 min，称为缓慢冻结。这种表示方法使用起来较为方便，多应用于肉类冻结。

2. 冰峰前进速率

冰峰前进速率是指单位时间内−5℃的冻结层从食品表面伸向内部的距离，单位 cm/h。常称线性平均冻结速率、名义冻结速率。这种方法最早由德国学者普朗克提出，他以−5℃作为冻结层的冰峰面，将冻结速率分为 3 级，快速冻结 5～20 cm/h，中速冻结 1～5 cm/h，慢速冻结 0.1～1 cm/h。该方法的不足之处是在实际应用中较难测量，而且不能应用于冻结速率很慢以至于产生连续冻结界面的情况。

3. 国际冷冻协会定义

食品表面与中心温度点间的最短距离(δ_0)与食品表面达到 0℃后食品中心温度降至比食品冰点(开始冻结温度)低 10℃所需时间(τ_0)之比，该比值就是冻结速度(v)，单位 cm/h。如食品中心与表面的最短距离(δ_0)为 5 cm，食品冰点−5℃，中心降至比冰点低 10℃，即−15℃，所需时间为 10 h，其冻结速率为：

$$v=\delta_0/\tau_0=5/10=0.5\ (\mathrm{cm/h})$$

该划分规则考虑到食品外观差异、成分不同、冰点不同，故其中心温度计算值随不同食品的冰点而变化，比上法−5℃为下限温度低得多，对速冻条件要求更为严格。

4. 其他方法

冻结食品物料的外观形态，包括冻结界面(连续或不连续)、冰结晶的大小尺寸和冰结晶的位置等也可以反映冻结速率。

快速冻结的冻结界面不连续、冻结过程中食品物料内部的水分转移少，形成的冰结晶细小而且分布均匀；慢速冻结可能产生连续的冻结界面，冻结过程中食品物料内部有明显的水分转移，形成的冰结晶粗大且分布不均匀。图 1-4 显示了不同冻结速率冻结的鳕鱼肉中的冰结晶情况。这种方法直观，但不能反映冻结速率上的细小变化，而且易受冻结速率之外其他因素的影响。

通过热力学的方法也可以相当准确地测定单位时间、单位食品物料内冰结晶的生成量，以表示冻结速率。

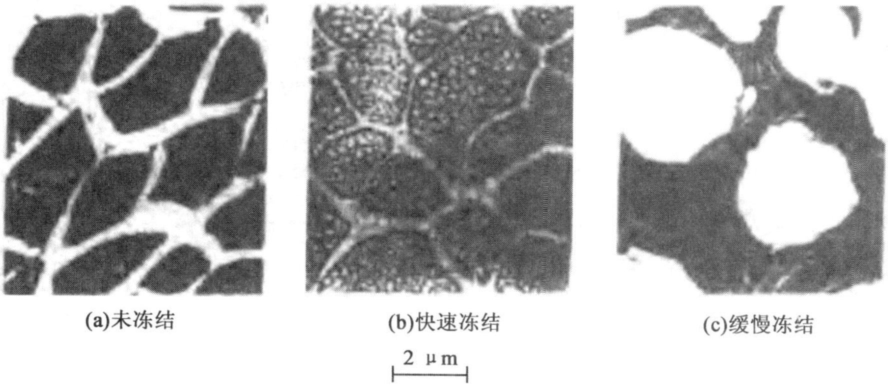

(a)未冻结　(b)快速冻结　(c)缓慢冻结

图 1-4　不同冻结速率冻结的鳕鱼肉中的冰结晶情况

【任务分析】

冻结曲线是描述冻结过程中食品物料的温度随时间变化的曲线，不同食品的冻结曲线不同，食品冻结过程可以通过冻结曲线得到反映，冻结速率对食品物料冰晶体的大小、形状、数量和分布状况等都有影响，因此要掌握冻结过程中冻结曲线的测定方法。

【任务实施】

小组讨论，制订工作方案、确定人员分工。

1. 工作方案

表 1-6　实验方案设计和记录表

<table>
<tr><td>组长</td><td></td><td>组员</td><td colspan="3"></td></tr>
<tr><td>学习项目</td><td colspan="5"></td></tr>
<tr><td>学习时间</td><td></td><td>地点</td><td></td><td>指导教师</td><td></td></tr>
<tr><td rowspan="2">准备内容</td><td>观察样品的准备</td><td colspan="4"></td></tr>
<tr><td>观察设备的准备</td><td colspan="4"></td></tr>
<tr><td>具体步骤</td><td colspan="5"></td></tr>
<tr><td>实验记录</td><td colspan="5"></td></tr>
<tr><td>实验结果</td><td colspan="5"></td></tr>
</table>

2. 人员分工

表 1-7　工作分工表

姓名	工作分工	完成时间	完成效果

【评价与反馈】

1. 小组内评价

表 1-8　小组内评价表

班级		小组		姓名	
等级	实训态度/20	知识运作能力/30	实训报告/30	协作能力/20	总分
A	态度认真，积极主动，准备充分，认真记录 16～20	熟练运用知识，完成任务 24～30	报告翔实，表述准确 24～30	协作能力强，表达能力强 16～20	
B	较好 12～16	较好 18～24	较好 18～24	较好 12～16	
C	一般 8～12	一般 12～18	一般 12～18	一般 8～12	
D	较差 0～8	较差 0～12	较差 0～12	较差 0～8	
得分					

2. 小组间评价

表 1-9　小组间评价表

班级		小组	评价人	
等级	试验方案形式评分/40	试验结果评价/40	答辩/20	总分
A	准备充分，方法正确，方案可行 16～20	结果准确 30～40	流程正确，回答问题确切，知识范围广 16～20	
B	较好 12～16	较好 18～24	较好 18～24	
C	一般 8～12	一般 12～18	一般 12～18	
D	较差 0～8	较差 0～12	较差 0～12	
得分				

3. 教师评价

表 1-10 教师评价表

班级		小组		姓名	
等级	工作态度/20	知识运用能力/30	工作方案/30	协作创新能力/20	总分
A	工作认真，积极主动 16～20	知识掌握的熟练 24～30	格式规范，内容完整，真实 24～30	表现突出，报告完整，立意创新，同学认可 16～20	
B	较好 12～16	较好 18～24	较好 18～24	较好 12～16	
C	一般 8～12	一般 12～18	一般 12～18	一般 8～12	
D	较差 0～8	较差 0～12	较差 0～12	较差 0～8	
得分					

【知识拓展】

一、食品物料的初始冻结点和低共熔点

食品物料由于溶质种类和浓度上的差异，其初始冻结点会有所不同。即使是同一类食品物料，由于品种、种植、饲养和加工条件等的差异，也会使其初始冻结点不尽相同。实际上，一些食品物料的初始冻结点多表现为一个温度范围。表 1-11 列出了一些常见食品物料的初始冻结点，表 1-12 列出了一些常见溶液和食品物料的低共熔点。

表 1-11 常见食品物料的初始冻结点 ℃

食品物料的种类	初始冻结点
蔬菜	－2.8～－0.8
水果	－2.7～－0.9
猪、牛、羊肉	－2.2～－1.7
鱼类	－2.0～－0.5
牛奶和鸡蛋	约－0.5

表 1-12 一些溶液和食品的低共熔点 ℃

种类	低共熔点
葡萄糖溶液	－5
蔗糖溶液	－9.5
牛肉	－52
冰淇淋	－55
蛋清	－77

二、食品物料的冻结曲线

图 1-5 为食品物料在不同冻结速率下的冻结曲线。图中，$A \rightarrow S$：冷却过程，只除去显热，S 为过冷点，多数样品都有过冷现象出现，但不一定很明显。过冷点的测定取决于测温仪的敏感度，对时间反应迅速的程度以及测温仪在样品中的位置。样品组织表面的过冷程度较大，一般缓冻及测温仪深插难测出过冷点。若过冷温度很小或过冷时间很短，测定时需要用灵敏度很高的测温仪。$S \rightarrow B$：结晶放热、温度回升到初始冻结点 B。$B \rightarrow C$：大部分水（约 3/4）在此阶段冻结，需要除去大量的潜热，BC 段为有一定斜率的平衡带。在此段的初始阶段水分近乎以纯水的方式形成冰结晶，后阶段则有复杂的共晶物形成。$C \rightarrow D$：由于大部分水分已冻结，此时去除一定量的热能，将使样品的温度下降较多。样品中仍有一些可冻结的水分，只有当温度已达到低共熔点温度时，所有自由水分才全部冻结。表 1-13 反映了冰淇淋中冻结水分比例和温度的关系。

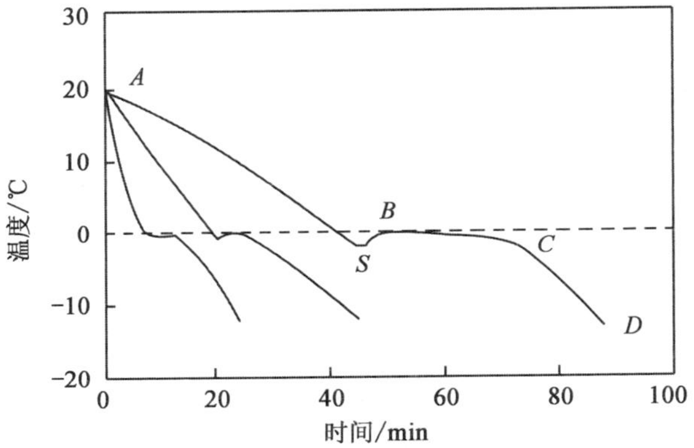

图 1-5　不同冻结速率的食品物料冻结曲线

表 1-13　冰淇淋中冻结水分比例和温度的关系

冻结水分比例/%	温度/℃	冻结水分比例/%	温度/℃
0	−2.5	40	−4.2
5	−2.6	45	−4.6
10	−2.7	50	−5.2
15	−2.9	55	−5.9
20	−3.1	60	−6.8
25	−3.3	70	−9.5
30	−3.5	80	−14.9
35	−3.9	90	−30.2

注：冰淇淋的成分为脂肪 12.5%，乳清固形物 10.5%，糖分 15%，稳定剂 0.3%，水 61.7%。

从图 1-5 可看出，冻结速率加大使冻结曲线各阶段变得不容易区分，速率很大时，曲线几乎为一直线，显示不出稳定的平衡状态。有些样品的冻结曲线显得很不规则，曲线中出现了“第二冻结点”现象，如图 1-6 所示。图中箭头所指的即为“第二冻结点”，此现象在不少活态植物组织冻结时出现，而动物性食品物料则无此现象。关于此现象目前还没有准确的解释，但多数理论认为这是由于组织中各处的水分性质不同所造成的，如细胞内水和细胞外水，不同种类细胞中的水或胶体网内外的水等。图 1-6 中还有另一现象，样品重新冻结时的冻结温度一般高于第一次冻结，图中虚线所示为重新冻结的情况。重新冻结中不再出现“第二冻结点”现象。

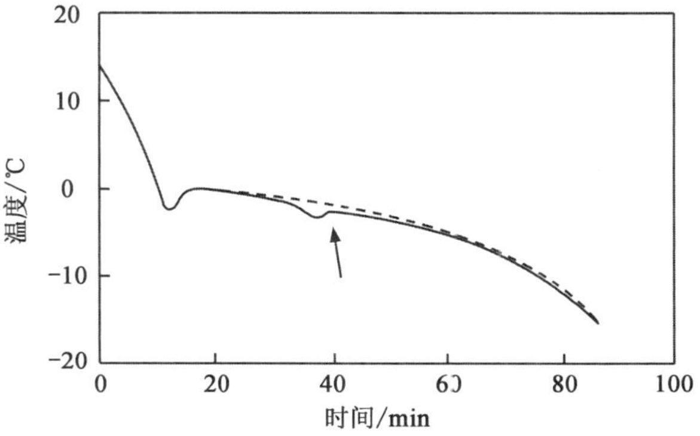

图 1-6　具有“第二冻结点”的冻结曲线

三、冻结速度与冰结晶的关系

不论是一瓶牛奶、一块肉或一个蘑菇，都不会转瞬间同时均匀地冻结，也就是说任何一种液体绝不会瞬间全部从液态转变成固态。例如，将一瓶牛奶放入冻结室内，瓶壁附近的液体首先冻结，而且最初完全是纯水形成冰晶体。随着冰晶体的不断形成，牛乳中未冻结部分的无机盐类、蛋白质、乳糖和脂肪的浓度就相应增加。随着冻结的不断进行，牛乳冻结的温度不断下降，含有溶质的溶液也就随之不断冻结，未冻结部分的溶液的浓度不断增浓，最后在牛乳中部核心位置上还会有未冻结的高浓度溶液残留下来。如果温度降到足够低（达到低共熔点）时，最后牛乳也有全部冻结固化的可能。

食品原料（动植物组织）是由无数细胞构成的。动植物组织的水分存在于细胞和细胞间隙，有的呈结合状态，有的呈游离状态。在冻结过程中，当温度降低到食品的冻结点时，那些和亲水胶体结合较弱或存在于低浓度溶液中的部分水分，主要是处于细胞间隙内的水分，就会首先形成冰晶体，这样，冰晶体附近的溶液浓度增加，与细胞内的汁液形成渗透压力差；同时由于水结成冰，体积膨胀，对细胞会产生挤压作用；再者由于细胞内的汁液的蒸汽压大于冰晶体的蒸汽压（表 1-14），使得细胞内的水分不断地向细胞外转移，并聚积在细胞间隙内的冰晶体的周围，这样存在于细胞间隙内的冰晶体就不断地增大。

表 1-14 几种温度下水与冰的蒸汽压

温度/℃	水的蒸汽压/Pa	冰的蒸汽压/Pa	温度/℃	水的蒸汽压/Pa	冰的蒸汽压/Pa
0	610.5	610.5	−20	125.7	103.5
−5	421.7	401.7	−25	80.9	63.5
−10	286.5	260.0	−30	51.1	38.1
−15	191.5	165.5	−40	18.9	12.9

细胞内的溶液与细胞间隙之间的溶液由于其所含盐类等物质的浓度不同，冻结点也有差异。如果快速冻结，细胞内、外几乎同时达到形成冰晶的温度条件，组织内冰层推进的速度也大于水分移动的速度，食品中冰晶的分布接近冻前食品中液态水分布的状态，冰晶呈针状结晶体，数量多，分布均匀。如果缓慢冻结，冰晶首先在细胞外的间隙中产生，而此时细胞内的水分仍以液相形式存在。由于同温度下水的蒸汽压大于冰的蒸汽压，在蒸汽压差的作用下，细胞内的水分透过细胞膜向细胞外的冰结晶移动，使大部分水冻结于细胞间隙内，形成大冰晶，并且数量少，分布不均匀。食品冻结过程中细胞汁液浓缩，引起蛋白质冻结变性，保水能力降低，细胞膜的透水性增加。缓慢冻结过程中，因晶核形成数量少，冰晶生长速度快，所以生成大冰晶。水变成冰时体积要增大 9%左右，大冰晶对细胞膜产生的膨胀力更大，使细胞破裂，组织结构受到损伤，解冻时大量汁液流出，致使速冻食品品质明显下降，甚至不能食用。而快速冻结时，细胞内外同时产生冰晶，晶核形成数目多，冰晶细小且分布均匀，组织结构无明显损伤，解冻时汁液流失少，解冻品的复原性好。所以快速冻结的食品比缓慢冻结食品的质量好。

下面通过举例来说明食品的冻结速度对冰晶体的大小、形状、数量和分布状况影响很大。表 1-15 为龙须菜采用不同冻结方法时冻结速度与冰晶大小的关系。从表 1-16 中可以看到，冻结速度快时冰晶细小而且量大，而冻结速度慢时则冰晶粗大而且量少。因此速冻技术是控制冰晶体颗粒大小的有效方法。

表 1-15 龙须菜的冻结速度对冰晶体的大小影响

冻结方法	冻结介质的温度/℃	冻结速度顺序	冰晶体的大小/μm		
			长度	宽度	厚度
液氮	−196	1	5～15	0.5～5	0.5～5
干冰	−80	2	29.2	18.2	6.1
盐水	−18	3	29.7	12.8	9.1
平板	−40	4	320.0	163.0	87.6
空气	−18	5	920.0	544.0	324.4

表 1-16　食品的冻结速度对冰晶体的大小、数量等的影响

冻结速度（通过 0～－5℃的时间）	大小（直径×长度）/μm×μm	形状	冰结晶数量	分布位置
数秒	(1～5)×(5～10)	针状	无数	细胞内
1.5 min	(0～20)×(20～50)	杆状	多数	细胞内
40 min	(50～100)×100 以上	柱状	少数	细胞内
90 min	(50～200)×200 以上	块粒状	少数	细胞外

四、最大冰结晶生成带

对于新鲜食品来说，一般温度降至－5℃时，已有 80％的水分生成冰结晶，故把－5～－1℃称为最大冰结晶生成带，即食品冻结时生成冰结晶最多的温度区间。对于冰点较高的肉、鱼、蔬菜、鸡蛋、牛奶来说，最大冰结晶生成带大体处于－5～－1℃范围内。

最大冰结晶生成带对冻结食品质量的影响主要表现在以下几个方面：

(1)食品组织结构在冻结过程中受到损伤的程度取决于冰结晶的形成情况(如冰结晶的大小、数量、形状及位置)，而冰结晶的形成情况又取决于通过最大冰结晶生成带的时间长短。一系列研究表明，通过最大冰结晶生成带的时间越短，食品的质量就越好。

(2)肌肉中的蛋白质，尤其是肌球蛋白发生冻结变性速度最快的温度区间为－3～－2℃，恰好处于最大冰结晶生成带内。为了减轻肌球蛋白的冻结变性，应该迅速通过最大冰结晶生成带。

(3)对 α 淀粉来说，发生 β 化变化最快的温度区间为－1～1℃，在－5～－1℃的温度范围，β 化的速度仍然很快。因此，对于含有 α 淀粉的烹调冷冻食品来说，迅速通过最大冰结晶生成带也是很重要的。

(4)有些低温微生物在－5～－1℃温度下仍能发育。为了抑制这一部分微生物的发育需要迅速通过最大冰结晶生成带，使食品温度尽快降至－12℃以下。

【思考练习】

1. 什么是食品冻结、冻结点和低共熔点？
2. 什么是冻结过程和冻结曲线？冻结速度和冰结晶形成的关系怎样？
3. 什么是最大冰结晶生成带？最大冰晶生成带对冻结食品质量的影响有哪些？

任务 3　影响速冻食品质量的因素

【任务目标】

速冻食品的质量是否良好与速冻加工过程的各个环节有直接关系，通过本任务的学习，了解食品原料的性质，速冻前的加工处理工艺，速冻过程中的冷却介质、温度、机械传送方式等各

种因素对速冻食品品质的影响，以及速冻后冷藏、运输、销售和家庭贮藏等环节对速冻食品品质的影响。

【相关知识】

一、速冻食品原料品质对速冻食品品质的影响

具备速冻加工条件的食品，其初始品质的好坏直接影响速冻食品的品质。一般认为，初始品质越好，新鲜度越高，其冻结加工后的品质也就越好。果蔬收获时间过早或过晚、虫害和农药污染严重、采摘时造成的机械损伤等都不利于其冻结加工。对于肉类食品，屠宰前动物是否安静休息、屠宰后冲洗和放血是否干净、胴体污染控制的程度以及对胴体是否进行适当冷却等都是影响冻结质量的重要因素。一般来说，收获、屠宰或捕捞与速冻加工之间的时间间隔越短，速冻食品质量越好。为了保证水产品的新鲜度，应在捕捞后迅速冷却和冻结。

二、速冻前的加工处理工艺对速冻食品品质的影响

1. 果蔬类食品速冻前的预处理

果蔬类食品冻结前加工处理工艺包括原料的挑选及整理、清洗、切分、漂烫、冷却等环节。对每一生产环节必须认真操作，任何不当操作都会影响冻结质量。要检验挑选、整理原料时，不能食用的部分是否剔除、大小是否均匀，清洗是否符合卫生标准，切分是否整齐，漂烫时间、温度是否达到要求，冷却温度的高低及冻结前需要包装的食品其包装是否严密等。

2. 肉类食品速冻前的预处理

为保持牛、羊肉类食品的鲜嫩度，速冻前需要在 0～2℃的冷却间内先预冷却成熟。在此过程中，选择适当的冷却条件和冷却方式尤其重要。一般采用低温冷却，以空气温度 0～2℃，湿度 86%～92%，流速 0.15～0.5 m/s 为宜。

三、速冻过程中影响品质的因素

冻结过程中对速冻食品品质的影响大致有：溶液中溶质的重新分布、冰晶体的形成和长大、残留液的浓缩现象等。但导致这些影响的关键因素是冻结速度。研究表明，冻结速度越快，冻结溶液内溶质的分布往往越均匀，产生的冰晶体颗粒越小，解冻后的复原性越好，残留液浓缩的危害性越小。因此可以说与冻结速度有关的各种条件都是影响速冻食品品质的重要因素。影响食品冷却过程中的冷却速度和冷却终了温度的因素有：冷却介质的相态、冷却介质运动的状态（自然流动或强制流动）和速度、冷却介质与食品的温差、冷却介质的物理性质（热容量、导热系数等）、食品的厚度与物理性质（质量热容、导热系数等）。其影响主要有以下几个方面。

1. 冷却介质及其温度的影响

冷却介质是从食品中吸收热量，并把热量传递给冷却装置的媒介物。通常采用的冷却介质有气体、液体和固体。

采用气体作为冷却介质的主要是空气，空气随处可得，不需任何费用。但空气的对流换热系数小，冷却速度慢。空气若长时间地作用于食品，会引起食品的不良变化，这主要因为空气中的氧与肉中脂肪的氧化作用。

采用液体为冷却介质的主要是冷水和水冰混合物。水的对流换热系数大，冷却速度快。用冷水作为冷却介质没有氧化和干耗的问题，但是用冷水作为冷却介质容易对食品造成交叉污染，如禽类冷却时沙门氏菌污染的问题。用冷水作为冷却介质还会产生食品中可溶性物质的损失和食品的携带水量过多的问题。

采用固体作为冷却介质的主要是淡水冰。用冰作为冷却介质，食品的冷却速度比用空气作为冷却介质的快，但比用水作为冷却介质的慢。

在相同条件下，冷却介质温度越低，冻结速度越快。但需要指出的是，冷却介质温度越低，制冷装置的能量消耗也越大。因此，从经济方面考虑，应选择合适的冷却介质温度。根据目前我国的具体情况，采用氨做制冷剂，蒸发温度一般选择在－45～－35℃。

2.食品冻结终止温度的影响

食品冻结终止温度应低于或等于冻结后贮藏温度，这有利于保持食品在速冻状态下形成的组织结构。如果食品的冻结终止温度高于贮藏温度，那么在冻藏过程中就会出现食品的再次缓慢冻结，食品组织内部未冻结的水分就会生成较大的冰结晶，从而出现组织结构被破坏、蛋白质变化、解冻时汁液流失增加等现象，影响速冻食品的质量。

3.机械传送方式的影响

机械传送方式对速冻食品的质量有一定影响，适宜的机械传送可以防止物料与传送带黏结或物料与物料黏结，从而保证物料的完整性和实现单体快速冻结。例如，采用水平传送带传送冻结食品，在微冻区往往会出现黏结现象。为了防止这种现象的产生，可在水平传送带上增加一定数量的驼峰。此外，机械传送装置的运行速度必须根据不同品种的要求而作适当调整。运行过快，达不到规定的冻结时间，不能保证冻结质量；运行过慢，影响生产速度，耗能增高、效率低等。

四、速冻后续过程中影响品质的各种因素

在速冻后冻藏、运输、销售及家庭食用前的储存过程中，影响速冻食品品质的因素主要是温、湿度的波动及储存方式。一般食品在速冻过程中，大约有90％以上的水分被冻结，微生物与酶的作用被有效地抑制，因此可以长期储存。但是，如果在上述各环节中出现较大的温、湿度波动（尤其是温度波动发生在－18℃以上），再加上冻藏时间延长而出现的缓慢氧化作用，往往会使速冻食品出现冰结晶大、干耗大、变色等现象，从而使其品质下降。因此，为保证速冻食品的品质，应尽可能形成冻藏、运输、销售及家庭贮藏全过程的冷藏链，使速冻食品始终处于－18℃以下的恒定温度中。

【任务分析】

速冻水饺是同学们喜爱的食品，某一加工厂的水饺速冻后突然出现了失水、个体之间粘连，色泽变暗等现象，同学们根据出现的问题，进行分析造成水饺品质变化的原因，并提出相应的控制措施。

【任务实施】

小组讨论，制订工作方案、确定人员分工。

1. 工作方案

表 1-17 实验方案设计表

组长		组员			
学习项目					
学习时间		地点		指导教师	
准备内容	准备正常工艺下的水饺				
	准备工艺出现问题的水饺				
速冻水饺存在的问题分析					
提出相应的控制措施					

2. 人员分工

表 1-18 工作分工表

姓名	工作分工	完成时间	完成效果

【评价与反馈】

1. 小组内评价

表 1-19 小组内评价表

班级		小组		姓名	
等级	实训态度/20	知识运作能力/30	实训报告/30	协作能力/20	总分
A	态度认真，积极主动，准备充分 认真记录，16～20	熟练运用知识，问题分析准确，解决措施得当 24～30	报告翔实，表述准确 24～30	协作能力强，表达能力强 16～20	

续表 1-19

班级		小组		姓名	
B	较好 12～16	较好 18～24	较好 18～24	较好 12～16	
C	一般 8～12	一般 12～18	一般 12～18	一般 8～12	
D	较差 0～8	较差 0～12	较差 0～12	较差 0～8	
得分					

2. 小组间评价

表 1-20　小组间评价表

班级		小组	评价人	
等级	问题分析评价/40	解决措施评价/40	答辩/20	总分
A	准备充分，问题分析正确，16～20	解决的方法得当，30～40	流程正确，回答问题确切，知识范围广 16～20	
B	较好 12～16	较好 18～24	较好 18～24	
C	一般 8～12	一般 12～18	一般 12～18	
D	较差 0～8	较差 0～12	较差 0～12	
得分				

3. 教师评价

表 1-21　教师评价表

班级		小组		姓名	
等级	工作态度/20	知识运用能力/30	工作方案/30	协作创新能力/20	总分
A	工作认真，积极主动 16～20	知识掌握的熟练 24～30	格式规范，内容完整，真实 24～30	表现突出，报告完整，立意创新，同学认可 16～20	
B	较好 12～16	较好 18～24	较好 18～24	较好 12～16	
C	一般 8～12	一般 12～18	一般 12～18	一般 8～12	
D	较差 0～8	较差 0～12	较差 0～12	较差 0～8	
得分					

【知识拓展】

一、食品在冻结过程中的物理和化学变化

1. 体积的变化和产生膨胀压

0℃的纯水冻结后体积约增加 9%，不同温度时水和冰的质量体积如表 1-22 所示。因为食品中含有水分，因此，食品物料在冻结后也会发生体积膨胀，但膨胀的程度较纯水小。

但也有一些例外情况，加高浓度的蔗糖溶液冻结后体积会出现很小的收缩。影响这一变化的因素包括：

(1)物料的成分中含有水分和空气。食品物料中溶质和悬浮物的存在具有“替代”效应，也就是这些物质的存在相对减少了物料中的水分含量，而水是导致物料体积发生变化的原因，水分的减少使冻结时物料体积的膨胀减小；物料内的空气主要存在于细胞之间（特别是对于植物组织），空气可为冰结晶的形成与长大提供空间，因此空气所占的体积增大，会减小体积的膨胀。

(2)冻结时未冻结的水分的比例。食品物料中可以冻结的自由水分的减少意味着结冰时冰结晶的减少，溶质的种类和数量会影响到物料中结合水的量和形成过冷状态的趋势。

表 1-22　水和冰在不同温度时的质量体积

状态	温度/℃	质量体积/(m^3/kg)
水	100	$1.043\ 430\times10^{-3}$
	20	$1.000\ 273\times10^{-3}$
	4	$1.000\ 000\times10^{-3}$
	0	$1.000\ 132\times10^{-3}$
冰	0	$1.090\ 000\times10^{-3}$
	−185	$1.085\ 300\times10^{-3}$

水结冰后随着温度下降，虽然也有所收缩，但是其收缩微乎其微，只有几万分之一。即使温度降低至−185℃，也远比4℃时水的体积要大得多，所以含水分多的食品冻结时体积会膨胀。比如牛肉的含水量为70%，水分冻结率为95%，则牛肉的冻结膨胀率为：

$$0.70\times0.95\times0.09=0.060 \text{ 或 } 6.0\%$$

食品冻结时表面水分首先冻结成冰，然后冰层逐渐向内部延伸。当内部的水分冻结膨胀时会受到外部冻结层的阻碍，于是产生内压，即冻结膨胀压。当外层受不了这样的内压时食品就会破裂。在采用温度很低的液氮冻结，食品的厚度较大时产生的龟裂就是此内压造成的。

冻结前后物料的体积在不同温度段的变化规律不同，这些温度段可以分为：冷却阶段（收缩）、冰结晶形成阶段（膨胀）、冰结晶的降温阶段（收缩）、溶质的结晶阶段（收缩或膨胀视溶质的种类而定）、冰盐结晶的降温阶段（收缩）、非溶质如脂质的结晶和冷却（收缩）。多数情况下，冰结晶形成所造成的体积膨胀起主要作用。

2. 水分的重新分布

冰结晶的形成还可能造成速冻食品物料内水分的重新分布，这种现象在缓慢冻结时较为明显。因为缓慢冻结时食品物料内部各处不是同时冻结，细胞外（间）的水分往往先冻结，冻结后造成细胞外（间）的溶液浓度升高，细胞内外由于浓度差而产生渗透压差，使细胞内的水分向细胞外转移。

3. 机械损伤

机械损伤也称冻结损伤。食品物料冻结时冰结晶的形成、体积的变化和物料内部存在的温度梯度等会产生机械应力并产生机械损伤。机械损伤对脆弱的食品组织，如果蔬等植物组织的损伤较大。一般来说，冻结时的体积变化和机械应力是食品物料产生冻结损伤的主要原因。机械应力与食品物料的大小、冻结速率和最终温度有关。小的食品物料冻结时内部产生的机械应力小些。对于一些含水高、厚度大的物料，表面温度下降极快时可能导致物料出现严重的裂缝，这往往是由于物料组织的非均一收缩所致(物料外壳首先冻结固化，而当内部冻结膨胀时导致外壳破裂)。

4. 非水相组分被浓缩

由于冻结时物料内水分是以纯水的形式形成冰结晶，原来水中溶解的组分会转到未冻结的水分中而使剩余溶液的浓度增加。浓缩的程度主要与冻结速率和冻结的终温有关，在冰盐结晶点之上时温度越低，浓缩程度越高。液态食品物料冻结时加以搅拌可以减少溶质在固-液界面的聚集，有助于纯冰结晶的形成，溶质的浓缩也将达到最大限度。缓慢冻结会导致连续、平滑的固-液界面，冰结晶的纯度较高，溶质的浓缩程度也较大；反之，快速冻结导致不连续、不规则的固-液界面，冰结晶中会夹带部分溶质，溶质的浓缩程度也就较小。冻结-浓缩现象可以用于液态食品物料的浓缩。对冻结食品而言，大粒冰结晶和浓缩引起的危害都很大。因此，快速冻结是保证速冻食品质量的重要因素。

二、速冻食品在冻藏过程中的物理和化学变化

1. 重结晶

重结晶是指冻藏过程中食品物料中冰结晶的大小、形状、位置等都发生了变化，冰结晶的数量减少、体积增大的现象。人们发现，将速冻的水果与缓冻的水果同样储藏在－18℃下，速冻水果中的冰结晶不断增大，几个月后速冻水果中冰结晶的大小变得和缓冻的差不多，这种情况在其他食品原料中也会发生。重结晶的程度取决于单位时间内冻藏温度波动的次数和程度，波动幅度越大，波动次数越多，则重结晶的现象就越严重。因此，即使食品在快速冻结的条件下形成细小均匀的冰结晶，若冻藏条件不好，也会促使冰晶体迅速长大，而数量迅速变少，这样会严重破坏食品的组织结构。因此，冻藏食品的重结晶会使冻藏食品受到和缓慢冻结同样的伤害。在正常的冻藏条件下，食品内部的冰结晶的大小会发生一定的变化，如表 1-23 所示。

表 1-23　冻藏过程中食品内部冰晶体大小的变化

冻藏时间/d	冰晶体的直径/μm	解冻后肉的状态
刚冻结	70	完全恢复
7	84	完全恢复
14	115	组织不规则
30	125	略有恢复
45	140	略有恢复
60	160	未能恢复

2. 冻结烧和干耗

冻结烧又称为冻烧、冻干害、干缩，这是由于食品物料表面脱水(升华)形成多孔干化层，物

料表面的水分可以下降到10%以下，使食品物料表面出现氧化、变色、变味等品质明显降低的现象。冻干害是一种表面缺陷，多见于动物性的组织。

干耗发生的原因是冻结室内的空气未达到水蒸气的饱和状态，其蒸汽压小于饱和水蒸气压，而鱼、肉等含水量较高，其表面层接近饱和水蒸气压，在蒸气压差的作用下食品表面水分向空气中蒸发，表面层水分蒸发后内层水分在扩散作用下向表面层移动。由于冻结室内的空气连续不断地经过蒸发器，空气中的水蒸气凝结在蒸发器表面，减湿后常处于不饱和状态，所以冻结过程中的干耗在不断进行着。

预防减少干缩的措施包括减少冻藏间的外来热源及温度波动，降低空气流速，改变食品物料的大小、形状、堆放形式和数量，采取适当的包装等。

3. 脂类的氧化和降解

冻藏过程中食品物料中的脂类会发生自动氧化作用，结果导致食品物料出现哈喇味。此外，脂类还会发生降解，游离脂肪酸的含量会随着冻藏时间的增加而增加。乳和冰淇淋中的固形物含量与脂类氧化的敏感性有关；冰淇淋中脂肪含量在39.5%以上时，−18℃冻藏3个月不会发生变味，而脂肪含量低时，容易发生变味。浓缩乳(3∶1)的非脂固形物低于38%时，−27.2℃冻藏24个月也没有氧化味的产生。脂类的氧化受少量的铜、铁等金属离子催化，如冰淇淋中1.25 mg/kg的铜即会导致氧化味的产生。浓缩乳中加入螯合剂可减少氧化味的产生，螯合剂主要有柠檬酸、磷酸、苹果酸、酒石酸及其衍生物等。乳和乳制品冷冻前的加热和均质对抑制氧化有作用。加热对氧化的抑制主要是由于硫氢基化合物的形成。而含硫化合物与乳或冰淇淋的加热味有关，一般欲冻藏的乳品应先进行加热处理，加热温度应稍高于市售牛乳和冰淇淋。均质的抑制效应与其可减少金属离子浓度有关。抗氧化剂对脂类的氧化有抑制作用。此外，冻藏的温度对稳定性也有一定的影响。

4. 蛋白质溶解性下降、变性

冻结的浓缩效应往往导致大分子胶体的失稳，蛋白质分子可能会发生凝聚，溶解性下降，甚至会出现絮凝、变性等。冻藏时间延长往往会加剧这一现象。而冻藏温度低、冻结速率快可以减轻这一现象。成分(总固形物)不同的乳品长期储藏(120天)后发生的变化明显不同。热处理可明显延长未变性贮藏期。均质对蛋白质的稳定性有降低作用，且浓缩前均质比浓缩后均质影响要小一些。冷冻前牛乳的冷藏和冷处理对蛋白质稳定性有不利的影响。但冷藏前的加热处理对减少此影响有好处，加热还可减少冷藏时乳糖结晶的形成。

5. 其他变化

冻藏过程中食品物料还会发生其他一些变化，如pH、色泽、风味和营养成分等。pH的变化一般是由于食品物料的成熟和未冻结部分溶质的浓缩所导致的，冻藏过程中食品物料pH变化的速率和程度与物料的缓冲能力、所含盐的组成、蛋白质和盐的相互作用、酶活性和保藏温度有关。pH的变化所引起的质量变化并不明显，但理论上可知pH会影响酶的活性和细胞的通透性。

果蔬在冻藏过程中会出现叶绿素的减少而导致的褪色。表1-24显示了一些绿色蔬菜在不同冻藏温度下叶绿素减少10%所需的时间。因此速冻蔬菜在冻结前应进行热烫处理，若热烫处理不够，在冻藏过程中会变成褐色。这种变色是由于未被钝化的多酚氧化酶、叶绿素酶或过氧化物酶所引起的。

表 1-24 绿色蔬菜在不同冻藏温度下叶绿素减少 10%所需的时间 个月

蔬菜	－18℃	－12℃	－7℃
青豌豆	43	12	2.5
菠菜叶	30	6	1.6
菠菜梗	14	3	0.7
青刀豆	10	3	0.7

果蔬中维生素 C 的含量也会由于氧化作用而减少，维生素 C 氧化的速率与冻藏的温度有很大的关系，研究表明冻藏温度－18℃以下可以大大降低维生素 C 氧化的速率。

上述的冻藏过程中的化学变化是由于食品物料发生了相应化学反应的结果。从冻藏过程中非酶反应和酶促反应的速率变化的角度看，温度的降低一般会导致反应速率降低，但冻藏过程中还有一些导致反应速率增加的因素。在冻藏过程中食品物料非酶反应的速率往往会增加，这是由于冻结的浓缩效应导致食品物料中未冻结部分的反应物浓度提高，这种现象在浓度低的食品物料中尤为突出。所以整体的效果是非酶反应的速率一般会增加。酶活性受抑制的程度与温度有很大关系，一般在冻结点以下的 0～10℃的范围内，酶的活性可能降低也可能增加，温度再低时，酶的活性一般受到抑制。因此，在－18℃以下的温度冻藏的食品物料，在冻藏过程中的酶促反应一般会减小。

三、速冻和低温贮藏过程中微生物的变化

1. 低温和微生物的关系

任何微生物都有一定的正常生长繁殖的温度范围，温度越低，它们的活动能力也越弱。温度降低到微生物的最低生长温度时，微生物就会停止生长。一般食品腐败菌繁殖的适宜温度为 20～40℃，但根据微生物对温度的耐受性，可分为低温菌、中温菌及高温菌，有少数细菌、酵母和霉菌在－10℃以下仍能繁殖，长期保藏的鱼类，在－30～－25℃的温度下才比较可靠。一般微生物加热到 50～70℃即可死亡，但嗜热菌的生长可耐受 75℃的高温，而芽孢则需 100℃以上的高温蒸汽方可杀死。许多嗜温菌和嗜冷菌的最低生长温度低于 0℃，有的甚至可低达－8℃，如荧光杆菌的最低生长温度为－8.9℃。温度降至微生物的最低生长温度以下，就会导致微生物死亡。不过在低温下，微生物的死亡速度比在高温下缓慢得多。大多数食物中毒菌在 10℃以上能迅速生长繁殖，某些食物中毒菌和病原菌在温度降低至 3℃前仍能缓慢的生长繁殖。嗜冷菌在－10～0℃温度范围内仍能缓慢的生长。食品温度低于－10℃，微生物停止生长并逐渐死亡，但达不到无菌的程度。表 1-25 是食品中微生物生长的最低温度。

2. 低温导致微生物活力降低和死亡的原因

温度下降，微生物细胞内的酶的活性随下降，使得物质代谢过程中各种生化反应速度减慢，因而微生物的生长繁殖速度也随之减慢。在正常情况下，微生物细胞内各种生化反应总是协调一致的。但在降温时，各种生化反应按照各自的温度系数（Q_{10}）减慢，破坏了各种生化反应的协调一致性，从而破坏了微生物细胞内的新陈代谢。温度下降时，微生物细胞内的原生质黏度增加，胶体吸水性下降，蛋白质分散度改变，最后还会导致不可逆的蛋白质凝固，破坏其物质代谢的正常运行，对细胞造成严重的损害。食品冻结时，冰晶体的形成会使得微生物细胞内

的原生质或胶体脱水，细胞内溶质浓度的增加常会促使蛋白质变性，同时冰晶体的形成还会使微生物细胞受到机械性的破坏。

表 1-25　食品中微生物生长的最低温度　℃

食品	微生物	生长最低温度	食品	微生物	生长最低温度
猪肉	细菌	−4	乳	细菌	−1～0
牛肉	霉菌、酵母菌、细菌	−1～1.6	冰淇淋	细菌	−10～−3
羊肉	霉菌、酵母菌、细菌	−5～−1	大豆	霉菌	−6.7
火腿	细菌	1～2	豌豆	霉菌、酵母菌	−4～6.7
腊肠	细菌	5	苹果	霉菌	0
熏肉	细菌	−10～−5	葡萄汁	酵母菌	0
鱼贝类	细菌	−7～−4	浓橘汁	酵母菌	−10
草莓	霉菌、酵母菌、细菌	−6.5～0.3			

3.影响微生物低温致死的因素

(1)温度的高低　温度在冰点左右或冰点以上，部分能适应低温的微生物会逐渐生长繁殖(表 1-26)，最后也会导致食品变质，这是冷却贮藏的食品不耐久藏的原因。冻结温度对微生物的威胁性很大，尤其是−5～−2℃的温度对微生物的威胁性最大。但是温度下降到−25～−20℃时，微生物的死亡速度反而缓慢得多。因为温度低至−25～−20℃时，微生物细胞内的生化反应几乎完全停止，胶质体的变性也十分缓慢。

表 1-26　牡蛎在贮藏过程中的细菌数

贮藏时间/天	下列各贮藏温度时每毫升的细菌数/个		
	5℃	0℃	−5℃
0	1 600	1 600	1 600
6	6 600	3 600	3 400
17	66 500	4 100	2 100
24	1 660 000	8 900	1 800

(2)冷却速度　在冻结温度以上时，冷却越快，微生物的死亡率也越大。这是因为在迅速降温过程中，微生物细胞内的新陈代谢所需的各种生化反应的协调一致性迅速破坏。食品冻结时的情况恰恰相反，缓冻会导致大量微生物死亡，而速冻则相反。因为缓冻时形成量少、粒大的冰晶体，不仅对微生物细胞产生机械性破坏作用，还促使蛋白质变性。速冻时食品在对细胞威胁性最大的−5～−2℃的温度范围内停留的时间甚短，而且温度会迅速下降到−18℃以下，能及时终止微生物细胞内酶的反应和延缓胶质体的变性，故微生物的死亡率较低。一般来说，食品速冻过程中的微生物的死亡率仅为原菌数的 50%左右。

(3)结合水分和过冷状态　细菌的芽孢和霉菌的孢子中水分含量较低，其中结合水的含量较高，在降温时较易进入过冷状态，而不形成冰晶体，这就有利于保持细胞内胶质体的稳定性，使其不易死亡。

(4)介质　高水分和低 pH 的介质会加速微生物的死亡，而糖、盐、蛋白质、脂肪等对微生物有保持作用。

(5)贮藏时间　冻结贮藏时微生物的数量一般总是随着贮藏期的增加而减少，但贮藏温度越低，减少的量越少。食品在冻结贮藏时，微生物数量虽也会下降，但和高温热处理具有本质的区别，因为低温并不是有效的杀菌措施，而是抑制其生长繁殖的有效措施。温度为－10℃时，几乎所有的微生物已停止生长，因此－10～－12℃成为冻结食品能长期贮藏的安全温度。而酶的活性，一般只有当温度下降至－20～－30℃时，才有可能受到很大的抑制。

四、速冻和低温贮藏过程中酶活性的变化

酶是生物机体组织内活细胞产生的一种具有催化特性的特殊蛋白质，生物体内的一切代谢反应几乎都是由酶来催化完成的。不论是动物性食品还是植物性食品，它们本身都含有各种各样的酶。它们进行生化反应的速度随食品的性质而不同。特别是鱼类中的海水鱼，在适宜温度条件下，其生化反应进行得很快。鱼类因其自身组织中酶的作用，使之在相当短的时间内，经过一系列中间变化，使蛋白质水解为氨基酸和其他含氮化合物及非含氮化合物，脂肪分解生成游离的脂肪酸，糖原酵解成乳酸。由于鱼体组织中氨基酸一类物质的增多，为腐败微生物繁殖提供了有利条件，使鱼类的品质急剧变坏，以致不能食用，这是酶带来的不良作用。所以鱼类越新鲜，其风味与营养价值越好。相反，畜肉食品的生化反应过程进行缓慢。牲畜经屠宰放血后，停止对肌肉细胞供给氧气，破坏了肌肉组织的新陈代谢，使其停止了生命活动，破坏了正常的生理活动，其体内氧化酶的活动减弱，有自行分解作用的酶活动加强。酶在有机磷化物的参与下很快地将糖原变成乳酸，磷化物形成正磷酸。由于乳酸和磷酸的积聚，使肉呈酸性，这时肉呈僵硬状态，坚硬干燥，不易煮烂。肉僵硬以后，肉中乳酸继续增加，又使肌肉变柔软，富有汁液，具有肉香味，较易煮烂(即肉的成熟)。虽然肉的成熟能改善肉类本身的品质和风味，但也为下一步肉的腐败创造了条件。因为经过成熟的畜肉呈酸性，不利于腐败细菌的繁殖，如果继续在较高温度条件下保存，蛋白质在蛋白酶的作用下会分解产生氨，使肉呈碱性，为腐败细菌创造有利环境，引起肉类的腐败变质。果蔬类等蛋白质含量少的食品，由于氧化酶的催化，促进了其呼吸作用，由于呼吸作用的加强，使温度升高，加速了食品的腐败变质。

酶的活性与温度有关，在一定的温度范围内(0～40℃)，酶的活性随温度上升而增大，但是酶也是一种蛋白质，其本身也会因温度过高而变性，失去其催化特性。图 1-7 为温度对酶促反应速率的影响。在酶促反应中，这两个相反的影响是同时存在的，因此在某一温度时，酶促反应速度最大，这个温度就称为酶的最适温度。大多数酶的最适温度为 30～50℃，当温度超过酶的最适温度时，酶的活性就开始受到破坏。当温度达到 80～90℃时，几乎所有的酶的活性都遭到破坏。酶的活性因温度而发生的变化常用温度系数 Q_{10} 来衡量：

$$Q_{10}=\frac{K_2}{K_1}$$

式中：K_1 为温度为 t℃时酶活性所导致的化学反应速率；K_2 为温度为$(t+10)$℃时酶活性所导致的化学反应速率。

在一定的温度范围内，大多数酶的 Q_{10} 值为 2～3，也就是说温度每下降 10℃，酶的活性就

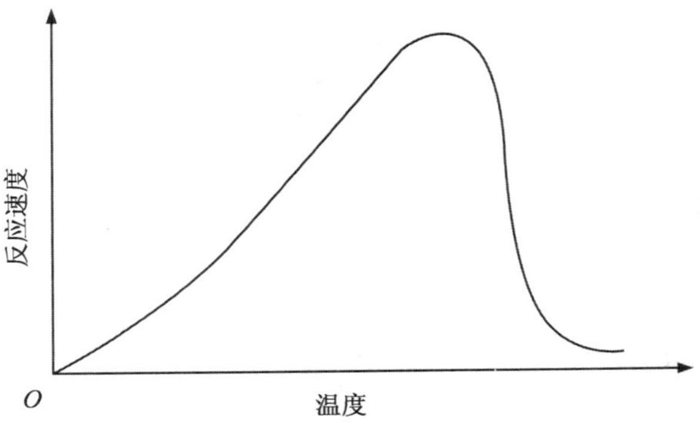

图 1-7　温度对酶促反应速率的影响

会削弱至 1/3～1/20,低温虽然不能破坏酶的活性,但可以在一定程度上抑制酶的活性。温度越低,对酶活性的抑制作用越强。例如,将食品的温度维持在－18℃以下,食品中酶的活性就会受到很大程度的抑制,从而有效地延缓了食品的腐败变质。然而,酶在低温下往往仍有部分活性,因而其催化作用仍在非常缓慢地进行。例如,胰蛋白酶在－30℃下仍有微弱的活性,脂肪水解酶在－20℃下仍能引起脂肪的缓慢水解。另外应该引起注意的是,速冻食品在解冻时酶的活性将重新活跃起来,加速食品的变质。

为了将食品在冻结、冻藏和解冻过程中由于酶活性而引起的不良变化降低到最低程度,食品常经过短时间热烫(或预煮),预先将酶的活性钝化,然后再冻结。热烫处理的程度应控制恰好能够破坏食品中各种酶的活性。由于过氧化物酶是最耐热的酶,当过氧化物酶失活时,可以保证所有的其他酶也受到破坏,因此常采用检验食品中过氧化物酶的残余活性的方法,来确定食品热烫处理的工艺条件是否达到要求。

引起食品变质的化学反应大部分是由于酶的作用,但也有一部分不与酶直接有关,如油脂的酸败。油脂与空气直接接触,发生氧化反应,生成醛、酮、酸、内酯、醚等化学物质,并且油脂本身黏度增加,相对密度增加,出现令人不愉快的"哈喇"味,这称为油脂的酸败。无论是细菌、霉菌、酵母等微生物引起的食品变质,或者由酶引起的变质,以及非酶起的变质,在低温环境下,均可以延缓、被减弱。但低温并不能完全抑制微生物的作用,即使是在冻结点以下的低温,速冻食品进行长期贮藏,其质量仍然有所下降。

五、低温过程中果蔬呼吸和蒸腾作用的变化

水果、蔬菜在采后储藏时,虽然不再继续生长,但它们仍是一个有机体,即仍然有生命、有呼吸作用。呼吸作用的实质是在一系列专门酶的参与下,经过许多中间反应所进行的一个缓慢的生物氧化-还原过程,呼吸过程中的氧化作用,能够把微生物分泌的水解酶氧化成无害物质,使果蔬的细胞不受毒害,从而阻止微生物的侵入。由此可见,果蔬自身在储藏中能控制机体内酶的作用,并对引起腐败、发酵的外界微生物的侵入有一定的抵抗能力。但另一方面,它们是活体,要进行呼吸,与采摘前不同的是它们不能再从母株上得到水分及其他营养物质,只能消耗体内的物质而逐渐衰老变成死体。因此,要长期储藏植物性食品,就必须维持它们的活体状态,同时又要减弱它们的呼吸作用。低温能够减弱果蔬的呼吸作用,延长它们的储藏期,

但温度又不能过低，温度过低会引起植物性食品的生理病害，甚至把它们冻死。储藏温度应该选择在不致使植物发生冻死现象时的温度。如能同时调节空气中的成分（氧、二氧化碳、水分），更能取得良好的效果。

另外，果蔬还存在蒸腾作用，果蔬的表面组织含有很多微小气孔和裂口，在储藏过程中，果蔬内部的水分通过这些气孔和裂口蒸腾到空气中，造成损耗。很多果蔬在损耗率超过收获重量的5%时，新鲜度和光泽明显降低，表面皱纹增多，失去商品价值。果蔬的蒸腾作用受果蔬品种、成熟度、温度、湿度、风、气压、光等因素的影响，其中温度的影响最大。温度越低，蒸腾量越小，其主要原因有：①单位容积空气中能够包含的水蒸气（饱和水蒸气）量变小；②细胞液黏度增大，组织内水分移动减慢；③组织内水分子的运动能量减少，不易从组织中蒸腾到空气中去。控制好水果蔬菜的呼吸作用，可以较好保持食品的品质。

【思考练习】

1. 简述影响速冻食品品质的因素有哪些？
2. 食品冻结过程中发生哪些物理和化学变化？
3. 速冻食品在储藏过程中品质发生怎样的变化？

任务4　速冻装置的认知与基本工作原理

【任务目标】

1. 了解速冻装置的组成及工作原理。
2. 了解常用速冻装置的类型及优缺点。

【相关知识】

一、速冻装置的基本组成和类型

1. 速冻装置的基本概念

(1)速冻装置就是用来完成食品速冻加工的机器与设备的总称。从结构上看大致包括制冷系统、传动系统、输送系统、控制系统等。

(2)间接接触速冻装置指的是把食品放在由制冷剂（或载冷剂）冷却的板、盘、带或其他冷壁上，使物料与冷壁直接接触，但与制冷剂（或载冷剂）间接接触的装置。

(3)直接接触速冻装置要求食品（包装或不包装）与不冻液直接接触，食品在与不冻液换热后，迅速降温冻结。

2. 速冻装置的类型

用于食品快速冻结的装置有很多种，目前常用的有以空气为冷却介质的隧道式、螺旋式等速冻装置，有以金属为冷却介质的平板式、钢带式等间接接触速冻装置，还有以液氮、液态氟利昂为冷却介质的喷淋或浸渍式直接接触速冻装置，表1-27给出了目前速冻食品生产中常用的速冻装置的类型。

表 1-27 速冻装置的类型

空气速冻装置	间接接触速冻装置	直接接触速冻装置
隧道式速冻装置	传送带式速冻隧道	吊篮式连续速冻隧道
推盘式连续速冻隧道	螺旋式速冻装置	流态化速冻装置
斜槽式流态化速冻装置	一段带式流态化速冻装置	两段带式流态化速冻装置
往复振动式流态化速冻装置	搁架式速冻装置	平板式速冻装置
卧式平板式速冻装置	立式平板式速冻装置	回转式速冻装置
钢带式速冻装置	载冷剂接触速冻装置	低温液体速冻装置
液氮速冻装置	液态二氧化碳(CO_2)速冻装置	R_{12} 速冻装置

二、空气速冻装置

(一)隧道式速冻装置

隧道式速冻装置的特点是冷空气在隧道中循环,食品通过隧道时被冻结。根据食品通过隧道的方式,可分为传送带式、吊篮式、推盘式速冻隧道等几种。

1. 传送带式速冻隧道

速冻装置的组成和特点:这种速冻装置由蒸发器、风机、传送带及包围在它们外面的隔热壳体构成。该装置的特点是投资费用较低,通用性强,自动化程度较高。该装置有多种形式,如单网带式、双网带式等,如图 1-8 所示是直线式单网带速冻装置,图 1-9 为直线式双网带速冻装置(由郑州亨利制冷设备有限公司生产)。

图 1-8 FLA2515A 型直线式单网带速冻装置

图 1-9 FLB2608 型直线式双网带速冻装置

速冻装置的适用对象:传送带式速冻隧道可用于冻结汤圆、水饺、粽子、包子、馒头等米面食品,也可以冻结块状鱼(整鱼或鱼片)、剔骨肉、肉制品、果酱、水果、蔬菜等,特别适合于包装产品,而且最好用冻结盘操作,冻结盘内也可以放散装食品。

2. 吊篮式连续速冻隧道

速冻装置的组成和特点:这种速冻装置的结构如图 1-10 所示,其特点是机械化程度高,劳动强度低，生产效率高，冻结速度快，冻品各部位降温均匀，色泽好，质量高。吊篮式连续速冻装置的主要缺点是结构不紧凑，占地面积较大，风机耗能高，经济指标差。吊篮式连续速冻隧道目前主要用于冻结家禽等食品。

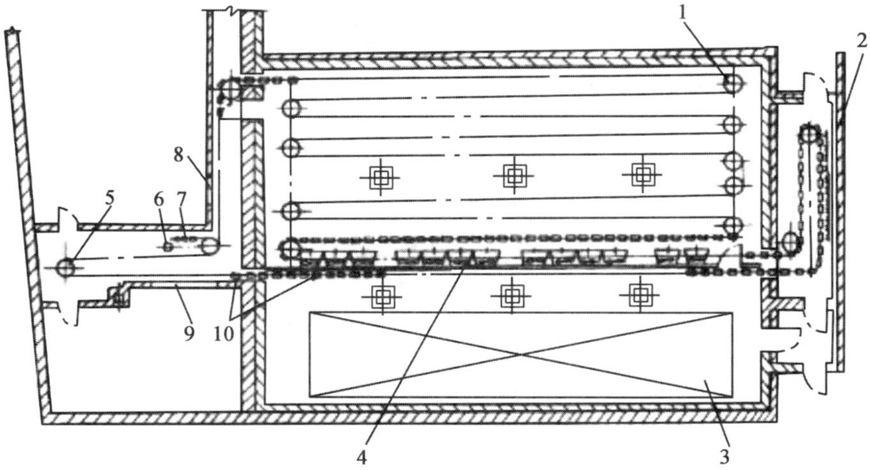

图 1-10　吊篮式连续速冻隧道

1. 横向轮　2. 乙醇喷淋系统　3. 蒸发器　4. 轴流风机　5. 张紧轮
6. 驱动电机　7. 减速装置　8. 卸料口　9. 进料口　10. 链盘

冻结工艺过程：家禽经宰杀并晾干后，用塑料袋包装，装入吊篮中，然后吊篮上链，由进料口 9 被传送链输送到速冻间内。在速冻间内首先用冷风吹约 10 min，使家禽表面快速冷却，达到色泽定型的效果。然后吊篮被传输到喷淋间内，用－24℃左右的乙醇溶液（浓度 40%～50%）喷淋 5～6 min，家禽表面层快速冻结。离开喷淋间后，吊篮进入速冻间，在连续运行过程中，从不同的角度受到风吹，使家禽各处温度均匀下降。最后吊篮随传送带到达卸料口 8，冻结过程结束。

3. 推盘式连续速冻隧道

速冻装置的组成和特点：这种速冻装置主要由隔热隧道室、冷风机、液压传动机构、货盘推进和提升设备构成。如图 1-11(a)所示。这种装置的特点是连续生产，冻结速度较快；构造简单、造价低，设备紧凑，隧道空间利用较充分。主要用于冻结果蔬、虾、肉类副食品和小包装食品等。

货盘推进设备的工作原理：推头装置如图 1-11(b)所示。货盘底部焊有两条扁钢，承放在两道扁铁组成的滑轨上，每对滑轨有两个推动装置。在液压系统的作用下，推头顶住盘底的扁钢，将货盘向前推进。当推头后退复位时，被货盘后端的扁钢压下，滑过后，由于偏心作用，推头自动抬起、复位并进入推进状态。通过推头的反复动作，货盘便向前移动。另外，还有两个提升装置，将货盘分层提升。食品装入货盘后，在货盘入口由液压推盘机构推入隧道，每次同时进盘两只，货盘到达第一层轨道的末端后，被提升装置升到第二层轨道，如此往复经过三层，在此过程中，食品被冷风机强烈吹风冷却，不断地降温冻结，最后经出口推出，每次出盘也是两只。

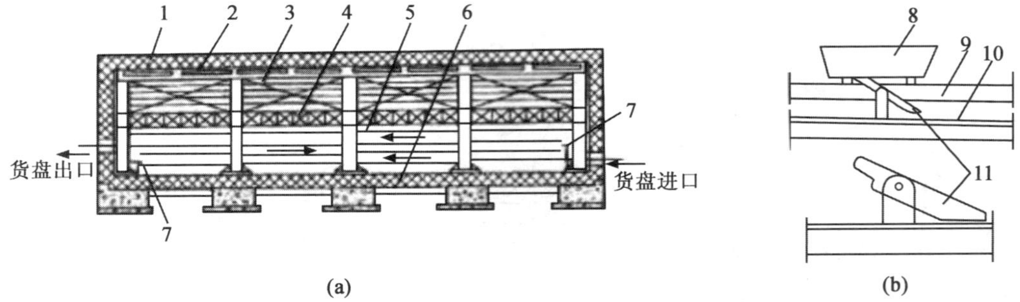

图 1-11　推盘式连续速冻隧道示意图

1. 绝热层　2. 冲霜淋水管　3. 翅片蒸发排管　4. 鼓风机　5. 给水箱　6. 水泥空心板　7. 货盘提升装置　8. 货盘　9. 滑轨　10. 推动轨　11. 推头

(二)螺旋式速冻装置

速冻装置的组成和特点:这种速冻装置由转筒、蒸发器、风机、传送带及一些附属设备等组成,如图 1-12 是单螺旋速冻装置(由郑州亨利制冷设备有限公司生产),图 1-13 为单螺旋速冻装置结构示意图。螺旋式速冻装置的优点是:①紧凑性好,其占地面积仅为一般水平输送带面积的 25%。②在整个冻结过程中,产品与传送带相对位置保持不变。③可以通过调整传送带的速度来改变食品的冻结时间。④进料、冻结等在一条生产线上连续作业,自动化程度高。⑤冻结速度快,干耗小,冻结质量高。该装置的缺点是,在小批量、间歇式生产时,耗电量大,成本较高。这种装置主要适用于冻结单体不大的食品,如饺子、烧卖、对虾,经加工整理的果蔬,还可用于冻结各种熟制品,如鱼饼、鱼丸等。

图 1-12　SLSSG2510J 型单螺旋式速冻装置

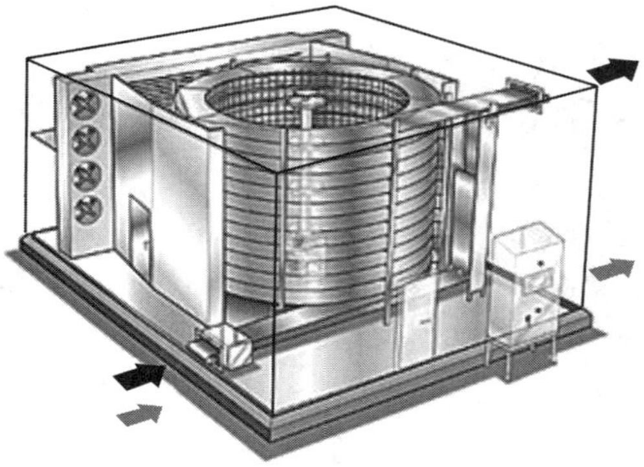

图 1-13　单螺旋式速冻装置结构示意图

螺旋式速冻装置的工作原理:这种装置的主体部分为一转筒,传送带由不锈钢扣环组成,按宽度方向成对地接合,在横、竖方向上都具有挠性。当运行时,拉伸带子的一端就压缩另一端,从而形成一个围绕着转筒的曲面。借助摩擦力及传动机构的动力,传送带随着转筒一起运动,传送带的螺旋升角约 2°,传送带缠绕的圈数由冻结时间和产量确定。被冻结的食品可直接放在传送带上,也可采用冻结盘,食品随传送带进入速冻装置后,由下盘旋而上,冷风则由上向下吹，与食品逆向对流换热，提高了冻结速度，与空气横向流动相比，冻结时间可缩短 30%左右。食品在传送过程中逐渐冻结，冻好的食品从出料口排出。

(三)流态化速冻装置

食品流态化速冻装置按其机械传送方式可分为：斜槽式流态化速冻装置、振动流态化速冻装置、带式流态化速冻装置。其中振动流态化速冻装置包括往复振动和直线振动流态化速冻装置两种，带式流态化速冻装置又可分为一段带式和两段带式流态化速冻装置。如果按流态化形式可分为全流态化和半流态化速冻装置。

1. 斜槽式流态化速冻装置

速冻装置的组成和特点：斜槽式流态化速冻装置也称盘式流态化速冻装置，如图 1-14 所示。这种冻结装置没有传送带，其主体部分为一块固定的多孔底板(称为槽或盘)，槽的进口稍高于出口，以便食品借助风力自动向前移动。冻结的食品由滑槽连续排出，作业是连续化的。斜槽式流态化速冻装置的主要特点是构造简单、成本低，冻结速度快，冻品降温均匀，质量好。

速冻装置的工艺：在斜槽式流态化速冻装置中，产品层的厚度可达到 120～150 mm，厚度增加可使冻结量提高。产品层的厚度、冻结时间和冻结产量，均可通过改变进料速度和排出堰的高度来调节。该装置的蒸发温度在−40℃以下，垂直向上的风速为 6～8 m/s，冻品间风速为 1.5～5 m/s，冻结时间一般为 5～10 min。

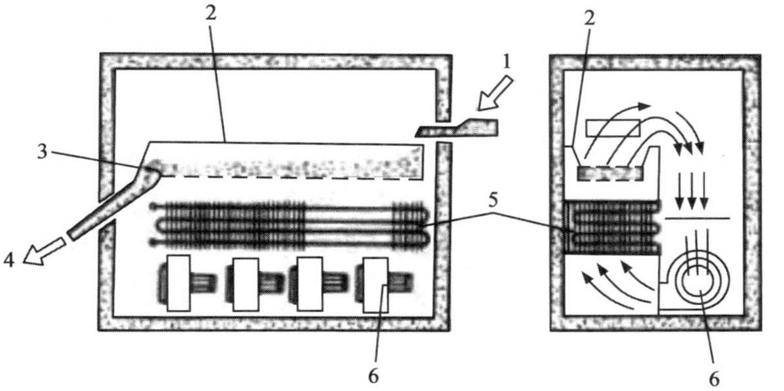

图 1-14　斜槽式流态化速冻装置

1. 进料口　2. 斜槽　3. 排出堰　4. 出料口　5. 蒸发器　6. 风机

2. 一段带式流态化速冻装置

速冻装置的组成和特点：这种装置的示意图如图 1-15 所示。在该装置中，产品靠传送带输送，而不是借助气动来通过冻结空间的。与斜槽式流态化速冻装置比较，该装置的特点是允许冻结的食品种类更多、产量范围更大；由于颗粒之间摩擦强度小，因此易碎食品通过冻结间时损伤较小。但由于食品厚度较小、冻结时间较长，所以占地面积较大。

速冻装置的工作原理和工艺：冻品首先经过脱水振荡器 2，去除表面的水分，然后随进料带 4 进入“松散相”区域 5，此时的流态化程度较高，食品悬浮在高速的气流中，从而避免了食品间的相互黏结。待到食品表面冻结后，经匀料棒 6 均匀物料，到达“稠密相”区域 7，此时仅维持最小的流态化程度，使食品进一步降温冻结。冻结好的食品最后从出料口 14

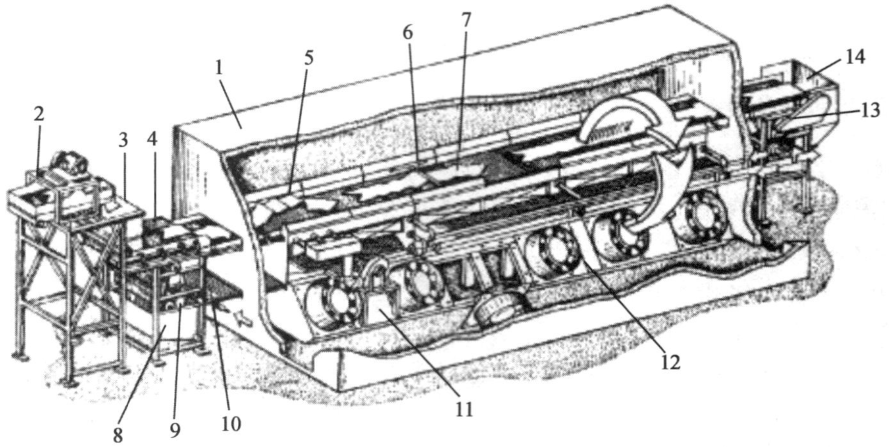

图 1-15　一段带式流态化速冻装置

1.隔热层　2.脱水振荡器　3.计量漏斗　4.变速进料带　5.“松散相”区　6.匀料棒　7.“稠密相”区　8、9、10.传送带清洗、干燥装置　11.离心风机　12.轴流风机　13.传送带变速装置　14.出料口

排出。

3.两段带式流态化速冻装置

该装置将一段带式速冻装置的传送带分为前后两段，其他结构与一段带式基本相同。第一段传送带为表层冻结区，功能相当于一段式的“松散相”区域；第二段传送带为深温冻结区，功能与一段式的“稠密相”区域相同。两段传送带间有一高度差，当冻品由第一段落到第二段时，因相互冲撞而有助于避免彼此黏结。与一段带式速冻装置相比，两段式系统更适合于大而厚的产品，如肉制品、鱼块、肉片、草莓等。上层带子的移动速度可比下层带子的快 3 倍，这样，上层带子上的产品层较薄，再加上该段的气流速度也较高，从而防止了食品颗粒黏结。

4.往复振动式流态化速冻装置

速冻装置的组成和特点：图 1-16 为国产往复振动式流态化速冻装置。其主体部分为一带孔不锈钢钢板，钢板厚 2～3 mm，孔径 3 mm，孔距 8 mm，长度上每 500 mm 为一孔群，间隔 20 mm，以增强流化床的强度，在连杆机构带动下作水平往复式振动。流态化速冻装置具有冻结速度快，有效传热面积较正常冻结状态大 3.5～12 倍，耗能低和易于实现机械化连续生产等优点，这种冻结方式消除了流沟和物料跑偏现象，使冷量得到充分有效的利用。流态化速冻装置适用于冻结球状、圆柱状、片状、块状颗粒食品，尤其适于果蔬类单体食品的冻结。

速冻装置的工作原理：脉动旁通机构为一旋转风门，可按一定的角速度旋转，使通过流化床和蒸发器的气流量时增时减(10%～15%)，因而可以调节到适于各种食品的脉动旁通气流量，以实现最佳流态化。装置运行时，食品首先进入预冷设备，表面水分被吹干，表面硬化，避免了相互间的粘连。进入流化床后，冻品受钢板振动和气流脉动的双重作用，冷气流与冻品充分混合，实现了完全的流态化。

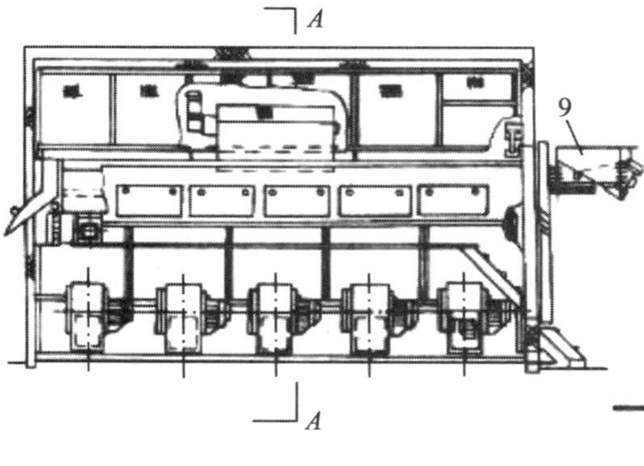

图 1-16　QLS 往复振动式流态化速冻装置

1. 热箱体　2. 操作检修廊　3. 流化床　4. 脉动旋转风门　5. 融霜淋水管
6. 蒸发器　7. 离心风机　8. 冻结隧道　9. 振动布风器

三、间接接触速冻装置

1. 平板速冻装置

速冻装置的组成和工作原理：这种装置的主体是一组作为蒸发器的空心平板，平板与制冷剂管道相连，它的工作原理是将冻结的食品放在两相邻的平板间，并借助油压系统使平板与食品紧密接触。平板速冻装置有分体式和整体式两种形式。根据平板的工作位置，平板式速冻装置又可分为卧式平板速冻装置和立式平板速冻装置。

平板速冻装置的特点：①对厚度小于 50 mm 的食品来说，冻结速度快、干耗小、冻品质量高；②在相同的冻结温度下，它的蒸发温度可比吹风式速冻装置提高 5～8℃，而且不用配置风机，电耗比吹风式减少 30%～50%；③占地少，节约了土建费用，建设周期也短。平板速冻装置的缺点是，厚度超过 90 mm 以上的食品不能使用，未实现自动化装卸的装置仍需较大的劳动强度。

2. 回转式速冻装置

速冻装置的组成和特点：回转式速冻装置如图 1-17 所示，其主体为一个回转筒，由不锈钢制成。这种装置是一种新型的接触式速冻装置，也是一种连续式速冻装置。该装置的特点是：占地面积小，结构紧凑；冻结速度快，干耗小，连续冻结生产率高。该装置适用于冻结鱼片、块肉、虾、菜泥以及流态食品。

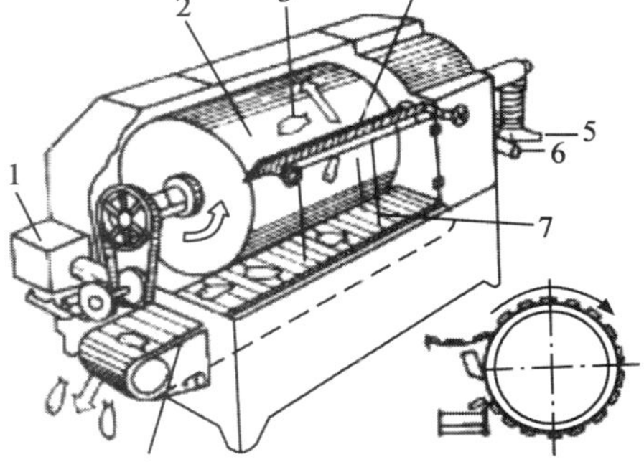

图 1-17　回转式速冻装置

1. 电动机　2. 滚筒冷却器　3. 进料口
4、7. 刮刀　5. 盐水入口　6. 盐水出口
8. 出料传送带

3. 钢带式速冻装置

速冻装置的工作原理：不锈钢的回转桶外壁即为冷表面，内壁之间的空间供制冷剂直接蒸发或供载冷剂流过换热，制冷剂或载冷剂由空心轴一端输

入筒内，从另一端排出。冻品呈散开状由入口被送到回转筒的表面，由于转筒表面温度很低，食品立即粘在上面，进料传送带再给冻品稍施加压力，使它与回转筒表面接触得更好。转筒回转一周，完成食品的冻结过程。冻结食品转到刮刀处被刮下，刮下的食品由传送带输送到包装生产线。

速冻装置的组成和特点：这种速冻装置的主体是钢带传输机，如图1-18所示，传送带由不锈钢制成。钢带式速冻装置的主要特点为：①连续流动运行；②能在几种不同的温度区域操作；③同平板式、回转式相比，带式速冻装置结构简单，操作方便。缺点是占地面积大。该装置适于冻结鱼片、调理食品及某些糖果类食品等。

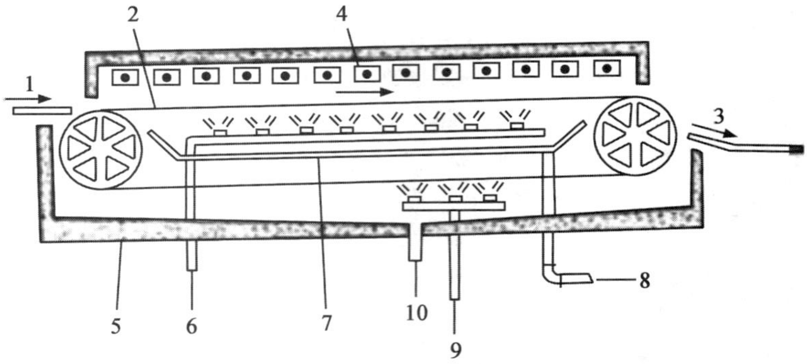

图1-18　钢带式速冻装置示意图

1.进料口　2.钢质传送带　3.出料口　4.空气冷却器　5.隔热外壳　6.盐水入口　7.盐水收集器　8.盐水出口　9.洗涤水入口　10.洗涤水出口

速冻装置的工作原理：在不锈钢的传输带下喷盐水，或使钢带滑过固定的冷却面（蒸发器）使食品降温，同时，食品上部装有风机，用冷风补充冷量，风的方向可与食品平行、垂直、顺向或逆向。传送带移动速度可根据冻结时间进行调节。传送带下部温度为－40℃，上部冷风温度为－40～－35℃，因为食品层一般较薄，因而冻结速度快，冻结20～25 mm厚的食品约需30 min，而15 mm厚的只需12 min。

四、直接接触速冻装置

（一）载冷剂接触冻结

载冷剂经制冷系统降温后与食品接触，使食品降温冻结。常用的载冷剂有盐水、糖溶液和丙三醇等。以盐水浸渍速冻装置为例，介绍载冷剂接触冻结。

速冻装置的组成和特点：图1-19是法国于20世纪70年代初研制的盐水浸渍速冻装置。装置中与盐水接触的容器用玻璃钢制成，有压力的盐水管道用不锈钢材料制成，其他盐水管道用塑料制成。其特点是冷盐水既起冻结作用，又起输送鱼的作用，省去了机械送鱼装置，冻结速度快，干耗小。缺点是装置的制造材料要求较特殊。该装置主要用于鱼类的冻结。

工艺流程：鱼在进料口4与冷盐水混合后进入进料管，进料管内盐水涡流下旋，使鱼克服浮力而到达冻结器的底部。冻结后，鱼体密度减小，慢慢浮至液面，然后由出料机构送到滑道

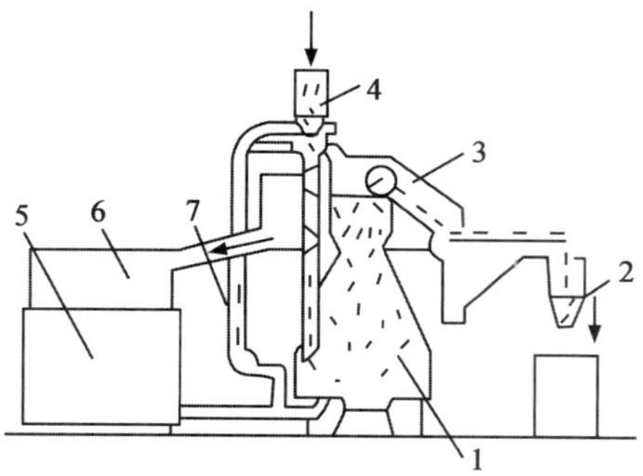

图 1-19 盐水连续浸渍速冻装置示意图

1.冻结器 2.出料口 3.滑道 4.进料口 5.盐水冷却器 6.除鳞器 7.盐水泵

3,在此鱼和盐水分离,鱼进入出料口 2,冻结完毕。

(二)低温液体速冻装置

同一般的速冻装置相比,这类速冻装置的冻结温度更低,所以常称为低温速冻装置或深冷速冻装置。其共同特点是没有制冷系统,在低温液体与食品接触的过程中实现冻结。常用的低温液体有液态氮、液态二氧化碳和液态氟利昂。

1.液氮速冻装置

液氮速冻装置大致有浸渍式、喷淋式和冷气循环式三种。液氮速冻装置几乎适于冻结一切体积小的食品。这种类型速冻装置的特点:①液氮可与形状不规则的食品的所有部分密切地接触,从而使传热的阻力降低到最小限度。②液氮无毒,且对食品成分呈惰性,由于替代了从食品中出来的空气,可在冻结和带包装贮藏过程中使氧化变化降低到最小限度。③冻结速度极快,冻结食品的质量高。④冻结食品的干耗小,仅为 0.6%~1%,而一般速冻装置冻结的食品的干耗率在 3%~6%。⑤占地面积小,初投资低,装置效率高。液氮冻结的主要缺点是成本高,但这要视产品而定。

2.液态 CO_2 速冻装置

CO_2 在常压下不能以液态存在,因此,液态 CO_2 喷淋到食品表面后,立即变成蒸气和干冰。其中转变为固态干冰的量为 43%,转变为气态的量为 53%,二者的温度均为 −78.5℃。液态 CO_2 全部变为 −20℃的气体时,吸收的总热量为 621.8 kJ/kg,其中约 15%为显热,由于显热所占份额不大,一般没有必要利用,因此,液态 CO_2 喷雾速冻装置不像液氮喷淋装置那样做成长形隧道,而是做成箱形,内装螺旋式传送带来冻结食品。由于 CO_2 资源丰富,一般不采用回收装置,当希望回收时,至少回收 80%的二氧化碳。

【任务分析】

豌豆的季节性很强,学校食堂准备委托速冻厂加工一批速冻豌豆,要求学生进行速冻加工厂调研,学生接到任务后,分成小组深入加工厂对速冻设备进行调研,了解加工厂速冻设备的结构(制冷系统、传动系统、输送系统、控制系统等),掌握速冻设备的操作方法和注意事项。

【任务实施】

小组讨论,制订工作方案、确定人员分工。

1. 调研方案

表 1-28　调研方案设计表

<table>
<tr><td>组长</td><td></td><td>组员</td><td colspan="3"></td></tr>
<tr><td>学习项目</td><td colspan="5"></td></tr>
<tr><td>学习时间</td><td></td><td>地点</td><td></td><td>指导教师</td><td></td></tr>
<tr><td rowspan="3">准备内容</td><td>调研企业名称</td><td colspan="4"></td></tr>
<tr><td>调研企业的概况</td><td colspan="4"></td></tr>
<tr><td>调研采取的方式</td><td colspan="4"></td></tr>
<tr><td>调研内容描述</td><td colspan="5">调研设备的种类:

主要加工产品的类型:</td></tr>
</table>

2. 人员分工

表 1-29　工作分工表

姓名	工作分工	完成时间	完成效果

【评价与反馈】

1. 小组内评价

表 1-30　小组内评价表

班级		小组		姓名	
等级	调研态度/20	知识运作能力/30	调研报告/30	协作能力/20	总分
A	态度认真，积极主动，准备充分 16～20	熟练运用知识，完成任务 24～30	报告翔实，表述准确 24～30	协作能力强，表达能力强 16～20	
B	较好 12～16	较好 18～24	较好 18～24	较好 12～16	
C	一般 8～12	一般 12～18	一般 12～18	一般 8～12	
D	较差 0～8	较差 0～12	较差 0～12	较差 0～8	
得分					

2. 小组间评价

表 1-31　小组间评价表

班级		小组	评价人	
等级	调研报告形式评分/40	调研结果评价/40	答辩/20	总分
A	形式新颖，全面反映调研内容 16～20	结果准确 30～40	流程正确，回答问题确切，知识范围广 16～20	
B	较好 12～16	较好 18～24	较好 18～24	
C	一般 8～12	一般 12～18	一般 12～18	
D	较差 0～8	较差 0～12	较差 0～12	
得分				

3. 教师评价

表 1-32　教师评价表

班级		小组		姓名	
等级	工作态度/20	知识运用能力/30	调研报告/30	协作创新能力/20	总分
A	工作认真，积极主动，准备充分 16～20	知识掌握得熟练 24～30	格式规范，内容完整、真实 24～30	表现突出，报告完整，立意创新，同学认可 16～20	
B	较好 12～16	较好 18～24	较好 18～24	较好 12～16	
C	一般 8～12	一般 12～18	一般 12～18	一般 8～12	
D	较差 0～8	较差 0～12	较差 0～12	较差 0～8	
得分					

【知识拓展】

一、不冻液的基本理论知识

直接接触冻结法由于要求食品与不冻液直接接触，所以对不冻液有一定的限制，特别是与未包装食品接触时。这些限制包括要求无毒，纯净，无异味和异样气体，无外来色泽或漂白剂，不易燃，不易爆等。另外，不冻液与食品接触后，不应改变食品原有的成分和性质。食品与不冻液接触的方法有喷淋、浸渍，或者两种方法同时使用。

所用的盐水浓度应使其冰点低于或等于－18℃，盐水通常为 NaCl 或 $CaCl_2$ 水溶液，当温度低于盐水的低共熔点时，盐和水的混合物会从溶液中冻析，所以盐水有一个实际的最低冻结温度，例如，NaCl 盐水的实际冻结温度为－21.13℃。盐水不能用于不应变成咸味的未包装食品，目前盐水主要用于冻结海鱼。盐水的特点是黏度小，比热容大，便宜；缺点是腐蚀性强，使用时应加入一定量的防腐蚀剂。常用的防腐蚀剂为重铬酸钠和氢氧化钠，用量视盐水浓度而定。

糖溶液曾经用于冻结水果，但困难在于要达到较低的温度，所需蔗糖溶液的浓度较大，如要达到－21℃时，至少需要 62％的浓度（质量分数），而这样的溶液在低温下已变得很黏，因此，糖溶液冻结的使用范围有限。

丙三醇-水的混合物曾被用来冻结水果，但不能用于不应变成甜味的食品。67％（质量分数）丙三醇水溶液的冰点为－47℃。另一种与丙三醇有关的低冰点液体是丙二醇，60％（质量分数）丙二醇与 40％（质量分数）水的混合物的冰点为－51.1℃。丙二醇是无毒的，但有辣味，为此，丙二醇在直接速冻装置中的用途通常限于包装食品。

要想达到更低的温度，可使用聚二甲基硅醚或右旋柠檬碱，其冰点分别为－111.1℃和－96.7℃。

二、平板速冻装置的类型

1.卧式平板速冻装置

根据装置的操作方式和机械化程度，这种装置又可分为间歇式和连续式两种，如图 1-20 和图 1-21 所示。卧式平板速冻装置主要用于分割肉、鱼片、虾及其他小包装食品的快速冻结。

2.立式平板速冻装置

速冻装置的组成和工作原理：立式平板速冻装置的结构原理与卧式平板速冻装置相似，只是冻结平板垂直排列，如图 1-22 所示。冻品不需装盘或包装，可直接倒入平板间进行冻结，操作方便。冻结结束后，冻品脱离平板的方式有多种，分上进上出、上进下出和上进旁出等。平板的移动、冻品的升降和推出等动作，均由液压系统驱动和控制。平板间装有定距螺杆，用以限制两平板间的距离。立式平板速冻装置最适用于冻结散装无包装的块状产品，如整鱼、剔骨肉和内脏，但也可用于包装产品。

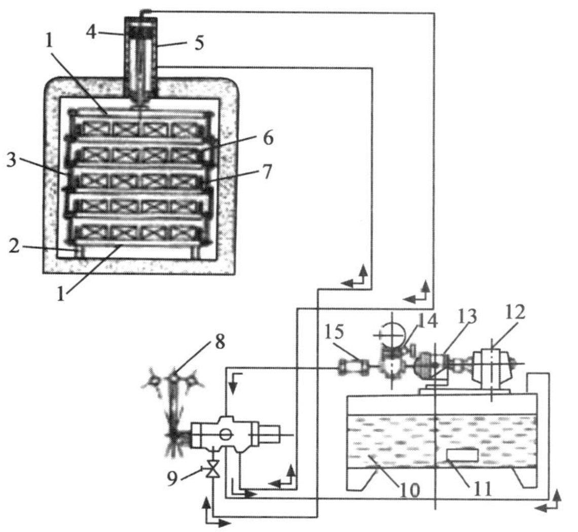

图 1-20 间歇卧式平板速冻装置

1.冻结平板 2.支架 3.连接铰链 4.液压元件 5.液压缸 6.食品 7.木垫块 8.四通切换阀 9.流量调整阀 10.油 11.过滤器 12.电动机 13.泵 14.安全阀 15.止逆阀

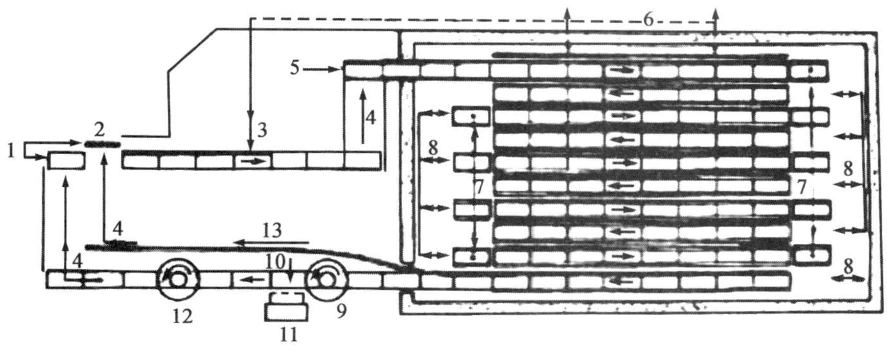

图 1-21 连续卧式平板速冻装置

1.货盘 2.盖 3.冻结前预压 4.升降机 5.推杆 6.液压系统 7.降低货盘的装置 8.液压推杆 9、12.翻转装置 10.卸料 11.传送带 13.盖传送带

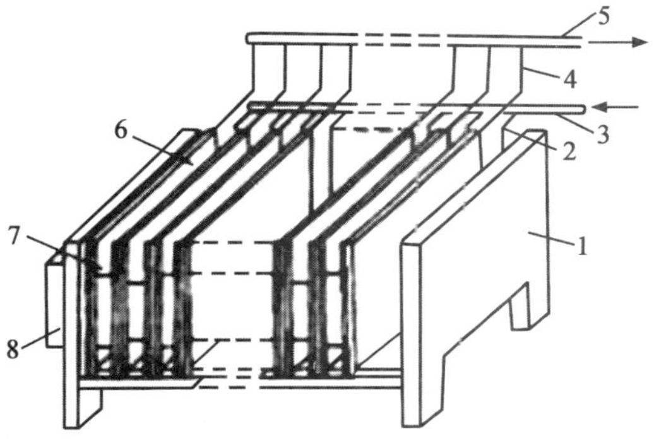

图 1-22 立式平板速冻装置结构示意图

1.机架 2、4.橡胶软管 3.供液管 5.吸入管 6.冻结平板 7.定距螺杆 8.液压装置

三、液氮速冻装置的类型

1. 液氮喷淋速冻装置

速冻装置的组成和特点：图 1-23 所示为喷淋式液氮速冻装置，它由隔热隧道式箱体、喷淋装置、不锈钢丝网格传送带、传动装置、风机等组成。图 1-24 为一种新型的旋转式液氮喷淋隧道。其主体为一个可旋转的绝热不锈钢圆筒，圆筒的中心线与水平面之间有一定的角度。该装置主要用于块状肉和蔬菜的冻结。其特点是占地面积小，产量大，能更有效地利用液氮。

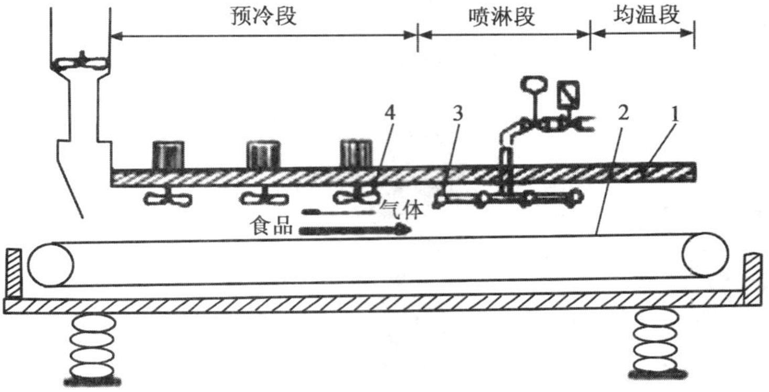

图 1-23　液氮喷淋速冻装置示意图

1. 壳体　2. 传送带　3. 喷嘴　4. 风扇

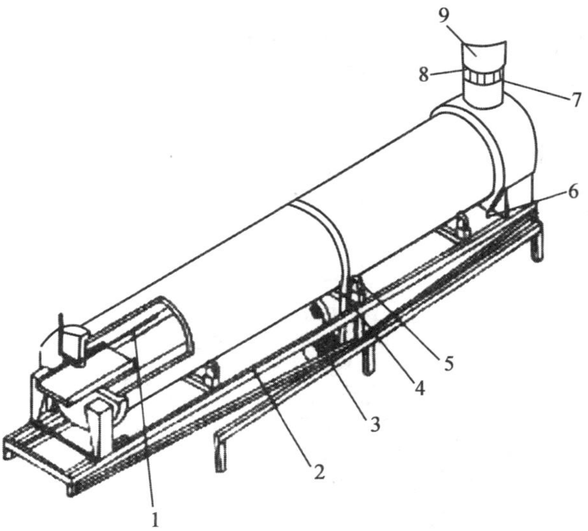

图 1-24　旋转式液氮喷淋隧道示意图

1. 喷嘴　2. 倾斜度　3. 变速电机　4. 驱动带　5. 支撑轮
6. 出料口　7. 氮气出口　8. 空气　9. 排气管

液氮速冻工作原理：图 1-23 所示的喷淋式液氮速冻装置，冻品由传送带送入，经过预冷区、冻结区、均温区，从另一端送出。风机将冻结区内温度较低的氮气输送到预冷区，并吹到传送带送入的食品表面上，经充分换热后对食品进行预冷。进入冻结区后，食品受到雾化管喷出的雾化液氮的冷却而被冻结。图 1-24 所示的旋转式液氮喷淋隧道，食品进入圆筒后，表面迅速被喷淋的液氮冻结，由于圆筒有一定的倾斜度，再加上其不断地旋转作用，食品及汽化后的氮气一同翻滚着向圆筒的另一端行进，使食品得到进一步的冻结，食品与氮气在出口分离。

2. 液氮浸渍速冻装置

速冻装置的组成和特点：如图 1-25 所示，主要由隔热的箱体和食品传送带组成。食品从进料口直接落入液氮中，表面立即冻结。由于换热，液氮强烈沸腾，有利于单个食品的分离。食品在液氮中只完成部分冻结，然后由传送带送出出料口，再到另一个温度较高的冻结室作进一步的冻结。

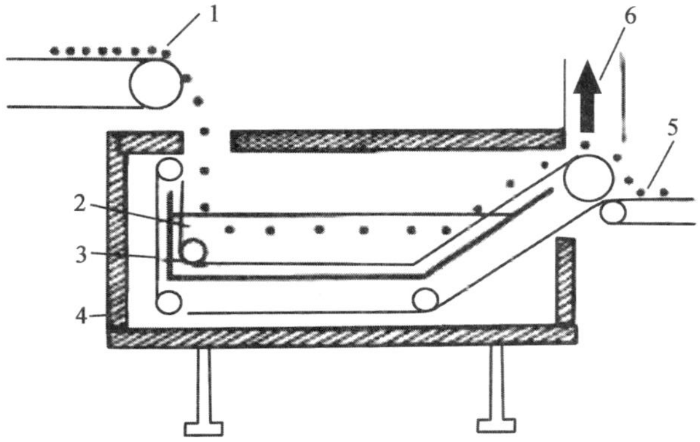

图 1-25　液氮浸渍速冻装置示意图

1. 进料口　2. 液氮　3. 传送带　4. 隔热箱体　5. 出料口　6. 氮气出口

速冻装置使用的注意事项：对于直径为 2 mm 的金属球，在饱和液氮中的冷却速率高达 1.5×10^3 ℃/s；如果降温速率过快，食品将由于热应力等原因而发生低温断裂现象，影响冻结食品的质量。因此，控制食品在液氮中的停留时间是十分重要的。这可通过调节传送带的速度来实现。除此之外，如果冻品太厚，则其表面与中心将产生极大的瞬时温差，引起热应力，从而产生表面龟裂，甚至破碎。因此，食品厚度以小于 10 cm 为宜。

【思考练习】

1. 速冻装置的类型有哪些？
2. 什么是间接速冻装置和直接速冻装置？

项目二

非发酵型速冻面制品加工技术

项目描述

本项目主要描述非发酵型速冻面制品，包括速冻水饺、馄饨、面条、春卷等的加工工艺，影响品质的因素及加工过程中的品质控制等。

知识目标

通过本项目的学习，了解非发酵型速冻面制品的基础知识，包括原料的种类、加工特性等，熟悉非发酵型速冻面制品的原料处理、产品加工工艺、加工过程中的品质控制及影响产品质量的要素控制点，掌握相关加工技术。

能力目标

通过本项目的学习，使学生掌握速冻水饺、面条、馄饨和春卷的加工工艺，会根据产品需要选择原辅料，掌握原料、产品的质量标准及检验方法。

任务1　速冻水饺、馄饨生产及品质控制技术

【任务目标】

1. 了解速冻水饺原辅料特性及加工特性。
2. 掌握速冻水饺皮和馅料的加工工艺。
3. 掌握影响速冻水饺产品质量的因素和控制办法。

【相关知识】

一、速冻水饺的定义和分类

1. 定义

速冻水饺指在－30℃以下，将已加工好(机制或手工)的水饺在15～30 min之内快速冻结

起来，特别是通过最大冰晶区(0～－5℃)时，速度要快，并以小包装的形式在－18℃的条件下贮藏和流通的产品。

2. 分类

水饺可以根据生产工艺不同分为机器饺和手工饺，机器饺的形状有多种，如文边仿蟹形、四角形、三角形，手工饺一般以元宝形和纺锤形居多。

根据馅料的不同有猪肉水饺、鸡肉水饺、牛肉水饺、三鲜水饺、韭菜水饺、芹菜水饺、雪菜水饺、胡萝卜水饺等。

3. 速冻水饺的质量评价标准

速冻水饺的质量评分标准见表 2-1。

表 2-1　速冻水饺的质量评分标准

项目	满分	评分标准
颜色	10 分	白色、奶白色、奶黄色(6～10 分)，黄色、灰色或其他不正常色(0～5 分)
光泽	10 分	光亮(7～10 分)，一般(4～6 分)，暗淡(0～3 分)
透明度	10 分	透明(7～10 分)，半透明(4～6 分)，不透明(0～5 分)
黏性	15 分	爽口、不粘牙(11～15 分)，稍粘牙(6～10 分)，粘牙(0～5 分)
韧性	15 分	柔软、有嚼劲(11～15 分)，一般(6～10 分)，较烂(0～5 分)
细腻度	10 分	细腻(7～10 分)，较细腻(4～6 分)，粗糙(0～3 分)
耐煮性	15 分	饺子表皮完好(11～15 分)，饺子表皮有损伤(6～10 分)，饺子破肚(0～3 分)
饺子汤特性	15 分	清晰、无沉淀物(11～15 分)，较清晰、沉淀物不明显(6～10 分)，混浊、沉淀物明显(0～5 分)

二、速冻水饺生产的基本工艺流程

速冻水饺生产的基本工艺流程如图 2-1 所示。

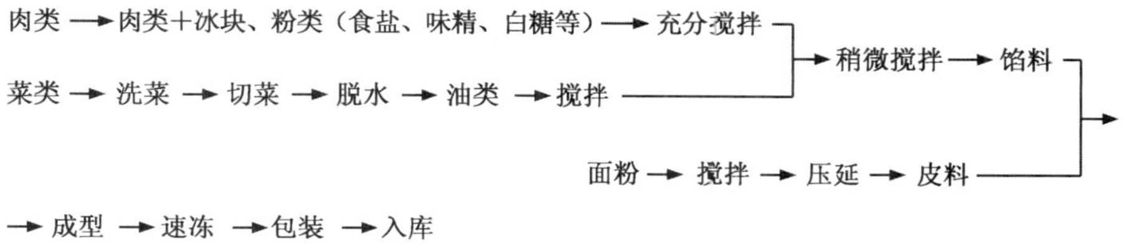

图 2-1　速冻水饺生产的基本工艺流程

三、速冻水饺生产的主要工艺操作要点

(一)原料的预处理

饺子是含馅的食品，水饺的风味特色主要体现在其馅心上，水饺馅料原料的预处理由蔬菜

类的处理、肉类处理、混合搅拌三方面组成。

1. 蔬菜的预处理

(1)洗菜　是饺子馅加工的第一道工序，新鲜蔬菜除了要去根、坏叶、老叶，削掉霉烂部分外，更主要的是要用流动水冲洗，一般至少冲洗3～5次。

(2)切菜　主要采用切菜机，人们较喜欢使用的蔬菜长度在6 mm以上，但考虑到加工产品的成型性，一般机器加工的饺子适合的菜类颗粒为3～5 mm，手工包制时颗粒可以略微大一点。

(3)脱水　也是蔬菜类处理工序中必不可少的工艺，各种蔬菜的脱水率可以控制在15%～17%。简单的判断方法就是用手挤压法，即用力抓捏在手里的脱水后的蔬菜，稍微有一些水从手指缝中流出来，说明脱水率已控制良好。常见的脱水机也称离心机。

(4)漂烫　有些蔬菜需要漂烫，漂烫时将水烧开，把处理干净的蔬菜倒入锅内，使菜完全被水淹没，菜入锅开始计时，30 s左右立即将菜从锅中取出，用凉水快速冷却，要求凉水换3遍以防止菜叶变黄。

注意事项：

- 复洗时要用流动水。
- 对切菜工艺的考核点主要在于颗粒的大小。
- 蔬菜的脱水程度控制要考虑蔬菜的种类、季节、天气和存放时间等因素。
- 严禁长时间把菜在热水中热烫，最多不超过50 s。
- 烫菜数量应视生产量而定，要做到随烫随用，不可多烫。

2. 肉类处理工序

水饺生产中要用到的肉必须选用经兽医卫生检验合格的新鲜肉或冷冻肉。冷冻肉的解冻程度要控制适度，一般在20℃左右室温下解冻10 h，中心温度控制在2～4℃。原料肉在清洗前必须剔骨去皮，修净淋巴结及严重充血、淤血处，剔除色泽气味不正常部分，对肥膘还应修净毛根等。将修好的瘦肉、肥膘用流动水洗净沥水，绞成颗粒状备用。

肉类处理的设备采用绞肉机和刨肉机。肉类处理的原则归纳起来六个字：硬刨、硬绞、解冻，这样可以减少肉筋的不良影响。对尚未解冻的肉类进行硬刨，刨成6～8 mm厚、6～8 cm宽、15～20 cm长的薄片，再经过10 mm孔径的绞肉机硬绞成碎粒。硬绞出的肉糜一般不宜马上用作制馅，硬刨硬绞后要充分解冻，如果在冬天还得用风扇吹，否则达不到好的效果。

注意事项：

- 严禁冷冻肉经反复冻融后使用。
- 如果肉中含水量较高，可以适当脱水，脱水率控制在20%～25%为佳。
- 水饺生产中要用的肉馅既不能太细，也不能太粗，肉筋一定要切断。

3. 混合配馅料

对于水饺馅料的调制，同样的一个配方，不同的投料顺序会得到不同的效果。各种原料可归纳为四个部分：肉类、粉类、菜类、油类。投料顺序如图2-2所示。

拌馅采用拌馅机，拌馅搅拌时按一个方向，不能倒转，否则容易出水，肉类要和食盐、味精、白糖、胡椒粉、酱油、虾油以及各种香精香料等先进行搅拌，主要是为了能使各种味道充分地吸收到肉类中，同时肉类只有和盐分搅拌才能产生黏性。一般先慢搅5 min左右，然后快速搅拌8 min左右，加入适量水，进行第二次搅拌，搅拌时间比第一次延长5 min左右，制得的馅料有

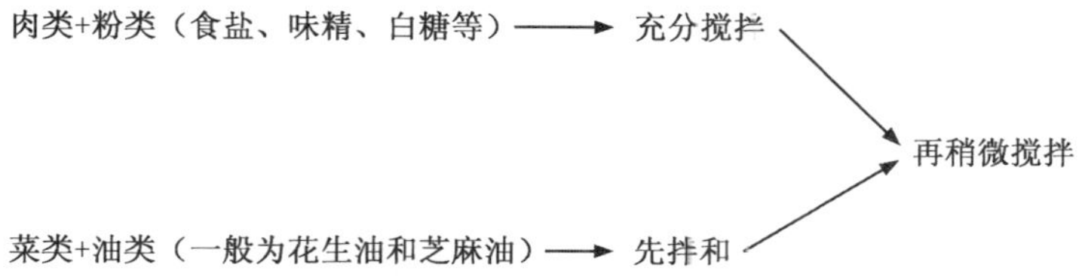

图 2-2　混合配馅料流程图

一定的黏度，外观没有明显的肥膘。菜类和油类需要先拌和，添加植物油时尽可能将油均匀撒在菜上。然后将两部分原料混合在一起，只要再稍稍拌匀即可。最后，制备好的馅料要在 30 min 内发往包制生产线使用。

注意事项：

- 搅拌馅料时一定要按着一个方向进行，搅拌时间既不能太长，也不能太短，搅拌后馅料具有一定的黏性，同时没有明显的肥膘。
- 蔬菜不能与盐搅拌在一起，而是一定要把油浇在蔬菜上。
- 调理好的馅料一定要在 30 min 之内进行包制。

(二)面团的调制和饺子面皮的辊压成型

(1)面粉原料的要求　同其他面制食品一样，速冻水饺对原料面粉的要求也很严格，一般要求面粉的湿面筋含量在 28%～30%，面团的稳定时间≥3.5 min，同时要求弱化度在 120 BU 以下。

(2)和面　是制作面皮的最主要工序，这道工序掌握得好坏不但直接影响到成型，还影响到水饺是否耐煮，是否有弹性，冷冻保藏期间是否会开裂。一般在搅拌面粉时添加少量的食盐，食盐添加量一般为面粉量的 2%，增加制得的面皮的弹性。添加时要把食盐先溶解于水中，加水量通常为面粉量的 38%～50%，搅拌时间适宜。采用真空和面机和面，真空度 −0.05～−0.07 MPa，能使面皮的含水率提高 5%～8%，明显降低破损率、冻裂率。

(3)面团压延　目前工业制得的饺子皮的厚度均匀，调制好的面团经过 4～5 道压延，就可以得到厚度符合要求的饺子面皮，整张面皮厚度约为 2 mm。经过第一道辊压后面皮厚度约为 15 mm，第二道辊压面皮厚度约为 7 mm，第三道辊压厚度约为 4 mm，第四道辊压面皮厚度约为 2 mm。第四道辊压时用的面扑为玉米淀粉和糯米粉混合得到的面扑(玉米淀粉∶糯米淀粉=1∶1)。第三道压延工序所用的面扑均与和面时所用的面粉相同。手工加工的饺子皮具有中间厚、周围薄的特点，手工加工的饺子皮口感好，且不容易煮烂。

注意事项：

- 搅拌时间要适宜，既不能太长，也不能太短。

(三)饺子的成型(包制)

如果是手工包制，一定要对生产工人的包制手法进行统一培训，以保证产品外形的一致。水饺机的类型有很多种，如图 2-3、图 2-4 为成都索拉泰克公司生产的 SK—H96 型全自动饺子机及原理图。水饺机的类型不同，成型出的水饺的外观和质量自然也就不一样，人工整形好的饺子要及时送速冻机进行冻结。

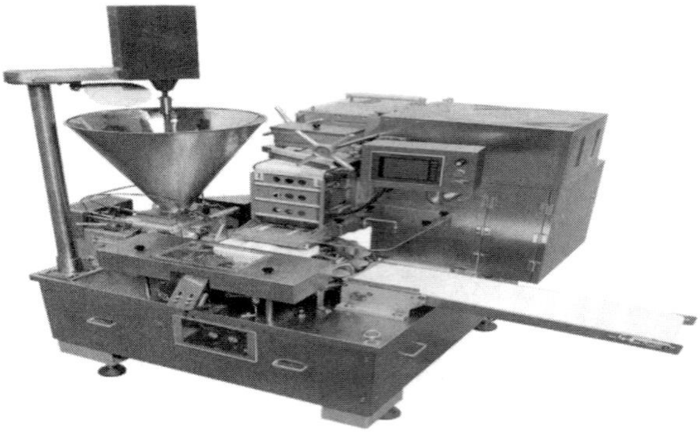

图 2-3　SK—H96 型全自动饺子机

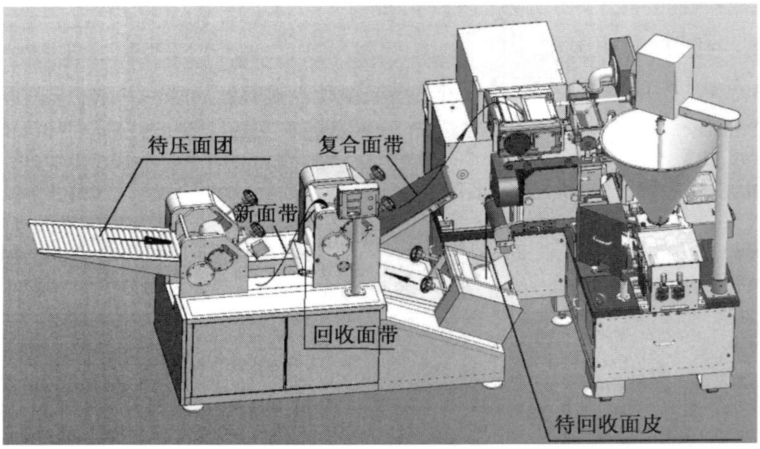

图 2-4　SK—H96 型全自动饺子机原理图

注意事项：

● 包饺机要清理干净，利用空皮饺调试好皮速，避免成型后的水饺出现痕纹、皮很厚以及缺角等现象。要调节好机头的撒粉量，缓和面皮的黏性。

● 一般来讲，皮重小于 55%，馅重大于 45%的水饺形状较饱满，大小、厚薄较适中。在包制过程中要及时添加面(切成长条状)和馅，包制结束后机器要按规定要求清洗。

● 平时对水饺机的保养和维护是保证水饺成型质量的重要因素，特别是对机头的保养，保养时只能用布料擦拭。

(四)速冻

对于冷冻调理食品来说，要把原有的色、香、味、形保持得较好，速冻工序至关重要。原则上要求低温、短时、快速，使水饺以最快的速度通过最大冰晶生成带，中心温度要在短时间达到 −18℃，风速为 6 m/s，速冻水饺的冻裂率最低，品质最佳。

注意事项：

● 冻结温度必须在 −30℃以上时才能把水饺放入速冻机。

- 隧道前段冷冻温度不能过低或风速太大。
- 包制好的饺子不能在生产车间置放过长的时间，应及时进行速冻处理。

(五)包装储藏

速冻食品在称量包装时要考虑到冻品在冻藏过程中的失重问题，因此要根据冻藏时间的长短而适当地增加分量。冷库库温的稳定是保持速冻水饺品质的最重要因素，库温如果出现波动，水饺表面容易出现冰霜，反复波动的次数多了，就会使整袋水饺出现冰碴，水饺表面出现裂纹，严重影响外观，甚至发生部分解冻而相互黏结。

【任务分析】

主要包括水饺皮的生产和馅料的调制，并注意饺子皮和馅料调制的关键控制因素。本任务从企业生产实际出发，通过基础理论的学习和实践锻炼，使学生学习速冻水饺生产工艺，完成速冻水饺的加工。

【任务实施】

一、工作准备

(1)按照加工流程分配工作小组，明确各自职责。
(2)按照加工流程的操作要点落实各小组的加工设备及所需工具、盛装器皿。

二、计划实施

(一)小组讨论，制订工作方案、确定人员分工

1. 工作方案

表 2-2　方案设计表

<table>
<tr><td>组长</td><td></td><td>组员</td><td colspan="3"></td></tr>
<tr><td>学习项目</td><td colspan="5"></td></tr>
<tr><td>学习时间</td><td></td><td>地点</td><td></td><td>指导教师</td><td></td></tr>
<tr><td rowspan="2">准备内容</td><td>加工流程方案</td><td colspan="4"></td></tr>
<tr><td>加工设备及工具</td><td colspan="4"></td></tr>
<tr><td>具体步骤</td><td colspan="5"></td></tr>
</table>

2.人员分工

表 2-3 工作分工表

姓名	工作分工	完成时间	完成效果

(二)产品加工

表 2-4 设备及工具统计表

设备及工具名称	型号	数量/个	使用前情况	使用后情况

(三)加工后整理

表 2-5 回收登记表

组号	所用材料	使用情况	所用工具	使用情况	所用仪器	使用情况

【评价与反馈】

1. 小组内评价

表 2-6 小组内评价表

班级		小组		姓名	
等级	实训态度/20	操作能力/30	实训报告/30	能力创新/20	总分
A	实训认真，积极主动，操作仔细，认真记录 16～20	熟练操作，提问有深度 24～30	团结小组成员，有号召力 24～30	PPT 制作能力强，表达能力强 16～20	
B	较好 12～16	较好 18～24	较好 18～24	较好 12～16	
C	一般 8～12	一般 12～18	一般 12～18	一般 8～12	
D	较差 0～8	较差 0～12	较差 0～12	较差 0～8	
得分					

2. 小组间评价

表 2-7 小组间评价表

班级		小组	评价人	
等级	操作评分/40	结果评价/40	答辩/20	总分
A	方法正确、操作熟练 16～20	结果准确 30～40	流程正确，回答问题确切，知识范围广 16～20	
B	较好 12～16	较好 18～24	较好 18～24	
C	一般 8～12	一般 12～18	一般 12～18	
D	较差 0～8	较差 0～12	较差 0～12	
得分				

3. 教师评价

表 2-8 教师评价表

班级		小组		姓名	
等级	实训态度/20	操作能力/30	实训报告/30	能力创新/20	总分
A	实训认真，积极主动，操作仔细，认真记录 16～20	熟练操作，提问有深度 24～30	格式规范，内容完整，真实 24～30	表现突出，报告完整，立意创新，同学认可 16～20	
B	较好 12～16	较好 18～24	较好 18～24	较好 12～16	
C	一般 8～12	一般 12～18	一般 12～18	一般 8～12	
D	较差 0～8	较差 0～12	较差 0～12	较差 0～8	
得分					

【知识拓展】

一、如何判断饺子面团搅拌质量

搅拌时间是否适宜，可以用一种比较简单的感官方法来判定：搅拌好的面团有很好的筋性，用手拿取一小块，用食指和拇指捏住小面团的两端，轻轻地向上下和两边拉延，使面团慢慢变薄，如果面团能够拉伸得很薄，透明，不会断裂，说明该面团已经搅拌得刚好。如果拉伸不开，容易断裂或表面很粗糙、会粘手，说明该面团搅拌得还不够，用于成型时，延伸性差，而且表皮不光滑，有粗糙颗粒感，容易从中间断开，破饺率高。当然，面团也不能搅拌得太久，如果面团搅拌到发热变软，面筋也会因面团轻微发酵而降低筋度。

二、速冻馄饨的制作

馄饨是中国汉族的传统食品，馄饨名号繁多，江浙等大多数地方称馄饨，而广东则称云吞，湖北称包面，江西称清汤，四川称抄手，新疆称曲曲等。

1. 速冻馄饨工艺流程

(1)产品的主要工艺流程

配制面粉→和面→制皮→制馅→包制→熟化→预冷→冻结→包装→成品。

(2)配菜的主要工艺流程

原料→清洗→切分→冻结→包装→成品。

2. 操作要点

(1)和面、制皮　把面粉倒入和面机中，加清水、碱面和成面团，揉光。压面机压成1.3 mm 厚的面带，要分多次压面，每压一次拍一层干淀粉(绿豆粉最好)，拍粉五六次，压好后用刀切成梯形，上宽 5 cm，下宽 8 cm，也有的馄饨皮为边长约 6 cm 的正方形。馄饨皮较薄，煮熟后有透明感。

(2)制馅　肉预冷后用绞肉机绞碎，放入高速打桶中，加入酱油、精盐，搅拌 2 min，加入鸡肉膏等辅料、葱姜末、花生油、芝麻油调匀即可。

(3)手工成型　左手的食指、中指、无名指，三指摊着 1 张馄饨皮，右手拿着竹片、将肉馅挑到皮上，然后对叠，包法通常分为四种，分别为：官帽式、枕包式、伞盖式、抄手式。

(4)速冻　成型后的馄饨排入托盘，进行快速冻结，30 min 内中心温度达到－18℃。

(5)包装、冻藏　速冻后封口装箱，存放在－18℃的低温冷库内即为成品。

三、速冻水饺的质量检验

速冻水饺生产中的质量检验标准见表 2-9。

表 2-9　速冻水饺生产中的质量检验工作表

生产工艺流程：①原料、辅料处理→②制馅/制皮→③成型→④预冷/速冻→⑤装袋/称重→⑥装箱/称重→⑦入库保存

序号	流程说明	质量监控要点	检验项目及相应要求	检验操作方法
1	原料、辅料处理	1. 蔬菜原料处理	1. 蔬菜处理后表面干净，无烂叶、过老根叶、泥沙、虫斑叶、其他杂物等；蔬菜经斩切处理后规格大小均匀符合生产工艺要求。	1. 感官检验：目视、手摸、鼻闻
		2. 肉类原料处理	2. 肉类原料处理后表面干净、无淤血、异味、明显肉筋、杂物；而且要注意肉不能过度解冻以致肉温度过高，一般要求肉处理后的温度不能超过 4℃，另外肉绞烂后大小规格符合生产工艺要求。	2. 用探温计检查肉中心温度
		3. 面粉原料处理	3. 面粉类原料拆袋时注意检查泥沙、棉绳、胶丝等杂物是否混入面粉里，使用前要确认好面粉的质量、品牌、用量。面粉原料不得有结块、生虫、霉变、异味、吸潮等质量问题。面粉的使用必须严格按照工艺配方要求执行。	
		4. 卫生控制	4. 每天要定时检查人员的指甲是否修剪；工衣、工帽、工鞋是否清洗干净，另外要检查人员的头发是否外露、口罩是否戴工整；车间使用的胶筛、胶篮、刀具、案台、清洗池等是否都清洗干净；掉地原料是否经过处理后才使用；	
2	制馅	1. 工艺	1. 检查馅料是否严格按配方要求制备，操作员有无偷工减料等情况；	1. 感官检验：目视、手捏、口尝
		2. 味道	2. 检查馅料打制是否均匀，并抽取小部分进行蒸煮试味检测，也可以通过对比来检查馅料中调味料是否放够；	2. 用秒表检查打馅时间，用探温计检查物料温度（特别是肉温）
		3. 规范性	3. 打馅时检查操作员是否按工艺要求投料顺序进行打馅，每种原料的使用是否都经过严格称量，是否有违规操作的情况出现。	
		4. 卫生控制	4. 打馅的机械设备是否清洁干净，投料时检查是否存在物料交叉污染的情况，检查待用物料是否放置时间过长，每隔 30 min 都要检查原辅料的新鲜度，防止物料温度上升导致变味变质。	
	制皮	1. 工艺	1. 打皮时检查是否严格按照配方要求制备，特别对于添加剂类辅料必须按要求称量添加，还有检查操作员是否存在偷工减料情况；	感官检验：目视、手摸、鼻闻
		2. 效果	2. 皮制出后，抽样检查皮的打制效果，如水分、色泽、质感、气味等项目，确保正常。	
		3. 规范性	3. 检查操作员是否存在违规操作行为，如投料时连带着外包装袋放进料斗里。	
		4. 卫生控制	4. 检查压皮机等机器设备是否清洁干净，工用具是否清洁干净，操作过程中检查物料、工用具是否存在交叉污染情况，定时抽查皮的厚度、表面卫生情况。	

续表 2-9

序号	流程说明	质量监控要点	检验项目及相应要求	检验操作方法
3	成型	1. 重量 2. 形状 3. 规范 4. 控制	1. 检查水饺的重量、皮馅比例。手工水饺重量范围为 18～20 g;皮为 8～9 g,馅为 9～10 g。机械水饺单个重量范围为 20～22 g;皮为 9～10 g,馅为 10～12 g。皮厚薄均匀,每次抽检皮张数 20 张以上,取平均数检查。 2. 检查水饺的形状(扇贝状)必须包制严密、形正、大小适中,不得有露馅、缺角、破皮、变形、带皱褶、开口等情况,水饺摆放不能并连在一起,必须严格按照数量和行列要求放盘。检查手工水饺时,员工不得私自将水饺皮压薄使用。 3. 检查员工操作的规范性,放水饺时检查员工有无做到轻拿轻放,包制手工水饺时员工有无将一些不合格皮掺进去用。另外,加强检查新员工包制水饺的效果是否符合要求。 4. 检查水饺机的卫生是否符合清洁要求,使用前后进行卫生检查,表面不得有残留馅料、皮料黏附,使用的胶托、工用具用前必须严格清洗消毒。胶托按照规定必须用消毒水(100～150 mg/kg)进行浸泡消毒 5～10 min。	1. 感官检验:目视、手摸、鼻闻 2. 用小台秤称量皮与馅的重量,饺子重量 3. 用小尺测量饺子的大小尺寸。
4	预冷	1. 时间 2. 温度 3. 冷库卫生 4. 操作规范	1. 跟进检查水饺的预冷时间和预冷效果,观察预冷后水饺是否存在异常情况(如皮开裂、开口、变色、有异味等)。 2. 跟进检查冷藏库温度显示是否正常,是否存在波动幅度大的情况。 3. 检查冷库的卫生状况和物料摆放是否规范,检查冷库是否存在半成品、次品及其他物料交叉污染情况。 4. 检查产品是否定置摆放,并附清晰标识区分。放货员是否存在混放产品情况。	1. 目测 2. 用已校准的标准温度计检查库温
	速冻	1. 速冻时间 2. 速冻温度 3. 操作规范 4. 卫生控制	1. 跟进水饺的速冻时间是否与平时一样,一般速冻时间为 40 min 左右,最长不超过 1 h。 2. 检查速冻机的温度显示是否正常。速冻温度最低区不得超过－30℃。检查产品的冻结效果,中心温度要求在－10℃以下。 3. 检查放货员是否按照品种先后顺序放货,是否存在混放情况。放货要求每放一个品种产品前必须先放上一块产品名标识牌。 4. 检查速冻机的卫生状况,使用前不得检出杂物,产品残留物,手工水饺合放于一盘时,检查确认好水饺的冻结效果,未冻的水饺不得合倒在一盘里,倒盘时,检查水饺皮是否黏烂的情况。放货员必须戴上一次性手套才能放货。掉地产品不得当作合格品放货。	1. 目测 2. 用已校准的标准温度计检查速冻机的温度

续表 2-9

序号	流程说明	质量监控要点	检验项目及相应要求	检验操作方法
5	装袋	1. 包材质量 2. 卫生控制 3. 打印日期 4. 封袋效果 5. 次品挑选 6. 操作规范	1. 检查胶袋的材质、耐破性、尺寸、印刷质量是否与样板相符。 2. 装袋人员必须戴上一次性手套，任何人不得直接用手把产品加入胶袋里。 3. 胶袋打印的生产日期必须清晰、正确、工整，不易脱落。品种类别打"√"位置要与产品相符合，不得混淆。 4. 胶袋封口前要排气，封口要求平整、严密、美观、牢固、不漏气、稍用力挤压不爆口。 5. 装袋前必须将那些不合格品挑出，如破损严重、露馅、开口、变形、变色、缺口、瘪肚等。 6. 过程操作人员必须注意轻拿轻放，封口机使用前必须调试好温度，防止温度调试不良造成胶袋的浪费。产品封袋后停放时间不得超过10 min，必须及时装箱。	1. 目测 2. 用直尺检查胶袋的大小尺寸 3. 用秒表抽检停放时间
	称重	1. 台秤校准 2. 重量规格确认 3. 操作规范	1. 称量水饺前用标准砝码检查台秤的准确性。 2. 检查确认好每一个品种水饺的重量规格。(450 g/500 g/2 500 g) 3. 称量产品时要求计量准确，称量范围严格按照每种产品的标准执行。操作过程中保持台秤正常运作，称量时不得有产品或其他物品压秤情况。	1. 目测 2. 使用标准砝码校准台秤
6	装箱	1. 包材质量 2. 卫生控制 3. 纸箱打印 4. 封箱效果 5. 操作规范	1. 检查纸箱的材质、耐折性、尺寸、印刷质量是否与样板相符。 2. 检查纸箱内外是否卫生干净，内壁是否存在污物或污渍。 3. 纸箱打印的生产日期必须清晰、正确、工整、不易脱落。品种类别和包装规格打印要与产品相符合，不得混淆。 4. 产品装箱时要摆放整齐，按照行列层数要求放置，不得随意摆放。封箱时胶带要封严粘牢。 5. 装箱操作人员要注意轻拿轻放，箱内产品与纸箱打印品种、生产日期、数量相一致。	1. 目测 2. 用直尺抽检纸箱的尺寸 3. 用秤测量纸箱的重量
	称重	1. 台秤校准 2. 重量规格确认 3. 操作规范	1. 称量水饺前用标准砝码检查台秤的准确性。 2. 检查确认好每一个品种水饺的成品包装规格。(20 袋/箱;24 袋/箱) 3. 称量产品时要求计量准确，称量范围严格按照每种产品的标准执行。操作过程中保持台秤正常运作，称量时不得有产品或其他物品压秤情况。	1. 目测 2. 使用标准砝码校准电子秤

续表 2-9

序号	流程说明	质量监控要点	检验项目及相应要求	检验操作方法
7	入库保存	1. 数量记录 2. 操作规范	1. 准确记录入库产品数量,并及时将记录传至仓库。 2. 传货人员操作时注意轻拿轻放,放货时按品种类别进行,不得混放。	目测

【思考练习】

1. 根据课程拓展内容,设计并制作一款馄饨。

2. 某速冻水饺生产车间生产的肉馅总是出水,导致饺子封口不严,口感发干,你认为有可能是哪个工艺环节出了问题?

3. 简述速冻水饺的生产工艺流程,设计并制作一款速冻水饺。

任务 2　速冻面条加工及过程控制技术

【任务目标】

1. 能够根据生产需要选择速冻面条的原辅料。

2. 掌握速冻面条的加工工艺及过程控制。

【相关知识】

面条,已有两千余年的悠久历史,以其制作简单、烹调快捷、食用方便、经济实惠等特点而成为中国及亚洲其他国家和地区最常见的传统面食。目前我国在面条的烹调技术上虽然仍居世界一流水平,但在制面技术的研究和工业化等方面落后于日本、意大利等国家,造成许多传统制面技术、艺术、文化等逐渐流失。如何解决传统面条的工业化问题是面条研究者和生产者共同努力的目标。

一、冷冻面条的制作原理

面条在水煮时,淀粉膨润、糊化,蛋白质也发生变性,由不可食状态变为可食状态,随着热和水从面条外部向内部的传递和渗透,经过一定时间后,面条形成一定的水分梯度。外层含水量高(约 80%)黏糊感较强,内层含水量低(约 50%)弹性较强,黏性和弹性共同形成了面条的口感。但是随着时间增长,外部水分不断向内部渗透,最终面条整体的水分会均匀一致,丧失了应有的口感,达到所谓完全伸展状态。

由于煮出的面条含水量高(约 60%),在常温或冷藏条件下面条中已糊化的淀粉经过一段时间后会发生老化,口感也会变差,再加热后,虽然可以恢复一定口感,但已经均匀分布的水分无法恢复到原来的水分梯度,从而不可能恢复最初刚煮出的口感,如果在煮熟后快速冻结,食用前快速解冻,就能使口感恢复至最佳状态。面条在冷冻时必须采用快速冷冻方式,一般认为速冻要在−35℃以下 30 min 内使产品中心温度达到−18℃以下,产品在 3～20 min 内通过

－5～0℃的最大冰晶生成温度带，才不会损伤面条的组织。

二、冷冻面条的优缺点

冷冻面条主要具有如下优点：

(1)产品口感好，优于油炸或热风干燥方便面，接近传统手工面条的口感。

(2)水分含量高，品质保持好，面条经冷冻后阻止水分转移和淀粉老化，保持了面条刚煮出时的品质，这一点优于速食面。

(3)煮食时间短，较细的冷冻生面煮2～3 min，冷冻熟面煮不足1 min即可食用，这一点优于挂面和湿切面。

(4)面条经冷冻后，流通过程在－18℃保存，保质期长，不需添加防腐剂，可在一年内保持较高的品质，这一点优于方便面、冷藏面、速食煮面等。

(5)产品不经油炸，经常食用不会“上火”，食用方法多种多样，如汤食、凉拌、炒、煎、焖等、

(6)适用范围广。作为保藏手段，可以适合多种面条的加工，如乌冬面、荞麦面等。

当然冷冻面条也有一些缺点：

(1)需要严格的保存条件，冷冻库内温度变化，易使表面干燥发白，严重时会降低风味。

(2)冷冻面条对包装材料要求高，要求包装材料具有较好的柔韧性、耐寒性、气密性等，如果包装气密性或密封程度不好，容易从外部吸收气味，最好与其他冷冻食品分开保存。

(3)冷冻面条较脆，如搬运不注意，容易破损。另外冷冻面条生产成本高，从生产到消费都要求严格的冷冻条件(不超过－18℃)，对普通消费者来说价格较高。

三、冷冻面条的生产工艺

配料和面→静置松弛→复合压延→连续压延→切条→水煮→冷水冲洗→沥水→速冻→包装(在该过程中，将调料制成酱包与面体一起包装)→冷藏。

四、冷冻面条生产工艺要点

1.原辅料选择和配比

小麦粉选用面条专用粉或者蛋白质含量为8％～10.5％灰分小于0.4％的面粉，中华面、荞麦面所用小麦粉蛋白质含筋要求高些(10.2％～11.2％)；食盐选用精盐，添加量为面粉的2％～4％；中华面需要加入碱性物质，可选用碳酸钾、碳酸钠、磷酸的钾盐或钠盐等，混合使用效果较好，添加量为面粉的0.2％～0.5％。

注意事项：

- 为了改善面条的黏弹性，延缓煮时涨糊，降低煮面损失，可添加占面粉重量0.5％～2％的谷朊粉和0.2％～1％的增黏剂。

水选用软水，添加量根据和面机而定，要尽量多加水，普通和面机加水量为面粉的30％～36％，真空和面机的加水量可达面粉的40％以上。

2.和面

可采用普通和面机或真空和面机，时间为12～15 min，如果不采用面条熟化工艺，最好使

用真空和面机，可使面条的含水量增加。

3. 熟化

面团经真空搅拌后经粗整及复合为面带，此时因外力而变形，其组织结构仍处于硬直紧绷的状态。此时若缓和静置 30～60 min，可使内部的面筋结构松弛，以消除面带的内部应力，进而形成柔软、可塑性强的面带。让面筋、淀粉继续吸收游离水，促进面筋网络结构的形成。方便面和挂面的熟化在和面后压片进行，时间较短；而冷冻面条的熟化一般是在压片后或切条后进行，时间较长，以面带熟化方式较为常见，主要有卷取式和输送带式，前者的熟化条件为时间 1～2 h，温度 10～20℃；后者的熟化条件为时间 20 min～1 h。温度 25～30℃，湿度在 80%以上。

4. 压延

压延分为复合和压延两个阶段。压延过程中，作用在面带上的压力大小又与压辊的直径有关。直径越大，作用在面带上的压力也越大。复合阶段要把颗粒状的松散的面团压成面片，所需压力较大，辊径大；压延阶段所需压力较小，辊径也比较小。初压面片的厚度一般不低于 4 mm（两片复合前相加厚度不低于 8 mm）以保证面片最终承受 8～10 倍的压延倍数，使面片密实、光洁。面片要逐道压延。

根据面条的品种不同最后将面带压成一定厚度。一般复合后压延阶段压 5～7 道。前后各道比较理想的压延比依次为 50%、40%、30%、25%、15%、10%。压延速率过高，面带会受到过度的拉伸，容易破坏已形成的面筋，影响面带的表面光滑度；速率过低，面带受压时间长，表面光滑，但影响产量。一般规定末道压辊线速度不大于 0.6 m/s。

切条是在切面机上完成的。在连续化生产的过程中，切面机安装在压延机的后端，切面机由切条刀和切断刀组成。挂面的外观质量取决于切刀的机械加工精度。

注意事项：

- 为了产生手工制面的效果，复合及压延之前对压延滚轮可采用波状设计，模拟人手的虎口对面团的捏合作用，避免以往面筋蛋白经压延后单向排列，而改以双向的网状结构，达到手工制面的品质。

5. 煮面

煮水温度控制在 98～100℃，如果十分浑浊时，应经常添加沸水。煮面与冷却为生产中最直接与面条质量相关的工艺过程。

注意事项：

- 煮面并不需要煮至全熟，而是煮至九成熟（即面条中心白点即将消失）。因为煮完后不会立即进入冷却阶段，余热仍会进入面体中心。

6. 水洗

用 0～5℃的冷水洗去面条表面的黏液，防止面条粘连。

7. 冷却

用 2～3℃的冷水将面条温度降至 10℃以下（芯部温度），一来可以降低面条温度，延缓水分流失，防止面条长度改变，保持面条刚煮出时的品质；二来可以加速冷冻过程，减少冷冻能耗，并且还能够提高面条的韧性，防止面条粘连，也可以缩短解冻时间。

8. 冷冻

冷冻是冷冻面条生产的关键工艺，要求面条在冷冻时必须快速通过“最大冰晶生成温度带（通常在－5～0℃）”，才不会损伤面条的组织，所以采用速冻方式效果最好，一般温度控制在

－40～－30℃冻结 35～50 min，至面条芯部完全冻结。

9. 包装、贮存及消费

包装应选用柔软性、耐寒性好的包装材料。对于包装后再冷冻的面条，应轻轻地从上面压平，然后立即冷冻。为了使冷冻面条符合冷冻食品的要求，生产出的成品到食用前必须在－18℃以下保存，为了防止吸收异味，最好与其他冷冻食品分开保存。

注意事项：

- 冷冻面条解冻时间要短，严禁自然解冻，因为解冻后的面条同样会发生淀粉老化，如果解冻时间长，面条中的水分将失去均衡而无法恢复到原有的口感和味道。
- 冷冻面条解冻后应立即食用，不要再次冻结。

【任务分析】

速冻面条的生产主要包括和面、压延、切面、煮面、速冻等环节，其中关键点就在于和面和煮面环节。本任务通过学习速冻面条的生产工艺及加工过程中的质量控制办法，在实训基地或者加工车间进行实践锻炼，最终完成任务学习，掌握速冻面条的加工技术。

【任务实施】

一、工作准备

(1)按照加工流程分配工作小组，明确各自职责。
(2)按照加工流程的操作要点落实各小组的加工设备及所需工具、盛装器皿。

二、计划实施

(一)小组讨论，制订工作方案、确定人员分工

1. 工作方案

表 2-10　方案设计表

组长		组员			
学习项目					
学习时间		地点		指导教师	
准备内容	加工流程方案				
	加工设备及工具				
具体步骤					

2. 人员分工

表 2-11　工作分工表

姓名	工作分工	完成时间	完成效果

(二)产品加工

表 2-12　设备及工具统计表

设备及工具名称	型号	数量/个	使用前情况	使用后情况

(三)加工后整理

表 2-13　回收登记表

组号	所用材料	使用情况	所用工具	使用情况	所用仪器	使用情况

【评价与反馈】

1. 小组内评价

表 2-14　小组内评价表

班级		小组		姓名	
等级	实训态度/20	操作能力/30	实训报告/30	能力创新/20	总分
A	实训认真，积极主动，操作仔细，认真记录 16～20	熟练操作，提问有深度 24～30	团结小组成员，有号召力 24～30	PPT 制作能力强，表达能力强 16～20	
B	较好 12～16	较好 18～24	较好 18～24	较好 12～16	
C	一般 8～12	一般 12～18	一般 12～18	一般 8～12	
D	较差 0～8	较差 0～12	较差 0～12	较差 0～8	
得分					

2. 小组间评价

表 2-15　小组间评价表

班级		小组	评价人	
等级	操作评分/40	结果评价/40	答辩/20	总分
A	方法正确、操作熟练 16～20	结果准确 30～40	流程正确，回答问题确切，知识范围广 16～20	
B	较好 12～16	较好 18～24	较好 18～24	
C	一般 8～12	一般 12～18	一般 12～18	
D	较差 0～8	较差 0～12	较差 0～12	
得分				

3. 教师评价

表 2-16　教师评价表

班级		小组		姓名	
等级	实训态度/20	操作能力/30	实训报告/30	能力创新/20	总分
A	实训认真，积极主动，操作仔细，认真记录 16～20	熟练操作，提问有深度 24～30	格式规范，内容完整，真实 24～30	表现突出，报告完整，立意创新，同学认可 16～20	
B	较好 12～16	较好 18～24	较好 18～24	较好 12～16	
C	一般 8～12	一般 12～18	一般 12～18	一般 8～12	
D	较差 0～8	较差 0～12	较差 0～12	较差 0～8	
得分					

【知识拓展】

一般面条生产中和面的加水量在35%以下，由于水分进入面粉粒子中心的速度慢，因此水分过多会造成面带表面产生黏性或面带过软而失去机械操作性。面粉粒子尤其是粉心粒子均有孔洞存在，如果采用真空和面机，可使这些孔洞内有真空度存在，能将水吸入孔洞；水分也可以喷雾状或气态形式与面粉粒子接触，与面粉粉粒均匀而且充分地混合，水分在极短的时间内进入面粉粒子中心。因此真空搅拌容许添加更多的水分而不至于使面带软化或黏滞。搅拌水分的增加所产生的效果使面粉粒子上的结构蛋白质因吸水增加而软化，故在搅拌时面筋能扩展。此外，增加水分还有以下优点：

1. 煮面时间缩短

煮面时，若面体内本已含有较多水分，则内部淀粉容易达到膨润状态，这种作用产生的结果是比较能够达到理想的水分梯度状态。生面条水分较少时，若煮面要煮到内部刚熟时（中心白点消失），则面条表面可能因为煮面时间过长而糊烂了。反之，若欲维持外表不糊则势必造成中心不熟，这种面体容易于复热时因内外应力差太大而断裂。煮面时间缩短还能提高生产效率和减少煮面水的添加量。

2. 面条密度增加

使用真空搅拌，面团中空气量减少，面条密度增加，煮面时内部不会有气泡形成，煮面过程中面条不会很快浮至液面而使面条受热及水分渗入减少，在煮面时间缩短的同时，使面条内部糊化均匀。如果面团未经真空搅拌而使面条内部有气泡存在，煮面时就会在面条内部形成气泡合体，对面条的咬感有负面作用。面条密度增加还会使面条外观有透明感。

3. 可使面团的品温降低

品温升高是一般制面搅拌机尤其是大型搅拌机的最大缺点，因其搅拌轴的机械能使搅拌温度升高，造成面带过软或表面黏滞性增加。而真空搅拌设备因允许较多的加水量，故使面团面筋能展开，在搅拌中产生较大的面块，所以在面块进入复合机前，必须打散，以免进入复合机的进料分配不均匀，影响进料量的准确性。双型真空搅拌机能减少此缺点，使形成较松散的面块。

【思考练习】

1. 回顾总结本次实践的成功与失败的经验。
2. 简述速冻面条的生产工艺和操作要点。
3. 为了提高速冻面条的筋道，有哪些办法？

任务3　速冻春卷加工及过程控制技术

【任务目标】

1. 能够根据生产需要选择速冻春卷制作的原辅料。
2. 掌握速冻春卷的生产工艺及过程控制要点。

【相关知识】

一、春卷概述及分类

1. 春卷概述

春卷源于我国北宋时代，是一种风味独特的民间小吃，目前在国内外广为流行。春卷油炸后其馅风味不尽相同，但其皮很酥、非常脆，能使消费者百吃不厌，回味无穷。春卷类是冷冻调理食品中新兴的一大类油炸类产品，涉及原料有胡萝卜、青刀豆、甘蓝、蘑菇、香干、粉丝、洋葱、笋、鲜虾仁、豆沙、调味料及面粉等。它的生产由制馅、制皮、成型几个工序组成，其生产的主要设备与水饺生产的设备相似。

2. 春卷的分类

春卷依据馅料口味的不同可分为素菜卷、海蛎卷、干贝卷、虾仁卷、鳗鱼卷、香菇卷、甜春卷、豆沙春卷等。

3. 出口春卷的规格

表2-17为出口速冻春卷的规格。

表2-17　出口速冻春卷的规格

品名	条重/g	箱包装规格/(g×条×盒)
春卷	100	100×8×9
	40	40×30×10
	17	17×72×10
	15	15×80×10　15×16×24
迷你春卷	12	12×96×10
咖喱角	12.5	12.5×12×24　12.5×102×10
珍宝春卷	40	40×36×10

二、春卷生产的工艺流程

春卷类产品的工艺流程如图2-5所示：

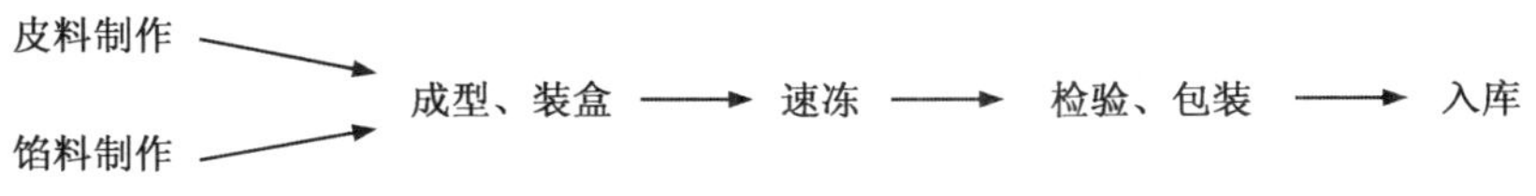

图2-5　春卷生产工艺流程

三、速冻春卷生产的主要工艺操作要点

(一)面皮的制作

1. 面粉的选择

用于制作春卷皮的面粉不同于水饺皮和包子皮的面粉，它的总体要求比较低，筋度一般能

达到 29%就可以，对白度的要求也不高，不需要用特白粉，更不需要添加增白剂。它要求用的面粉面筋比较粗、比较黄、黏度大，如精粉类都可以(中筋精粉、高筋精粉、快食面专用粉等)，而精制粉、粉心粉、面包粉以及筋度特别低的用于生产饼干糕点类的专用粉等都不适合用于春卷皮的制作。

2. 面浆的制作

面浆的配料基本上只由面粉、水和少量的食盐组成，辅料最好先经胶体磨均质，以面粉为 100 kg 为例，食盐可以添加 0.8～1 kg，水为 90～100 kg。配制时食盐先溶解于水，水要分数次添加，边加边搅拌，搅拌至添加的水分被面浆完全吸收。搅拌过程中应引起注意的是搅拌务必要沿着同一个方向，速度不能太快，否则面筋很容易被打断，无法制作春卷皮，一般使用立式搅拌机。

如果用手工打浆，效果会更好。手工拌制时，拉面时最好按同一个方向从料盆周边往中心拉，周而复始，一边拉一边加水，直到面浆表面光泽度好、不粘手，放置不动时没有水珠渗出，筋性强时为止。用手拿取少量面浆，让面浆自由下垂，面浆不会出现断痕，而是呈现表面很光滑的纺锤形状。不论是手工还是机械制面浆，面浆制好后不能马上用于制作春卷皮，而要静置 15～30 min 进行醒面，一般醒面温度为 20～22℃。

3. 制作面皮

春卷类的皮料制作方法有机械法和手工法两种，二者的主要区别是机械制皮机制作的春卷皮相对手工制作的春卷皮质地比较好，但是机械制皮机较昂贵。用春卷制皮机制皮要注意调好温度。

(二)制馅

春卷类的馅料制作方法同水饺类的馅料制作方法一样，可以参考水饺类的馅料制作方法。

(三)成型装盒

春卷的成型较简单，展开春卷皮，底朝上，面朝下，取适当的馅料(一般皮馅比为 1∶2)放在靠操作人员一边的春卷皮的边上，并把馅料整理成与盒子宽度一致的长条状，先把靠馅料一边的春卷皮紧紧压住馅料，往另一边卷一圈，这时左右两手把两边的皮往馅筒方向折叠，再继续往另一边卷，直到还剩 20～30 mm 长的时候停下，往余下的春卷皮的边沿上涂抹一层面粉浆(或称面糊)，再继续往里卷，把带面浆的另一边皮粘在卷好的皮上，放到盒子里，一条春卷就算成型完毕。成型全过程中不可使馅料外露，卷包紧实，馅料分布均匀。成型的春卷直接装入模具，模具使用前认真检查，确保每个模具均是合格品；装模具时注意装平整，确保春卷不外露、不破损、不变形。

(四)速冻

成型后的春卷经传送带送入－30℃以下速冻机速冻 30 min，春卷中心温度达到－18℃以下。这里要注意的是，春卷在速冻过程中的失重较严重，速冻时间长短的不同，失重率会达到 1%～2%不等，因此在成型过程中要注意适当增加分量，以确保速冻后符合净重要求，保证消费者的利益。

(五)检验

检验是否有破损及异物混入,并过金属探测器。

(六)包装

速冻出来的春卷经过检验合格后进行包装。

(七)入库

装箱的春卷及时入-18℃以下低温冷库中储存,入库前进行标识以便追溯。

【任务分析】

速冻春卷的生产主要包括皮、馅料制作等环节,其中关键点就在于皮的制作和馅料的调制环节。通过学习速冻春卷的生产工艺及加工过程中的质量控制办法,在实训基地或者加工车间进行实践锻炼掌握速冻春卷的加工技术。

【任务实施】

一、工作准备

(1)按照加工流程分配工作小组,明确各自职责。
(2)按照加工流程的操作要点落实各小组的加工设备及所需工具、盛装器皿。

二、计划实施

(一)小组讨论,制订工作方案、确定人员分工

1. 工作方案

表 2-18　方案设计表

<table>
<tr><td>组长</td><td></td><td>组员</td><td colspan="3"></td></tr>
<tr><td>学习项目</td><td colspan="5"></td></tr>
<tr><td>学习时间</td><td></td><td>地点</td><td></td><td>指导教师</td><td></td></tr>
<tr><td rowspan="2">准备内容</td><td>加工流程方案</td><td colspan="4"></td></tr>
<tr><td>加工设备及工具</td><td colspan="4"></td></tr>
<tr><td>具体步骤</td><td colspan="5"></td></tr>
</table>

2.人员分工

表 2-19　工作分工表

姓名	工作分工	完成时间	完成效果

(二)产品加工

表 2-20　设备及工具统计表

设备及工具名称	型号	数量/个	使用前情况	使用后情况

(三)加工后整理

表 2-21　回收登记表

组号	所用材料	使用情况	所用工具	使用情况	所用仪器	使用情况

【评价与反馈】

1. 小组内评价

表 2-22　小组内评价表

班级		小组		姓名	
等级	实训态度/20	操作能力/30	实训报告/30	能力创新/20	总分
A	实训认真，积极主动，操作仔细，认真记录 16～20	熟练操作，提问有深度 24～30	团结小组成员，有号召力 24～30	PPT 制作能力强，表达能力强 16～20	
B	较好 12～16	较好 18～24	较好 18～24	较好 12～16	
C	一般 8～12	一般 12～18	一般 12～18	一般 8～12	
D	较差 0～8	较差 0～12	较差 0～12	较差 0～8	
得分					

2. 小组间评价

表 2-23　小组间评价表

班级		小组	评价人	
等级	操作评分/40	结果评价/40	答辩/20	总分
A	方法正确、操作熟练 16～20	结果准确 30～40	流程正确，回答问题确切，知识范围广 16～20	
B	较好 12～16	较好 18～24	较好 18～24	
C	一般 8～12	一般 12～18	一般 12～18	
D	较差 0～8	较差 0～12	较差 0～12	
得分				

3. 教师评价

表 2-24　教师评价表

班级		小组		姓名	
等级	实训态度/20	操作能力/30	实训报告/30	能力创新/20	总分
A	实训认真，积极主动，操作仔细，认真记录 16～20	熟练操作，提问有深度 24～30	格式规范，内容完整，真实 24～30	表现突出，报告完整，立意创新，同学认可 16～20	
B	较好 12～16	较好 18～24	较好 18～24	较好 12～16	
C	一般 8～12	一般 12～18	一般 12～18	一般 8～12	
D	较差 0～8	较差 0～12	较差 0～12	较差 0～8	
得分					

【思考练习】

1. 简述速冻春卷的分类。
2. 简述速冻春卷的生产工艺流程和操作要点。

项目三

发酵型速冻面制品加工技术

项目描述

本项目主要介绍发酵型面制品，包括馒头和包子的加工工艺、品质控制及影响产品品质的因素。

知识目标

通过本项目的学习，了解发酵型速冻面制品的基础知识，包括原材料的种类、加工特性等，掌握其原材料处理、产品加工工艺、加工过程中的品质控制技术。

能力目标

通过本项目的学习，学生应掌握速冻馒头、包子的加工工艺，能够根据产品需要选择原辅料，并进行生产加工，能够对产品进行质量检验。

任务1　速冻馒头加工及过程控制技术

【任务目标】

1. 掌握速冻馒头的加工工艺及关键技术。
2. 掌握影响速冻馒头产品质量的因素和控制方法。
3. 能够熟练使用馒头整形机、醒发箱等设备。

【相关知识】

一、馒头概述及分类

1. 馒头概述

馒头是把面粉加水、酵母，发酵后蒸熟而成的食品，是我国的传统面食，成品外形为半球形或长条形。馒头味道可口松软，营养丰富，是中华民族最亲切的食物之一。一般把在制作时加

图 3-1 馒头

入肉、菜、豆蓉等馅料的馒头叫做包子，而普通的馒头叫白馒头(图 3-1)。我国幅员辽阔，民族众多，口味不同，做法各异，由此发展出了各式各样的馒头，如白面馒头、玉米面馒头、菜馒头、肉馒头、生煎馒头、油炸馒头，叫法也不尽相同，如蒸饼、炊饼、饽饽、馍馍、大馍等等。

有馅馒头在南方被称为“馒头”，肉馅的叫“肉馒头”，在北方被称为“包子”，在半圆顶部捏合处有褶皱，不加红印；菜馅的叫“菜馒头”，馅料通常有油菜、白菜、粉条、萝卜丝、南瓜、韭菜鸡蛋等，各式各样。

2. 馒头分类

根据风味、口感不同可分为以下几种。

(1)北方硬面馒头　是中国北方的一些地区，如山东、山西、河北等地百姓喜爱的日常主食。依形状不同又有刀切形馒头、机制圆馒头、手揉长形杠子馒头、挺立饱满的高桩馒头等。

(2)软性北方馒头　在我国中原地带，如河南、陕西、安徽、江苏等地百姓以此类馒头为日常主食。其形状有手工制作的圆馒头、方馒头和机制圆馒头等。

(3)南方软面馒头　是我国南方人习惯的馒头类型。多数南方人以大米为日常主食，而以馒头和面条为辅助主食，南方软面馒头颜色较北方馒头白，而且大多带有添加的风味，如甜味、奶味、肉味等。有手揉圆馒头、刀切方馒头、体积非常小的麻将形馒头等品种。

(4)营养强化或保健馒头　随着生活水平的提高，人们开始重视主食的保健性能。强化和保健馒头多以天然原料添加为主。常见的有以玉米面、高粱面、甘薯面、小米面、荞麦面等为主要原料或在小麦粉中添加一定比例的此类杂粮生产的馒头产品(图 3-2)。营养强化馒头主要强化蛋白质、氨基酸、维生素、纤维素、矿物质等。

图 3-2 各种杂粮馒头

(5)点心馒头　以特制小麦面粉为主要原料，比如雪花粉、强筋粉、糕点粉等，适当添加辅料，生产出组织柔软、风味独特的馒头。比如奶油馒头、巧克力馒头、开花馒头、水果馒头等。该类馒头一般个体较小，其风味和口感可以与烘焙发酵面食相媲美，是很受儿童欢迎的品种，也是宴席面点品种。

二、速冻馒头生产的工艺流程

速冻馒头生产的工艺流程如图 3-3 所示。

原料准备处理 → 和面 → 压面 → 成型 → 装盘 → 醒发 → 蒸制 → 冷却 → 速冻 → 包装入库 → 成品

图 3-3　速冻馒头生产流程图

三、馒头加工过程中的注意事项

1. 原辅料准备

配方一：面粉，25 kg；酵母，0.25 kg；食盐，0.75 kg；面包改良剂，0.1 kg；水，12.5 kg。

配方二：面粉，25 kg；玉米淀粉，1.5 kg；鲜鸡蛋，3 kg；白砂糖，3 kg；酵母，0.34 kg；面包改良剂，0.1 kg；泡打粉，0.25 kg；水，12.2 kg。

根据配方要求准备材料，根据一次和面量称量材料。

2. 和面

将面粉、酵母、泡打粉等粉状物料倒入卧式和面机，开机搅拌 1～2 min。加水量一般为 45%～65%，将水一次性倒入和面机，加入乳化剂，开启搅拌机，搅拌 20～30 min，搅拌时控制面团温度在 28～30℃，当面团达到手捏有弹性，双手搓成细条后，表面平滑光洁，双手迅速用力扯断，断声清脆，即为打好面团。

注意事项：

- 搅拌时因摩擦会引起面团温度增加，根据经验一般第一次和面增加 4～6℃，第二次和面增加 8～10℃。在生产实践中，室温和粉温比较稳定不易调节，一般用水温来调节面团温度。
- 和面中添加的一些辅料会对面团产生一定的影响，比如添加糖、食盐、乳粉会延长搅拌时间；添加油脂不会延长搅拌时间，但使面团韧性增强，增强了面筋的持气能力；添加鸡蛋可以增强面筋，但要注意减少加水量。
- 添加一些添加剂，也会改变面团的形成。比如氧化剂增强面团的硬度，延迟面团的形成，延长搅拌时间。还原剂使面筋变软，缩短搅拌时间；淀粉酶的液化作用能使面团软化，搅拌时间缩短，并且使面团的黏性增大，给操作带来困难；蛋白酶能分解蛋白质，使搅拌的机械耐力减小，面团被软化，进而也影响到面团的发酵耐力；乳化剂可使面团韧性增强，提高面团搅拌耐力，从而使搅拌时间延长，但是有利于面团起发膨胀。

3. 压面

压面一般采用压面机。压面时，面团在压辊间辊压，同时用手工拉、抻。这样既加快了压面速度，又改善了面片的加工性能。但不能拉、抻过度。每压一次，需折叠一次，如此反复，直至面片光滑、细腻为止。压面时可根据面团软硬度适量撒浮面粉，防止粘辊。压出的面片应该规格整齐，不能长短不齐，厚薄不均。否则不易成型。

每包粉(25 kg)和出的面团要分 3 块以上压面，压制时，用连续压面机压 12～18 次后，再用高速压面机压制 1～5 次。压好后面厚为 2～3 cm 。压好的面团，平摊在工作台上用刀切成[宽为(15±2) cm]的面块，(厚为 3～5 cm)的面片，送至馒头成型机。

4. 成型

成型是把面团块做成产品所需要的形状，使馒头外观一致，式样整齐。馒头成型的方式分手工成型、机械成型、手工与机械相结合成型等。手工成型是将面团用手反复揉捏，然后按照规定的标准用刀切割成大小均匀的面团。馒头成型机有半自动和全自动两种，半自动的就是一部分分割工具操作结合一部分手工操作的半手工、半机械分割方法。通常使用的有直条面团分割器、方形面团分割器及圆形面团分割器等几种。

全自动馒头成型机是将压好的面皮送到调试好的馒头自动成型机上制出符合要求的生胚，再均匀上盘。带孔蒸盘清洗干净后，将干净的油纸或专用垫布铺在上面待用。以 4×6 等均匀方式排布于蒸盘内，然后转上干净的蒸车。每台车自装上第一盘生坯后计时，在成型段停放不能超过 10 min(冬春两季不超过 15 min)，到时间不论车上有多少盘都必须立即送入醒发间。

5. 发酵

发酵间预先调好温度(37±3)℃，湿度(80±10)%，对产品进行发酵，发酵时间为(55±10)min。当产品发酵到表面微有湿润，手捏有黏手感(最好仅用目测方法)，并觉得是蓬松而不是硬实感时，才可送入蒸柜，同时注意避免发酵过度，即发酵好的生坯要及时进行蒸制。

当发酵得恰到好处时，面团膨松、软硬适当、具有弹性、酸气正常，用手抚摸质地柔软光滑；用手按面，按下的坑能慢慢鼓起，俗称不起“窝子”；用手抻拉，带有伸缩性，揪断连丝，俗称“筋丝”；用手拍敲，“嘭嘭”作响；切开面团，内有很多小而匀的孔洞，俗称“蜂窝眼”；用鼻子嗅闻，酸味不呛，有酒香气味；用肉眼观察色泽白净滋润。这就表示发酵完成。发得不足时，即面团没有发起，既不胀发，也不松软，用手抚摸，发死、发板、没有弹性；用手按面，坑不能鼓起。用这种面团是不能制作成品，要延长时间继续发酵。发得过度时，即面团发酵大了，一般称作“老了”，这种面团非常软塌，严重的成为糊状，按时不鼓起，抓无筋丝，即无筋骨劲，严重的像豆腐渣那样散；酸味强烈，这种面不但不能用来制作成品，也不能作面肥用，必须加面重新揉和，重新发酵。

注意事项：

● 一般来说，软的面团(掺水量较多)发酵快，也容易被发酵中所产生的二氧化碳所膨胀，但是气体容易散失；硬面团(掺水量较少)发酵慢，是因为这种面团的面筋网络紧密，抑制二氧化碳气体的产生，但也防止气体散失。

6. 蒸制

蒸制馒头、包子和卷类都需要合适的蒸汽量，做到蒸熟蒸透，但是需要的蒸制时间不同。蒸制馒头和卷类的时间要长一些，如蒸 3～5 屉，一般用 5～20 min，而蒸制包子，一般要 10～16 min，蒸制时间过长对品质会带来不利影响，特别是卷类和包子，一些辅料如葱花和蔬菜等会变黄，失去香味，对表观光滑度也有一定的影响。检验馒头是否已熟制的最简单方法是用食指按一下，看按下的窝是否弹回，如果弹回，表明已熟，如果不能复原，则表示未熟，仍需蒸制一段时间。

把生坯送入蒸柜，关紧柜门，调整蒸汽压力，对生坯蒸汽压力为 0.15～0.4 MPa，蒸制 420～540 s，当其中心温度达 86℃以上并保持 1 min，蒸熟蒸透，才可拉出蒸柜。

7. 冷却装托、预冷、急冻入库

(1)拉出蒸柜的产品在冷却区冷却至中心温度 40℃以下即可装托。产品表面开裂在 1 cm

以上、表皮皱皮严重不光滑者或压扁的为次品，掉地的为废品。装托时挑拣出来。

(2)把装好底托的产品预冷至中心温度低于 15℃时才可进入急冻隧道。

(3)预先把急冻隧道温度降至－30℃以下，才可冻结产品。

(4)当产品中心温度达到－18℃以下，便可用机器或手工进行包装。

(5)包装后封口过金属探测器检测有无金属。

(6)打印纸箱标识：把产品装入规定的包装纸箱，封好箱，做好检验合格的标记。

8. 馒头生产线

面制主食机械研究人员和面制品工艺技术人员共同合作，根据馒头生产要求，应用多项前沿科学技术，研制出与工艺贴切性强，自动化程度较高的馒头生产线，使机械加工的馒头超越了手工馒头的品质。

DFD 系列智能化馒头生产线应用仿生技术、光控光感技术、电磁感应技术、低温蒸汽技术、微电脑可编程技术、远红外技术等前沿高新技术，完成和面、连续压片、卷片、挤压、定量切割面团、成型、醒发、蒸制等一系列的馒头制作过程(图 3-4，图 3-5)。实现了模拟手工馒头成型的全过程，馒头内部结构均匀、细腻、层次规则，口感咬劲强，表皮光亮，保水复蒸性好，达到或超过手工馒头的口感。馒头的一次成型率高，品质稳定均一。

9. 质量控制要求

(1)每包粉自打好后计时，夏秋两季在 10 min 以内完成，冬春两季在 20 min 以内完成。

图 3-4 馒头生产线控制室

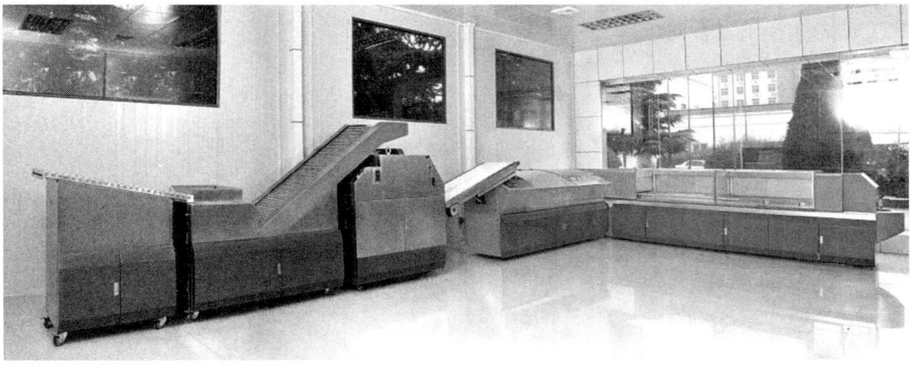

图 3-5 馒头生产线设备图

(2)在压面过程中,发现面皮容易风干要立即盖上湿布。

(3)在成型过程中,发现面皮过软或过硬时要把面皮还给和面间处理。

(4)成型段要把生胚均匀放于蒸盘上,不能放歪。

(5)蒸制时必须保证蒸汽压力和蒸制时间、蒸制温度。

【任务分析】

速冻馒头的主要工艺包括和面、醒发、成型、蒸制、速冻和包装等。本任务通过学习各个关键工艺中的基础知识、关键操作、注意事项,通过实训,使学生掌握速冻馒头生产工艺,完成产品的加工。

【任务实施】

一、工作准备

(1)按照加工流程分配工作小组,明确各自职责。

(2)按照加工流程的操作要点落实各小组的加工设备及所需工具、盛装器皿。

二、计划实施

(一)小组讨论,制订工作方案、确定人员分工

1. 工作方案

表 3-1 方案设计表

组长		组员			
学习项目					
学习时间		地点		指导教师	
准备内容	加工流程方案				
	加工设备及工具				
具体步骤					

2. 人员分工

表 3-2　工作分工表

姓名	工作分工	完成时间	完成效果

(二)产品加工

表 3-3　设备及工具统计表

设备及工具名称	型号	数量/个	使用前情况	使用后情况

(三)加工后整理

表 3-4　回收登记表

组号	所用材料	使用情况	所用工具	使用情况	所用仪器	使用情况

【评价与反馈】

1. 小组内评价

表 3-5 小组内评价表

班级		小组		姓名	
等级	实训态度/20	操作能力/30	实训报告/30	能力创新/20	总分
A	实训认真,积极主动,操作仔细,认真记录 16～20	熟练操作,提问有深度 24～30	团结小组成员,有号召力 24～30	PPT 制作能力强,表达能力强 16～20	
B	较好 12～16	较好 18～24	较好 18～24	较好 12～16	
C	一般 8～12	一般 12～18	一般 12～18	一般 8～12	
D	较差 0～8	较差 0～12	较差 0～12	较差 0～8	
得分					

2. 小组间评价

表 3-6 小组间评价表

班级		小组	评价人	
等级	操作评分/40	结果评价/40	答辩/20	总分
A	方法正确、操作熟练 16～20	结果准确 30～40	流程正确,回答问题确切,知识范围广 16～20	
B	较好 12～16	较好 18～24	较好 18～24	
C	一般 8～12	一般 12～18	一般 12～18	
D	较差 0～8	较差 0～12	较差 0～12	
得分				

3. 教师评价

表 3-7 教师评价表

班级		小组		姓名	
等级	实训态度/20	操作能力/30	实训报告/30	能力创新/20	总分
A	实训认真,积极主动,操作仔细,认真记录 16～20	熟练操作,提问有深度 24～30	格式规范,内容完整,真实 24～30	表现突出,报告完整,立意创新,同学认可 16～20	
B	较好 12～16	较好 18～24	较好 18～24	较好 12～16	
C	一般 8～12	一般 12～18	一般 12～18	一般 8～12	
D	较差 0～8	较差 0～12	较差 0～12	较差 0～8	
得分					

【知识拓展】

一、速冻花卷工艺流程及工艺操作标准

花卷也是馒头的一种，常见的有调味花卷和普通花卷。花卷一般呈两边滚弧形，类似望远镜，也有的在该弧的中间横向再压痕呈四片花瓣形，也有的是直接滚呈圆柱形。生产时没有添加调味料的称为普通花卷，添加少量香葱及食盐的称葱花卷，添加少量蛋清的称蛋花卷。

1. 范围

本标准规定了速冻花卷工艺流程及工艺操作要求。

本标准适用于速冻花卷工艺流程及工艺操作要求。

2. 工艺流程

原辅料混合→搅拌和面→压面→成型→醒发→蒸制→冷却→速冻→包装→金属检测→检验→产品冷藏。

3. 工艺操作要求

(1)和面　将面粉、泡打粉、改良剂投入和面机内搅拌均匀，白砂糖和水混合溶解，倒入搅拌缸内，再把活化好的酵母液加入搅拌机内，搅拌均匀即可，和好面团的温度控制在25～28℃。

(2)压面　将和好的面团在高速压面机上反复辊压约25次，使面团光滑，面带组织均匀，切面基本无孔，再在整形压面机上将面团压成长条面皮，放置在木案板上。

(3)成型　将面皮抻成厚度均匀的宽面带，刷一层猪油，把小葱丁撒在猪油上，将面带折三折，由两人拉成均匀的长条，每次三根长条一组，用刀定量切割，将切好的面块用筷子按规定的方式折叠成菊花状，按间隔3～5 cm放入蒸盘，每盘18只。

(4)醒发　醒发温度为(夏季)38～42℃；(冬季)40～45℃，湿度为75%～80%，时间为30～40 min，根据气候适当调整。

(5)蒸制　蒸制压力控制在0.03～0.05 MPa，蒸制时间约为10 min，用手一按就恢复原状，并有熟面香味，即成熟。

(6)冷却　在常温下自然冷却或用排风机，不粘手即可。

(7)速冻　速冻要求在温度－40～－30℃，冻结时间10～30 min。

(8)包装　将冻结坚硬、合格的产品称重、装袋包装。

(9)金属检测　将包装后的产品放入金属探测仪检测，合格后方能装箱。

(10)检验、装箱、冷藏储存、运输等按本产品内控标准规定执行。

二、小麦粉馒头标准(GB/T 21118—2007)

本标准的附录A、附录B和附录C为规范性附录(见p231附录)。

1. 范围

本标准规定了小麦粉馒头的术语和定义、技术要求、检验方法、检验规则、判定规则、标签

标识以及包装、运输和贮存等的要求。

本标准适用于以小麦粉为原料生产的商品馒头。

2.规范性引用文件

下列文件中的条款通过本标准的引用而成为本标准的条款。凡是注日期的引用文件，其随后所有的修改单(不包括勘误的内容)或修订版均不适用于本标准，然而，鼓励根据本标准达成协议的各方研究是否可使用这些文件的最新版本。凡是不注日期的引用文件，其最新版本适用于本标准。

GB 1355 小麦粉

GB 2760 食品添加剂使用卫生标准

GB/T 2828.1 计数抽样检验程序　第 1 部分:按接收质量限(AQL)检索的逐批检验抽样计划

GB/T 4789.3 食品卫生微生物学检验　大肠菌群测定

GB/T 4789.4 食品卫生微生物学检验　沙门氏菌检验

GB/T 4789.5 食品卫生微生物学检验　志贺氏菌检验

GB/T 4789.10 食品卫生微生物学检验　金黄色葡萄球菌检验

GB/T 4789.15 食品卫生微生物学检验　霉菌和酵母计数

GB/T 5009.3—2003 食品中水分的测定

GB/T 5009.11 食品中总砷及无机砷的测定

GB/T 5009.12 食品中铅的测定

GB 5749 生活饮用水卫生标准

GB 7718 预包装食品标签通则

GB 14880 营养强化剂使用卫生标准

GB 14881 食品企业通用卫生规范

3.术语和定义

下列术语和定义适用于本标准。

3.1　小麦粉馒头 chinese steamed bread made of wheat flour

以小麦粉和水为原料，以酵母菌为主要发酵剂蒸制成的产品。

4.技术要求

4.1　原料要求

4.1.1　小麦粉应符合 GB 1355 的规定。

4.1.2　食品添加剂和营养强化剂应符合 GB 2760 和 GB 14880 的规定。

4.1.3　水应符合 GB 5749 的规定。

4.1.4　酵母和其他辅料应符合国家有关质量和卫生的规定。GB/T 21118—2007

4.2　感官质量要求

4.2.1　外观:形态完整，色泽正常，表面无皱缩、塌陷，无黄斑、灰斑、黑斑、白毛和黏斑等缺陷，无异物。

4.2.2　内部:质构特征均一，有弹性，呈海绵状，无粗糙大孔洞、局部硬块、干面粉痕迹及黄色碱斑等明显缺陷，无异物。

4.2.3　口感：无生感，不粘牙，不牙碜。

4.2.4　滋味和气味：具有小麦粉经发酵、蒸制后特有的滋味和气味，无异味。

4.3　理化指标

理化指标要求见表 3-8。

表 3-8　理化指标

项目	指标
比容/(mL/g)	≥1.7
水分/%	≤45.0
pH	5.6～7.2

4.4　卫生指标

4.4.1　卫生指标要求见表 3-9。

表 3-9　卫生指标

项目	指标
大肠菌群/(MPN/100 g)	≤ 30
霉菌计数/(CFU/g)	≤ 200
致病菌(沙门氏菌、志贺氏菌、金黄色葡萄球菌等)	不得检出
总砷(以 As 计)/(mg/kg)	≤ 0.5
铅(以 Pb 计)/(mg/kg)	≤ 0.5

4.4.2　其他卫生指标应符合国家卫生标准和有关规定。

4.5　生产加工过程的技术要求

4.5.1　生产过程的卫生规范应符合 GB 14881 的规定。

4.5.2　生产过程中不得添加过氧化苯甲酰、过氧化钙。不得使用添加吊白块、硫黄熏蒸等非法方式增白。

5. 检验方法

5.1　比容测定：按照附录 A 规定的方法进行测定。

5.2　pH 测定：按照附录 B 规定的方法进行测定。

5.3　水分测定：按照附录 C 规定的方法进行测定。

5.4　总砷：按 GB/T 5009.11 的规定执行。

5.5　铅：按 GB/T 5009.12 的规定执行。

5.6　大肠菌群：按 GB/T 4789.3 的规定执行。

5.7　霉菌计数：按 GB/T 4789.15 的规定执行。

5.8　沙门氏菌：按 GB/T 4789.4 的规定执行。

5.9　志贺氏菌：按 GB/T 4789.5 的规定执行。

5.10　金黄色葡萄球菌：按 GB/T 4789.10 的规定执行。

6. 检验规则

6.1 出厂检验项目

比容、pH 和感官质量。

6.2 组批

同一天同一班次生产的同一品种的产品为一批。组批量以馒头个数计。

6.3 抽样数量和方法

在成品仓库内随机抽取样品，依据组批量，按照 GB/T 2828.1 规定的方法取样，抽样数量见表 3-10。

表 3-10 抽样数量

组批量(最小包装数)	样本量(包装个数)
2～50	2
51～500	3
501～35 000	5
35 001 及其以上	8

7. 判定规则

7.1 全部质量指标符合本标准规定时，判定该批产品为合格。

7.2 不超过两项指标不符合本标准规定时，可在同批产品中双倍抽样复检，复检结果全部符合本标准规定时，判定该批产品为合格；复检结果中如仍有一项指标不合格时，判定该批产品为不合格。

7.3 卫生指标有一项不符合本标准规定时，判定该批产品为不合格，不得供人食用。

7.4 在"感官质量要求"检验中，如发现有异味、污染、霉变、外来物质时，判该批产品为不合格，不得供人食用。

8. 标签标识

8.1 标签应符合 GB 7718 的规定。

8.2 产品名称：符合本标准的规定和要求的产品，允许标注的名称为小麦粉馒头。

8.3 标签上应注明产品的保质条件和保质期，并醒目地注明食用前应加热。

9. 包装、运输、贮存

9.1 包装：包装容器和材料应符合相应的卫生标准和有关规定。

9.2 运输：运输产品时应避免日晒、雨淋。不应与有毒、有害、有异味或影响产品质量的物品混装运输。运输时应码放整齐，不应挤压。

9.3 贮存：产品应贮存在阴凉、干燥、清洁、无异味的场所。不应与有毒、有害、有异味、易挥发、易腐蚀的物品同处贮存。

【思考练习】

1. 根据学习的速冻馒头加工知识，请设计并制作一款花卷。

2. 某企业的速冻馒头生产线生产的馒头在蒸制完以后，馒头总是坍塌，不能形成饱满的状态，你认为可能的原因是什么？

任务2　速冻包子加工及过程控制技术

【任务目标】

1. 掌握速冻包子的加工工艺及关键技术。

2. 掌握影响速冻包子产品质量的控制方法。

【相关知识】

一、速冻包子的分类

速冻包子是含馅食品，其最主要的优点是家庭或餐厅再加工简单，消费者食用非常方便。速冻包子是目前速冻食品企业发酵类面食品中产量最大、品种最多的产品。

包子的分类有很多种：

按口味性质可分为肉包、菜包、甜包等；

按外形特征可分为小笼包、叉烧包、水晶包、玉兔包、寿桃包、鸳鸯包等；

按馅料不同可分为鸡肉包、鲜肉包、豆沙包、奶黄包、香芋包等；

根据地域传统分为天津狗不理包子、广州酒家包子、开封小笼包、上海南翔小笼包等；

按照成型方法分为机器加工包子和手工包制包子。

人们对速冻包子的要求比较高，要求皮薄馅多，皮质有弹性，馅料有水分，外形美观，味道好又有特色，耐蒸、耐咬，颜色白又不能添加增白剂，还要求营养丰富。机器生产的包子外观一致，大小均匀，但馅料较干，不耐蒸、不耐咬，皮质较差；而手工做的包子皮薄馅多且馅料有汤汁，耐蒸、耐咬，但大小相差较大，外观也比较粗糙，卫生条件也较差，因此现在机器包子和手工包子都占有一定的市场。随着经济的发展，生活节奏的加快，卫生观念的提高，工业化生产的包子将逐渐成为速冻包子的主流。

二、速冻包子的工艺流程

速冻包子生产包括制馅、制皮、成型等工序，其生产工艺流程如图3-6所示。

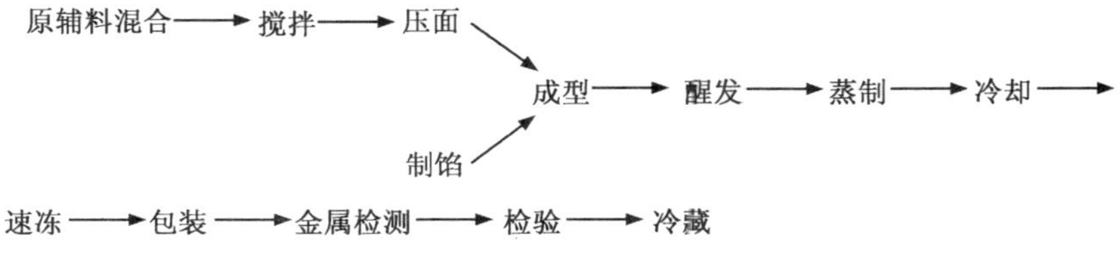

图3-6　速冻包子的工艺流程

三、速冻包子生产注意事项

1. 制馅

包子在制馅方面与水饺基本相同，区别是包子馅中蔬菜和肉的颗粒尺寸比饺子馅要大些，各种调味料的调制顺序同饺子馅的要求一样。将包子馅调好后，还要加工成包子，蒸制后，经过有关人员品尝，合格后方可将包子馅投放生产线。

2. 制皮

(1)原料准备　包子制皮所使用的面粉与水饺不同，主要区别在面筋的含量，包子要求面筋含量为26%～28%，蛋白质含量在11.5%～13%，一般使用中筋面粉。

(2)和面　包子皮料的搅拌也有别于水饺皮：首先在和面机的选择上有区别，因为包子皮放有酵母，特别是在温度较高的天气条件下，皮料容易发酵，因此要求和面机的转速要快，不会发热；其次在皮料的配料上也有很大区别，除了酵母外，包子皮多添加有白糖和猪油，添加猪油的作用是提高包子表面的光泽度，另外添加了猪油的包子在冷却时表面不易发干发裂；包子皮在搅拌时下料顺序也要引起重视，酵母首先要和面粉先行搅拌，使酵母充分均匀地分布于面粉中，盐和白糖要先溶解于水或冰水中再加入，在包子皮的搅拌已基本完成的时候才能添加猪油，搅拌的最后检验标准与水饺皮相似。

(3)压延　压延工序对包子皮来说非常重要，如果没有压延或压延时间不够，包子皮中的空气没有驱赶干净，留有空气的包子皮经醒发蒸制后表皮有明显的气泡，冷却后气泡皱缩形成疤纹，严重影响外观。

注意事项：

● 一个简单的检验压延时间是否合适的办法就是听声音，如果皮料在压延时没有气泡破裂的声音，说明已基本驱赶净面皮中的空气。

3. 成型

包类的成型有手工和机械两种方式，机械成型的包子馅料较干，面皮略硬，不耐蒸、不耐咬，皮质较差。手工包子皮薄馅多有汤汁，耐蒸、耐咬，但个体大小差异大，外观较粗糙，卫生条件也不容易控制，手工包子对环境的卫生条件及工人的熟练程度要求严格。

4. 醒发

发酵过程中控制40℃的温度和70%的相对湿度较为理想，但在实际生产过程中还要根据天气情况和成型速度对发酵时间做适当的调整，一般为30～40 min。

注意事项：

● 发酵过程中常常需要采用往蒸箱地面泼热水的方法来提高温度和湿度。

● 发酵终点的判断可以用触压法。快到发酵终点时，用手去轻压，如果有以下两个特点说明发酵效果好：其一是表皮会粘手，手压下去拉回来时会有拉丝的感觉；其二是手压下去放手后，表皮的凹口会自动弹起，并恢复原状。

● 包子皮在发酵的过程中不能对其做大的振动，特别是发酵后期，一旦振动了，发酵当时看不出有什么异样，但蒸制后就会出现“死包”，即表皮皱缩变硬，个体缩小，不能食用。

● 此外要保证醒发设备显示的温度和相对湿度要和箱体中心实际数据一致。

5. 蒸制

蒸制就是对已发酵好的包子进行蒸熟的过程。蒸制的时间和包子的大小、进箱的蒸气压力、蒸箱的密闭性都有关系。一般包类的蒸制压力不宜太大，0.04～0.06 MPa 的压力蒸制 10～15 min 就可以了。但如果生产叉烧包则例外，叉烧包要求裂口呈四瓣花状，因此在蒸制叉烧包时，进箱的蒸汽压力要达到 0.1 MPa 以上。

注意事项：

● 包子蒸制过程中有时出现表面起泡，有几个原因，可能由于面皮没有压延好使皮内留有空气，蒸箱内水汽太多也会使蒸出的包子表面起泡，此外如果发酵过度也会使表面出现不光滑甚至起泡的现象。

● 要避免进蒸箱时蒸箱压力过大，否则很容易出现塌陷现象，此外发酵过度也会有出现塌陷的可能。

● 有时会出现死包问题，或者说是烫伤，其现象是包子蒸制后出现皱缩，颜色发黑、发暗，个体变硬，不能食用。出现这类问题的原因主要有两个：一个是蒸箱和架车或放包子的盆子积有较多的水珠，蒸制时受热的水珠滴到下层的包子表面使其被烫伤；另一个是面粉的筋性不好，面筋不够强，易断，蒸制时在一定压力下出现断裂而使整个包子皱缩。同时要注意包子也不要反复冷冻，食用时也无须解冻。

6. 冷却

包子类食品速冻前必须冷却，速冻前的冷却工序是保证包子类品质的重要因素。冷却时要用风扇吹凉，其目的是吹干包子表面的水珠。如果没有进行冷却这个工序，而是直接进行速冻，会使包子表面马上形成一层冰层或冰花，包子的光泽度会被破坏，致使表面不光滑。另外，如果包子还是热的就进行速冻，会出现表面已经冻硬而中心不容易冻硬的现象，使得包子容易变质，特别是肉类包，馅料很容易变味发酸。

7. 速冻

经过冷却的包子迅速进入速冻机，30 min 完成冻结过程，使中心温度达到－18℃。

8. 包装入库

包子类速冻后要求快速冻藏，因为包类特别容易解冻，解冻后马上就会变形，影响产品质量。

【任务分析】

速冻包子主要由皮和馅料组成，类似水饺，所不同的是速冻包子包完之后要经过醒发。本任务通过学习速冻包子的加工工艺及操作注意事项，通过企业或者实训车间的实训，使学生掌握速冻包子的加工工艺，掌握制皮、制馅的工艺和质量控制办法。

【任务实施】

一、工作准备

(1)按照加工流程分配工作小组，明确各自职责。

(2)按照加工流程的操作要点落实各小组的加工设备及所需工具、盛装器皿。

二、计划实施

(一)小组讨论,制订工作方案、确定人员分工

1. 工作方案

表 3-11　方案设计表

组长		组员			
学习项目					
学习时间		地点		指导教师	
准备内容	加工流程方案				
	加工设备及工具				
具体步骤					

2. 人员分工

表 3-12　工作分工表

姓名	工作分工	完成时间	完成效果

(二)产品加工

表 3-13　设备及工具统计表

设备及工具名称	型号	数量/个	使用前情况	使用后情况

(三)加工后整理

表 3-14　回收登记表

组号	所用材料	使用情况	所用工具	使用情况	所用仪器	使用情况

【评价与反馈】

1. 小组内评价

表 3-15　小组内评价表　　分

班级		小组		姓名	
等级	实训态度/20	操作能力/30	实训报告/30	能力创新/20	总分
A	实训认真,积极主动,操作仔细,认真记录 16～20	熟练操作,提问有深度 24～30	团结小组成员,有号召力 24～30	PPT 制作能力强,表达能力强 16～20	
B	较好 12～16	较好 18～24	较好 18～24	较好 12～16	
C	一般 8～12	一般 12～18	一般 12～18	一般 8～12	
D	较差 0～8	较差 0～12	较差 0～12	较差 0～8	
得分					

2. 小组间评价

表 3-16　小组间评价表　　分

班级		小组	评价人	
等级	操作评分/40	结果评价/40	答辩/20	总分
A	方法正确、操作熟练 16～20	结果准确 30～40	流程正确,回答问题确切,知识范围广 16～20	
B	较好 12～16	较好 18～24	较好 18～24	
C	一般 8～12	一般 12～18	一般 12～18	
D	较差 0～8	较差 0～12	较差 0～12	
得分				

3. 教师评价

表 3-17　教师评价表　　　分

班级		小组		姓名	
等级	实训态度/20	操作能力/30	实训报告/30	能力创新/20	总分
A	实训认真，积极主动，操作仔细，认真记录 16～20	熟练操作，提问有深度 24～30	格式规范，内容完整，真实 24～30	表现突出，报告完整，立意创新，同学认可 16～20	
B	较好 12～16	较好 18～24	较好 18～24	较好 12～16	
C	一般 8～12	一般 12～18	一般 12～18	一般 8～12	
D	较差 0～8	较差 0～12	较差 0～12	较差 0～8	
得分					

【知识拓展】

速冻甜包工艺流程及工艺操作标准

1. 范围

本标准规定了速冻甜包工艺流程及工艺操作要求。

本标准适用于公司速冻甜包工艺流程及工艺操作要求。

2. 工艺流程

速冻甜包工艺流程如图 3-7 所示。

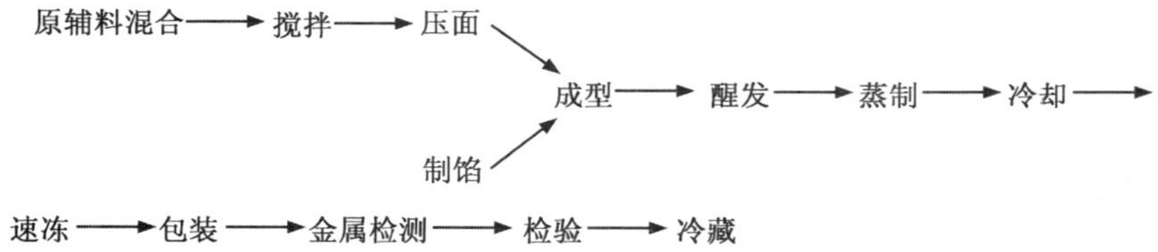

图 3-7　速冻甜包工艺流程

3. 工艺操作要求

(1)和面　将面粉、泡打粉、改良剂、酵母投入和面机内搅拌均匀，先用一半冰水将白砂糖溶解、搅匀，再将糖水混入另一半冰水中，将该混合液倒入搅拌缸内，先慢速搅拌均匀，搅拌 1 min 后，快速搅拌同时加入猪油，搅拌均匀即可，和好面团的温度控制在 10～15℃。

(2)压面　将和好的面团在高速压面机上反复轧压约 25 次，使面团光滑，里面组织均匀，切面基本无孔，待用。

(3)制馅

①豆沙馅：将煮好的红豆用磨浆机磨成细沙状，将磨好的豆沙和玉米淀粉、糖粉、色拉油、速冻油一起放入炒锅中，炒制 1.5～2 h 即可，自然冷却后待用。

②奶皇馅：将糕点粉、吉士粉、黄油、鸡蛋、白糖、玉米淀粉、水、奶粉按比例放入容器中，搅拌均匀，倒入炒锅中，炒制 1～1.5 h 即可，自然冷却后待用。

③麻蓉馅：将炒好的芝麻用磨浆机磨成细沙状，将芝麻酱、糖粉、速冻油、玉米淀粉、水放入打馅机中，搅拌均匀即可。

(4)成型　将压好的面团放入包点机的面斗中，同时将馅放入馅斗中，先开面绞龙，后开馅绞龙，测试皮馅比(25%的馅含量)，将调试好的包子放入蒸盘中，间隔 3～5 cm，每盘 18 只。

(5)醒发　醒发温度为(夏季)38～42℃，(冬季)40～45℃，湿度为 70%～80%，时间为 30～40 min，根据气候适当调整。

(6)蒸制　蒸制压力控制在 0.03～0.05 MPa，蒸制时间约为 10 min，用手一按就恢复原状，并有熟面香味，即成熟。

(7)冷却　在常温下自然冷却或用排风机，不粘手即可。

(8)速冻　速冻要求在温度－40～－30℃，冻结时间 10～30 min。

(9)包装　将冻结坚硬、合格的产品称重、装袋包装。

(10)金属检测　将包装后的产品放入金属探测仪检测，合格后方能装箱。

(11)标准　检验、装箱、冷藏储存、运输等按本产品内控标准规定执行。

【思考练习】

1. 如何避免速冻包子表皮坍塌和起泡？

2. 设计并制作一款具有自己家乡特色的速冻包子。

项目四

速冻米制品加工技术

项目描述

本项目重点描述了汤圆、粽子和米饭等速冻米制品的加工工艺,分析了存在的问题和影响品质的因素,介绍了加工过程中的品质控制技术等。

知识目标

通过本项目的学习,学生应了解速冻米制品加工技术的基本理论知识,熟悉速冻米制品的种类、加工原料特性、加工工艺,掌握速冻米制品加工过程中品质控制的理论和技术。

能力目标

通过本项目的学习,学生应掌握速冻汤圆、粽子和米饭的加工工艺,根据产品的特性需求,正确选择加工的原料,掌握产品品质的检测方法,能解决加工过程中出现的技术问题,掌握加工过程中所需仪器设备的操作、维护和保养的方法。

任务1　速冻汤圆加工及品质控制技术

【任务目标】

1. 掌握速冻汤圆的定义和分类。
2. 掌握汤圆原料——糯米粉选择和加工制备的方法。
3. 掌握速冻汤圆加工的工艺流程,能够熟练完成汤圆产品的加工。

【相关知识】

一、速冻汤圆的定义和分类

1. 定义

以糯米粉或其他糯性粉为主要原料制皮料,添加(或不添加)馅料,经和面,制芯(无芯产品除外)、成型、速冻、包装制作而成的且速冻后产品中心温度低于－18℃球形产品(参照 SB/T 10423—2007 速冻汤圆)。

2. 分类

按照不同的分类方法,速冻汤圆可分为以下几种(图 4-1)。

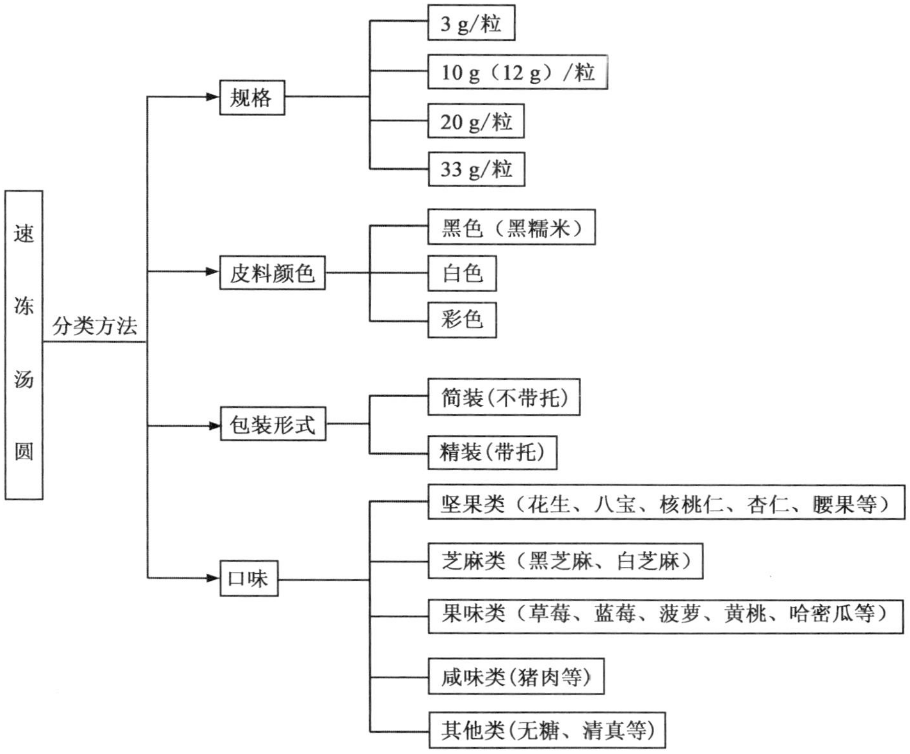

图 4-1　速冻汤圆种类

3. 速冻汤圆的评价标准

汤圆的评价指标一般包括操作性、外观(速冻后、煮制后)、口感、储存性等几个方面,具体要求见表 4-1 速冻汤圆的评价标准。

表 4-1　速冻汤圆的评价标准

指　标	要　求
操作性	能够满足机制成型的要求
外观(速冻后)	形状一致性好,表面光滑,无炸纹冻裂现象
外观(煮制后)	呈现白色,表面光滑,无起毛现象,煮制后无浑汤,无露馅
皮料口感	糯性好,有弹性,不粘牙
馅料口感	流质感适中,甜度适宜,主味突出
储存稳定性	满足冷藏条件下保质期内理化和微生物指标的要求

注:不同口味的汤圆评价指标稍有差别,此表是评价汤圆的一般性指标。

二、速冻汤圆的生产工艺流程

速冻汤圆生产工艺如流程如图 4-2 所示。

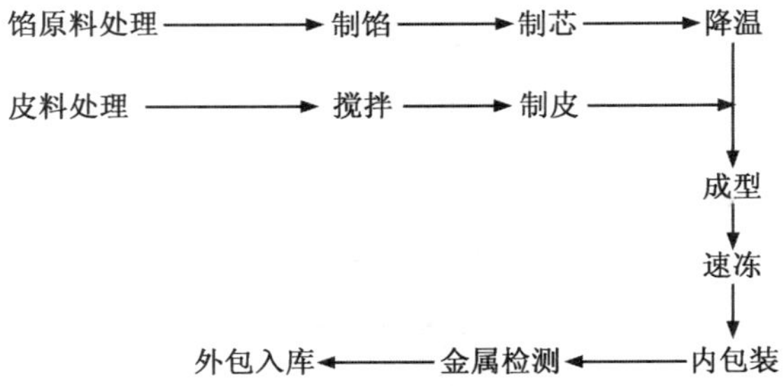

图 4-2　速冻汤圆生产工艺流程

三、速冻汤圆的工艺操作要点

1. 馅料调制

目前常用的馅料主要有黑芝麻、花生和肉类等，不同原料的制备技术要点不同。对于芝麻、花生等原料首先要进行炒制熟化，然后进行粉碎处理；肉类原料用绞肉机绞碎后用水浸泡至组织无硬芯，用甩干机反复脱水 3～5 遍。

注意事项：

● 黑芝麻中的一部分碎料要经过胶体磨处理制成芝麻浆；花生等加入配料后要用刀具孔径 ϕ6 mm 的粉碎机粉碎一遍；脱水处理后的肉糜需放入孔径 ϕ3 mm 的刀具绞肉机中粉碎处理。

● 加入馅料中的白砂糖等辅料使用前需要用粉碎机处理成粉状。速冻油要用绞肉机绞碎。加入肉馅中的葱、姜等辅料需放入斩拌机中切为 3 mm 碎块。

● 馅料的色泽均匀一致，无直径≥5 mm 的脂肪颗粒；馅料要保持均匀，无明显颗粒；馅料易成型，煮制后具有一定的流动性。汤圆馅料中一般不允许存在水分。

2. 制芯和降温处理

机制成型的汤圆不需要进行制芯工艺的操作，一些需要手工包制的汤圆需要制芯，馅料要经过制芯机处理后，制备成重量在一定范围内的球形颗粒，放入冷冻装置中冻结处理后进行手工包制。汤圆芯需要先进行降温处理后使用。

注意事项：

● 芯粒大小均匀，单重符合规定要求。

3. 制皮

汤圆皮料的主要原料是糯米粉，汤圆制皮工艺过程为：

糯米粉倒入搅拌机中，均匀加入一定量的预先绞碎处理的速冻油，先加入一半的水，搅拌 2 min，然后边搅拌边均匀加入汤圆改良剂，至混合均匀后将剩余的水加入搅拌机中，搅拌至糯米粉团表面光滑，面团均匀、不粘锅。

注意事项：

● 速冻汤圆使用的糯米粉细度要求为 100 目筛的通过率大于 95%，白度要求在 90 以上。制皮过程中严格控制加水量，保证糯米粉机制成型的操作可行性和汤圆产品的外观。糯米粉品质不稳定的情况下，可以用糯米粉团的硬度指标来衡量加水量的适宜性。

● 一般来讲，糊化开始温度越低，峰值黏度越高，糯米粉的加工性能及口感越好。糯米粉团不具备延展性，在糯米粉加水搅拌过程中需要添加适量的改良剂(增稠剂和乳化剂)，以提高糯米粉团的延展性。

4. 成型

除了部分特殊要求的汤圆品种外，汤圆多是采用机制成型，汤圆成型机的结构图见图 4-3。制备好的糯米粉团和汤圆馅料分别放置在面料斗和馅料斗中，按照需要生产的汤圆馅含量的要求(3 g、5 g 等)，调整出馅机头的走馅速度和调节皮料按钮调整面皮重量。

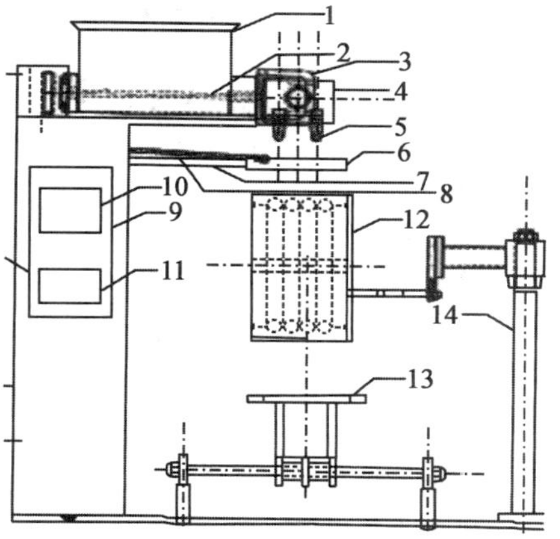

图 4-3 汤圆成型机示意图

1. 料斗 2. 绞龙 3. 盖头 4. 分馅头 5. 馅面嘴 6. 切刀盘 7. 刀盘支板 8. 连杆 9. 操作台 10. 大触摸屏 11. 小触摸屏 12. 搓圆机 13. 排列机 14. 搓圆机立柱

注意事项：

● 为了保证汤圆的单重和馅含量符合生产要求，需要生产操作人员及品质控制人员定期对每台机器的产品抽查单重和芯重，及时调整馅料和皮料的速度。

5. 速冻

制备装托的汤圆送入冷冻隧道中，在 30 min 内完成速冻，速冻后汤圆中心温度低于 −18℃ 速冻后的汤圆表面无开裂炸纹和渗汁现象。

注意事项：

● 在速冻过程中，风的流动和冻结速率对于汤圆的开裂影响较大。

6. 内包装

速冻汤圆应在温度不高于 15℃的环境中快速包装，不宜在高温高湿环境下滞留。产品的包装要求做到不漏气，清晰打印生产日期，保证速冻汤圆产品流通的安全性和可追溯性。图 4-4 为两种主要类型的汤圆自动包装机，即卧式包装机和立式包装机。

注意事项：

● 按着 SB/T 10412—2007 速冻面米食品行业标准的要求，速冻汤圆需要包装后方可销售。

7. 金属检测

金属检测工序是食品行业必不可少的安全保障，所有产品需经过金属检测器检测，防止生产过程中金属物质带入产品中而造成安全事故。

8. 外包入库

经过金属检测后的产品即可装箱入库，速冻产品要求在冷藏库中保存。速冻汤圆生产过

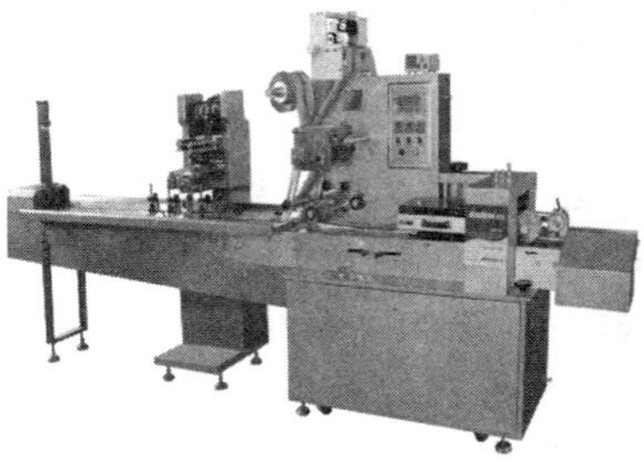

(a)卧式包装机

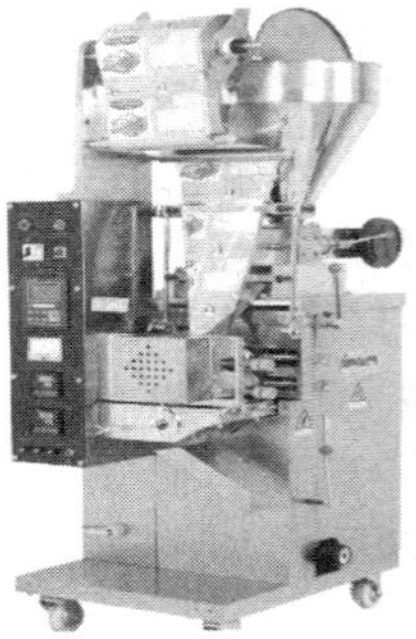

(b)立式包装机

图 4-4　汤圆包装机

程中使用的周转托,内包装袋,外包装箱要符合冷藏条件的要求。

注意事项:

● 贮藏温度过高和温度波动过大会导致汤圆表面形成较长的浅裂缝和冰晶体,影响外观品质。避免在贮藏、运输和销售过程中出现反复冻融现象。

【任务分析】

针对速冻汤圆加工企业生产汤圆需要,进行黑芝麻汤圆的生产。在基础理论教学的基础上,组织学生自主进行汤圆原料制备和配料的选择,完成芝麻汤圆的制作。

【任务实施】

一、工作准备

(1)按照加工流程分配工作小组,明确各自职责。

(2)按照加工流程的操作要点落实各小组的加工设备及所需工具、盛装器皿。

二、计划实施

(一)小组讨论,制订工作方案、确定人员分工

1. 工作方案

表 4-2　方案设计表

组长		组员			
学习项目					
学习时间		地点		指导教师	
准备内容	加工流程方案				
	加工设备及工具				
具体步骤					

2. 人员分工

表 4-3　工作分工表

姓名	工作分工	完成时间	完成效果

(二)产品加工

表 4-4　设备及工具统计表

设备及工具名称	型号	数量/个	使用前情况	使用后情况

(三)加工后整理

表 4-5　回收登记表

组号	所用材料	使用情况	所用工具	使用情况	所用仪器	使用情况

【评价与反馈】

1. 小组内评价

表 4-6　小组内评价表

班级		小组		姓名	
等级	实训态度/20	操作能力/30	实训报告/30	能力创新/20	总分
A	实训认真，积极主动，操作仔细，认真记录 16～20	熟练操作，提问有深度 24～30	团结小组成员，有号召力 24～30	PPT 制作能力强，表达能力强 16～20	
B	较好 12～16	较好 18～24	较好 18～24	较好 12～16	
C	一般 8～12	一般 12～18	一般 12～18	一般 8～12	
D	较差 0～8	较差 0～12	较差 0～12	较差 0～8	
得分					

2. 小组间评价

表 4-7　小组间评价表

班级		小组	评价人	
等级	操作评分/40	结果评价/40	答辩/20	总分
A	方法正确、操作熟练 16～20	结果准确 30～40	流程正确，回答问题确切，知识范围广 16～20	
B	较好 12～16	较好 18～24	较好 18～24	
C	一般 8～12	一般 12～18	一般 12～18	
D	较差 0～8	较差 0～12	较差 0～12	
得分				

3. 教师评价

表 4-8　教师评价表

班级		小组		姓名	
等级	实训态度/20	操作能力/30	实训报告/30	能力创新/20	总分
A	实训认真，积极主动，操作仔细，认真记录 16～20	熟练操作，提问有深度 24～30	格式规范，内容完整，真实 24～30	表现突出，报告完整，立意创新，同学认可 16～20	
B	较好 12～16	较好 18～24	较好 18～24	较好 12～16	
C	一般 8～12	一般 12～18	一般 12～18	一般 8～12	
D	较差 0～8	较差 0～12	较差 0～12	较差 0～8	
得分					

【知识拓展】

一、糯米粉制备方法

1. 水磨法制备糯米粉的生产工艺流程

糯米→浸泡→洗涤→磨浆(一次或两次)→过滤→破碎喂送→蒸汽→换热器→二级烘干(二次正压,或一正一负,或一次正压)→筛理→冷却→检验→计量包装→成品。

2. 辊磨糯米粉

糯米→洗涤→摊晾→振动流化床干燥→中气压磨粉机(MDDK)→筛理→入仓→配粉→检验→计量包装→成品。

3. 超微粉碎糯米粉

工艺流程如图4-5所示。

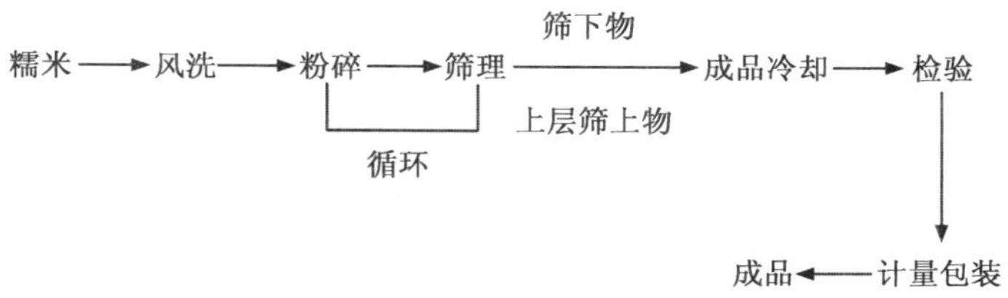

图4-5 超微粉碎糯米粉工艺流程

二、糯米粉主要理化指标与原料及加工工艺的关系

测定糯米粉的理化特性的方法见表4-9。

表4-9 糯米粉测定指标及方法

序号	测定指标	与品质的关系	测定方法
1	水分	糯米品种和加工工艺有关	GB/T 5497
2	白度	A. 白度和稻米品种的关系:籼米<粳米<籼糯米<粳糯米; B. 与直链淀粉及支链淀粉丰富程度有关,不是越白越好; C. 与米的加工精度有关。	GB/T 22427.6
3	灰分	与生长土壤环境、地理属性有关,与米的加工精度有关	GB/T 5505—2008
4	酸度	A. 浸泡的产生 B. 在产品生产过程中是否有堆积	GB/T 5517
5	细度	与加工工艺有关,与米的黏度有关(浸泡时间、籼粳性、直链淀粉含量)	GB/T 22427.5
6	黏度指标	A. 起始糊化温度越低越好: 粳糯米<籼糯米<粳米<晚籼米<早籼米 B. 最高黏度:老米>籼米;整米>碎米;水磨粉>辊>超;粳糯>粳碎 C. 回生值:和糯米品种有关,和糯米存放时间有关 D. 崩解值:和糯米品种有关	GB/T 14490

随着速冻汤圆市场日益繁荣，消费者对速冻汤圆的质量要求越来越高，糯米粉检测设备日益精密化、智能化，糯米粉性质的研究越来越受到糯米粉加工企业和速冻企业的重视。糯米粉基础研究的加深，必会推动糯米粉加工和使用行业的发展。

三、测定糯米粉黏度指标的主要设备及原理

1. 主要设备

黏度指标是评价糯米粉加工性能和品质的最重要的指标，直接关系着速冻汤圆的冻融稳定性和煮制后的口感。最常用的测定糯米粉黏度的仪器是布拉本德黏度仪（Brabender Viscograph）。布拉本德黏度仪设备的主要构造见图 4-6。

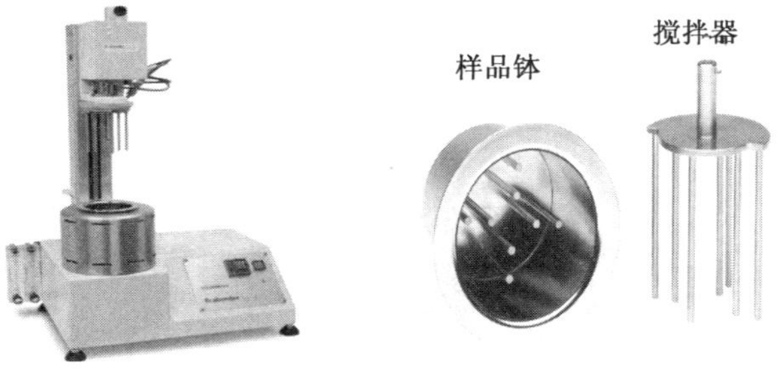

图 4-6　布拉本德黏度仪

2. 原理

测定原理的示意图如图 4-7 所示：黏度仪测定系统包括带针的样品钵及装在里面的样品，如淀粉-水的悬浊液。带针的测定探头穿进样品钵，样品钵旋转，搅拌针能搅拌样品并使样品不形成沉淀。测定探头被旋转的样品钵里样品产生的黏度阻碍而偏转。这个偏转以扭矩形式被测定在电子型黏度仪中，这个偏转以电子的形式被测定，而老式或简单型号使用机械传动来测定。

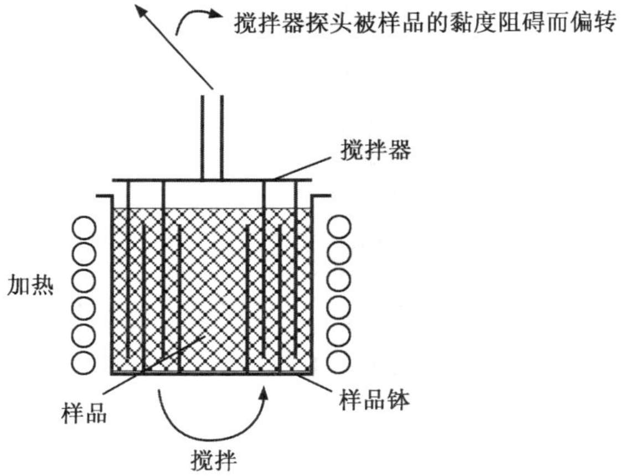

图 4-7　布拉本德黏度仪测试原理

该仪器采用受控的加热—保温—冷却的温度过程，在固定的剪切条件下进行，确保糊化和

黏度曲线的高度重复性和数据稳定性，以计算机作为工作站，最大限度地减少了人为操作误差。布拉本德淀粉黏度曲线示意图和糯米粉黏度曲线图见图 4-8 和图 4-9。

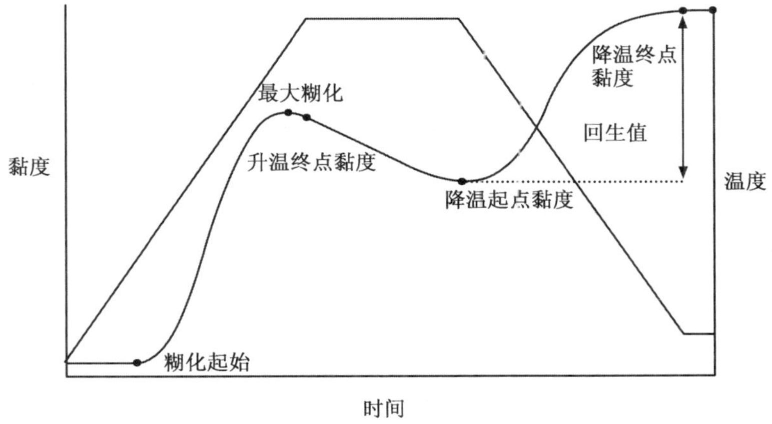

图 4-8　布拉本德淀粉黏度曲线示意图

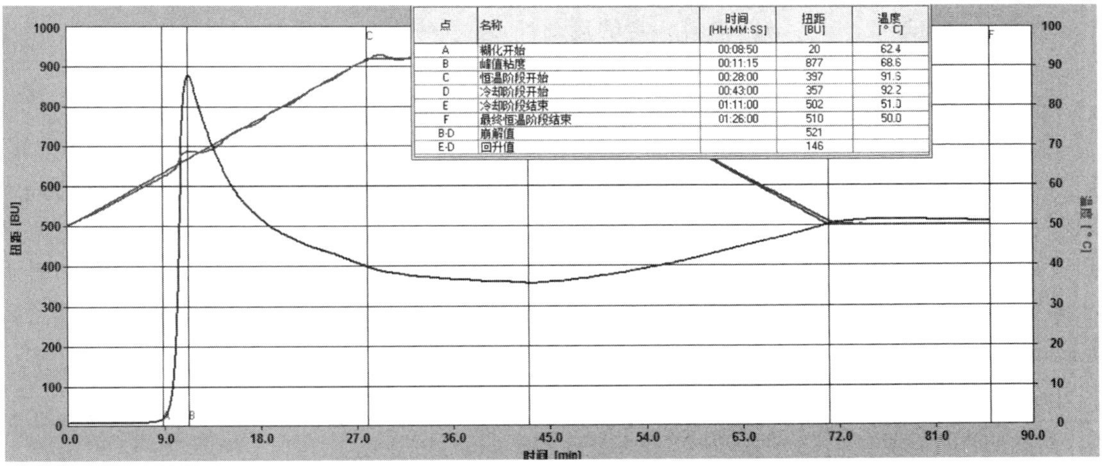

图 4-9　布拉本德黏度仪测定的糯米粉黏度曲线图

A. 在测定开始阶段，因为淀粉颗粒不能溶于冷水，黏度不变。

B. 当温度开始升高时，淀粉颗粒开始吸水溶胀，因为淀粉颗粒体积增大，互相碰撞，摩擦加剧，导致黏度增加。除此之外，越来越多的微粒从淀粉颗粒上被溶解下来，导致液体的黏度升高。

C. 淀粉颗粒在液体中互相粘连，黏度进一步升高。

D. 当淀粉颗粒大部分被溶解，而分子仍然保持完整没有被破坏时，此时的黏度为最大黏度，因为温度升高分子间化学键被破坏。溶解的淀粉和周围的凝胶在机械搅拌作用下被打断，黏度升高和降低再次达到平衡，黏度曲线图上表现为最大值。

E. 在测定的最后阶段(冷却)，被溶解的松散的分子重新规则排列(回生)，黏度再次升高。

四、改良剂

食品添加剂在食品加工中起着举足轻重的作用，在实际生产过程中可根据需要添加一种或是几种改良剂复配物。优良的汤圆改良剂应该具有使用简便、应用范围广、能适应不同的配方和加工工艺的特点，合理使用食品添加剂是保证食品行业健康发展的前提。汤圆改良剂是汤圆生产过程中的添加剂的总称，指的是少量使用能够明显改善汤圆品质的一类物质。主要包括两种，一种是添加到汤圆皮料中，用于增强汤圆皮料的黏弹性，减少汤圆表皮开裂；一种是添加到馅料中，使汤圆馅料状态均匀，防止油馅分离现象，保持汤圆馅料具有一定的流动性。

速冻汤圆皮料中使用的改良剂主要是增稠剂和乳化剂，增稠剂是通过主链间氢键等非共价作用力形成具有一定黏弹性的连续的三维凝胶网状结构。生产过程中使用的增稠剂主要有羧甲基纤维素钠（CMC-Na）、瓜尔豆胶、黄原胶等，使用时先在冷水中溶解好。汤圆皮料中加入少量乳化剂可有效改善糯米团中水分的分布，减少游离水，保证在速冻过程中汤圆皮料质构紧密。汤圆馅料在制备过程中一般加入乳化剂等物质，如变性淀粉，该物质具有很强的保水能力和低温稳定性，在低含量情况下能够显著改善馅料的状态，保证汤圆馅料状态均匀，煮制时不出现油馅分离现象，保持汤圆馅料一定的流动性。

五、基于 HACCP 的速冻汤圆安全控制体系

HACCP 在速冻汤圆生产中的应用主要包括两个方面，即对生产过程中各个环节的危害分析（HA）及确定关键控制点（CCP）（表 4-10）；确定关键控制点（CCP）的监控措施和纠偏措施，其中危害分析（HA）是进行 HACCP 管理的基础。确定关键控制点时，应防止本属于 GMP 和 SSOP 控制范围内的常规控制点也被划入关键控制点，这样会导致关键控制点过多或关键控制点选择错误。

表 4-10　速冻汤圆生产中危害分析和关键控制点

环节	危害	CCP(是/否)
原料验收	沙门氏菌、大肠杆菌、金黄色葡萄球菌等病原菌的污染，有毒物质的残留、添加剂的过量使用、原料腐败变质、异物（金属、其他杂质）的带入	是
制芯	沙门氏菌等病原菌及二次污染菌的繁殖，油脂物质的氧化酸败、原料异物及加工过程异物带入	否
和面	杂质混入、原料变质	否
成型	二次污染菌的繁殖	否
速冻	至冻结时的残存菌、二次污染菌的繁殖	是
包装	二次污染细菌繁殖	否
产品检测	金属等异物的带入、包装不规范	否
入库冷藏	细菌繁殖、氧化酸败	是

根据HACCP危害分析和关键控制点原理，对汤圆生产中使用的主要原料进行详细的关键控制点分析，结果见表4-11。

表4-11 速度汤圆主要原料的安全控制点

配料名称	危害	1	2	3	CCP	控制方法
糯米粉	化学：磷化物	是	否	是	是	与供应商签订质量保证协议，明确质量要求；定期抽样送到国家质检部门检验；每批进货供应商提供原料出厂检验报告
	物理：金属、非金属	是	是	否		产品过金属检测仪；厂检：进货、使用前检查
	生物：寄生虫	是	是	否		与供应商签订质量保证协议.明确质量要求；原料过筛使用；化验室每批次抽样检验
山楂浆	化学：着色剂	是	是	否	是	与供应商签订质量保证协议，明确质量要求；定期抽样送到国家质检部门检验；每批进货供应商提供原料出厂检验报告
	生物：致病菌污染	是	是	否		
花生油	化学：黄曲霉毒素、过氧化值、苯并芘	是	否	是	是	定期抽样送到国家质检部门检验；每批进货供应商提供原料出厂检验报告
红枣	物理：金属、非金属	是	是	否	否	每次原料使用前进行感官检验；产品过金属检测仪
	生物：寄生虫	是	是	否		原料挑拣使用，清洗
红豆沙 绿豆沙	化学：黄曲霉毒素	是	否	是	是	与供应商签订质量保证协议，明确质量要求；定期抽样送到国家质检部门检验；每批进货供应商提供原料出厂检验报告
	物理：金属、非金属	是	是	否		每次原料使用前进行感官检验；产品过金属检测仪
白糖	物理：金属、非金属杂质	是	是	否		成品过金属检测仪
	生物：寄生虫					产品过筛
棕榈油 速冻油	化学：过氧化值、酸价	是	否	是	是	与供应商签订质量保证协议，明确质量要求，化验室每批抽查检测
花生 芝麻 瓜子 腰果 桃仁	化学：黄曲霉毒素	是	否	是	是	与供应商签订质量保证协议，明确质量要求；定期抽样送到国家质检部门检验；每批进货供应商提供原料出厂检验报告
	物理：金属、非金属	是	是	否		使用前经过挑拣可将异物除去；产品过金属检测仪
	生物：寄生虫	是	是	否		原料经过挑拣使用

注：1.该种原料是否存在有严重的危害。2.加工过程或顾客是否能够采取措施消除这种危害。3.是否存在交叉污染的可能，这种危害无法控制。

结合速冻汤圆的生产流程和工艺，利用HACCP原理制定速冻汤圆生产中的危害分析工作单，以便于生产过程中监控和防止危害发生，危害分析工作单见表4-12。

表 4-12 汤圆生产危害分析工作单

产品描述:速冻汤圆产品　　贮藏和销售方式:−18℃以下

关键控制点	监控措施	纠偏措施
原料验收	供应商提供原料合格检验报告,制定严格的验收标准,定期送检第三方,化验室检测,提高原料库的条件	不合格原料退货处理,建立供应商评价和考核体系;定期清洁和维护原料库的设施和环境
速冻	冻结时间:30～45 min,平均温度−18℃。抽检产品的温度	建立车间品尝制度,每天四次品尝产品,进行感官测定
入库冷藏	冷库温度−20℃以下,产品温度−18℃,自动记录温度	温度调节器

原料验收、速冻、入库冷藏这三个步骤是速冻汤圆生产的关键控制点,制定监控措施和纠偏措施,见表 4-13。

表 4-13 速冻汤圆生产过程中关键控制点的监控措施和纠偏措施

加工步骤	确定在本步骤进入的、受控或加强了的潜在危害	危害是否显著	危害依据	预防措施
糯米粉收货(CCP1)	生物:微生物污染 物理:金属 化学:磷化物	是	导致食用者疾病;金属异物对消费者造成伤害;过量残留会对人体造成伤害	过筛;所有产品过金属探测器;同供应商签订质量保证协议,定期抽样送检
和面	生物:微生物污染 物理:设备金属脱落	是	导致食用者疾病,金属异物对消费者造成伤害	SSOP 控制;使用设备应清洗、消毒维修、保养;成品过金属探测器
芯料原料收货(CCP1)	生物:寄生虫 物理:金属、非金属异物 化学:黄曲霉毒素	是	高温蒸煮可消除危害;金属异物对消费者造成伤害;黄曲霉毒素伤害消费者	使用前过筛;收货、使用前检查;过金属检测仪;同供应商签订质保协议;送检
芯料原料粉碎混合搅拌	化学:清洁剂残留 物理:设备上脱落的金属片	是	清洁剂对消费者造成危害,食物中的金属片可导致顾客受伤害	工具、设备用清水彻底清洗,设备的维护和保养
机制成型	生物:微生物污染 物理:设备上脱落的金属片	是	导致食用者疾病,食物中的金属片可导致顾客受到伤害	GMP、SSOP 控制; 设备的维护和保养
暂存或使用	化学:过敏原	是	对过敏物不耐受者产生过敏反应	包装袋标识清晰正确;成品包装标识检查
手工团制/成型	生物:微生物污染 物理:无 化学:过敏源	是	导致食用者疾病; 对过敏物不耐受者产生过敏反应	GMP、SSOP 控制;控制产品在空间暴露的时间;品种转换时的清洗及包装标识完整
入托盒	物理:硬质异物	是	控制在可接接受水平	使用前托盒专人检查
速冻	生物:微生物繁殖	是	控制隧道温度和速率	速冻后产品中心温度小于−19±1℃
金属探测	物理:金属	是	金属异物对消费者造成伤害	所有产品均通过金属探测器
成品入库	生物:微生物繁殖	是	微生物繁殖可导致消费者疾病	包装后 30 min 内送入成品库

对速冻汤圆生产过程中的三个关键控制点，即原料验收、速冻、入库冷藏，制定具体的监控措施和纠偏措施。通过监控措施，可以将所存在的危害有效消除或降低到一个可以接受的水平。对于这三个关键控制点，一旦出现偏差，应及时采取纠偏措施，排除危害，使生产保持正常状态，以确保产品卫生、安全。但关键控制点并不是孤立运行的，需要与 GMP、SSOP 控制的常规控制点相结合，才能真正有效地对速冻汤圆的卫生安全质量进行控制。

【思考练习】

如何控制速冻汤圆的品质？

任务 2　速冻粽子加工及过程控制技术

【任务目标】

1. 掌握速冻粽子的概念及分类。
2. 掌握速冻粽子原料的选择和制备方法。
3. 掌握速冻粽子加工的工艺流程，能够熟练完成粽子产品的加工。

【相关知识】

一、粽子的定义和分类

1. 定义

粽子是指以糯米和（或）其他谷类食品为主要原料，中间裹以（或不裹以）豆类、果仁、菌类、肉禽类、蜜饯、水产品等馅料，用粽叶包扎成型，经水煮至熟而成的制品。

2. 分类

根据不同保鲜方式可分为新鲜类粽子（指煮后未经速冻、真空包装等方式处理，在常温下贮存和销售的粽子）；真空包装类粽子（指煮后经真空包装和灭菌工艺处理并以真空包装方式贮存和销售的粽子）；速冻类粽子（指煮后经速冻工艺处理并在－18℃条件下冷冻和销售的粽子）。

按照口味主要分为甜、咸两种，甜味粽子主要有白水粽子、赤豆粽子、蚕豆粽子、枣子粽子、玫瑰粽子、瓜仁粽子、豆沙猪油粽子、枣泥猪油粽子等；咸味粽子的品种主要有：猪肉粽子、火腿粽子、香肠粽子、虾仁粽子、肉丁粽子等。咸味粽子以猪肉粽较多，也有南国风味的什锦粽子、豆蓉粽子、冬菇粽子等；此外还有一头甜一头咸、一粽两味的“双拼粽子”。

3. 速冻粽子的评价标准

粽子的评价指标一般包括外观、口感、储存性等几个方面，具体要求见表 4-14 速冻粽子的评价标准。

表 4-14　速冻粽子的评价标准

评价指标	标准
外观	粽角端正、扎线松紧适当，无明显露角、粽体无外露
色泽	米粒成淡酱色(不添加酱油的米粒呈现所用物料固有色泽)、馅料具有所用物料相应的色泽
状态及口感	米粒糯而不烂，无夹生或回生现象，甜咸度适中，具有粽叶、糯米及其他谷物类食物固有的香味、不得有酸败、发霉、发馊等异味
储藏性	在符合要求的储藏条件下满足保质期内的质量要求

二、速冻粽子的生产工艺流程

粽子生产工艺至今还无法实现自动化，主要是通过人工包制制成。速冻粽子的生产工艺如图 4-10 所示。

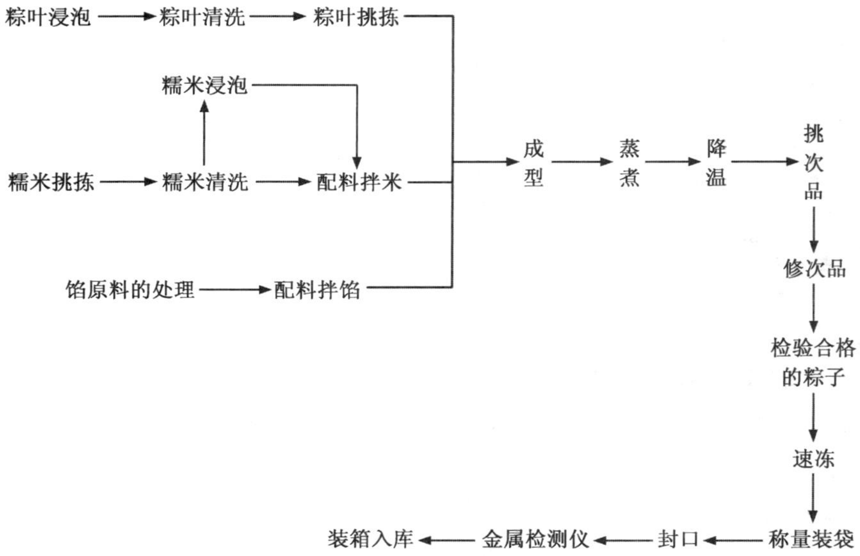

图 4-10　速冻粽子加工工艺流程

三、速冻粽子的工艺操作要点

不同口味的粽子制作工艺和流程大致是一致的，主要区别是馅料的处理方式及糯米拌料中使用的调料不同，下面以市场上最常见的蜜枣粽、豆沙粽、肉粽、叉烧粽为例介绍一下速冻粽子的制作工艺。

1. 馅料制备

目前常见粽子馅料主要有蜜枣、豆沙、肉、叉烧等，不同原料的制备技术要点不同。原料清洗去杂，预先切分、腌制和调理好，利用制芯机或手工制成不同大小、不同形状的芯料备用。

注意事项：

● 炒制过程中要做到不粘锅、不多油；肉及其制品腌制确保彻底。

2. 糯米预处理和拌料/调味

糯米去除石子、草籽、稻壳等杂质，用清水淘洗后浸泡，浸泡过程中上下搅拌，根据糯米的加工特性确定浸泡时间。浸泡结束后放掉浸泡用水，沥干至无线状水流为止。浸泡好的糯米按配方比例加入调料后搅拌均匀，备用。

注意事项：

● 糯米的产地和质量对粽子的影响很大，一般来说粳糯米口感好于籼糯米粽子，生产一般使用粳糯米。需要针对品种、产地等制定糯米浸泡和蒸煮时间。

3. 干粽叶处理

取大小长度一致的干粽叶用自来水浸泡，浸泡后置于沸水中蒸煮一定时间，取出沥水至无线性状水流为止；剁去叶柄、叶尖，保持粽叶的有效长度和宽度。

注意事项：

● 剪切后的粽叶用清水彻底除去表面杂质后才可用于生产。

4. 粽子成型

粽子的成型目前仍采用手工制作（图 4-11），粽子的包制工艺如下：

(1)用右手将粽叶的前端握住，防止松散开，再将右手所握粽叶的前端慢慢向内靠拢，将其窝呈漏斗状，用左手握住；

(2)右手向里面装米，先填一半米后放入芯料，再加入剩下的糯米；

(3)把漏斗口上的粽叶内压，将漏斗口封闭，掌心将粽体压实，折出两底角，右手将余下粽叶捋齐后右折假角。

(4)缠线：从假角处缠线，将粽子调头再缠 2～3 道线后打结。

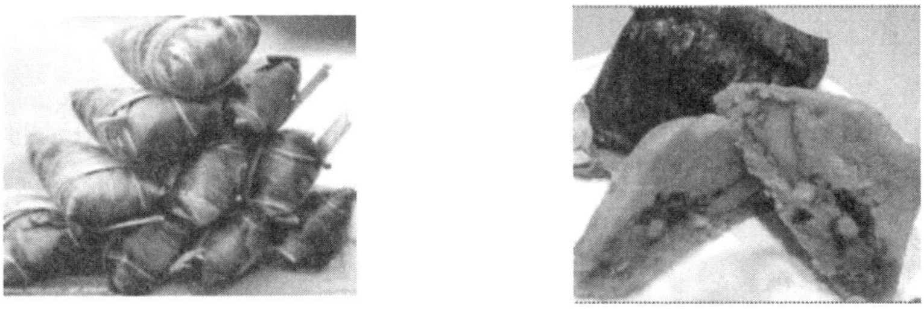

图 4-11　粽子及其横切面

5. 蒸煮熟制

包制好的粽子需尽快入锅进行熟制，目前粽子蒸煮普遍采用高压高温方式，温度 121℃，时间根据粽子大小调整，一般 50 g 粽子，蒸煮时间为 35 min。粽子蒸煮成熟的设备称为压力锅，分为卧式压力锅（图 4-12a）和立式压力锅（图 4-12b）。

注意事项：

● 包制好的粽子不宜在制作区域滞留太久，防止微生物的污染。

● 控制好蒸煮温度和时间，防止粽子发生品质变化。

(a) 卧式压力锅

(b) 立式压力锅

图 4-12 卧式和立式压力

6. 洗粽冷却

粽子蒸煮成熟后,压力锅压力降为零后开启压力锅盖。粽子出锅后用清水清洗净表面的沾浮物及杂质,沥去水分,检查粽子的生熟状况,挑选出残次品,并进行降温。

注意事项:

● 粽子出锅后一定要进行洗粽处理,检查粽子的生熟情况,确保出锅后的粽子都是完全熟制的。

● 粽子冷却后的温度要求在 25℃以下。

7. 速冻

由于粽子是经过加热蒸煮的熟制品,因此对冻结速冻的要求与其他食品有一定的区别,降温速度不能过快,冻结时间要根据产品规格不同进行适当的调整。

注意事项:

● 一般要求粽子温度下降到 25℃才能进入冷冻隧道。

8. 金属检测

速冻隧道出来的粽子需经过金属检测器检测,杜绝产品中出现金属物质的现象。

9. 包装及要求

包装袋封口必须平整,袋子牢固无漏气现象;日期、品名和规格标示清楚;外包装标示的规格、品种、生产日期需和包装袋上保持一致。

注意事项:

● 速冻后的粽子产品应及时包装,防止因解冻而导致产品品质不良现象的发生。包装箱需封口严密,装箱率合理,无涨箱现象。

10. 入库

封好箱的成品应及时入库,成品按要求码好或按库管要求摆放。

注意事项:

● 粽子摆放应该符合先入库先出库的原则,避免造成产品积压变质现象。

【任务分析】

针对速冻粽子生产企业的需要,进行豆沙粽子的加工。在基础理论教学的基础上,组织学生自主进行粽子的制作。

【任务实施】

一、工作准备

(1)按照加工流程分配工作小组,明确各自职责。
(2)按照加工流程的操作要点落实各小组的加工设备及所需工具、盛装器皿。

二、计划实施

(一)小组讨论,制订工作方案、确定人员分工

1. 工作方案

表 4-15 方案设计表

组长		组员			
学习项目					
学习时间		地点		指导教师	
准备内容	加工流程方案				
	加工设备及工具				
具体步骤					

2. 人员分工

表 4-16 工作分工表

姓名	工作分工	完成时间	完成效果

(二)产品加工

表 4-17 设备及工具统计表

设备及工具名称	型号	数量/个	使用前情况	使用后情况

(三)加工后整理

表 4-18 回收登记表

组号	所用材料	使用情况	所用工具	使用情况	所用仪器	使用情况

【评价与反馈】

1. 小组内评价

表 4-19 小组内评价表

班级		小组		姓名	
等级	实训态度/20	操作能力/30	实训报告/30	能力创新/20	总分
A	实训认真,积极主动,操作仔细,认真记录 16～20	熟练操作,提问有深度 24～30	团结小组成员,有号召力 24～30	PPT 制作能力强,表达能力强 16～20	
B	较好 12～16	较好 18～24	较好 18～24	较好 12～16	
C	一般 8～12	一般 12～18	一般 12～18	一般 8～12	
D	较差 0～8	较差 0～12	较差 0～12	较差 0～8	
得分					

2. 小组间评价

表 4-20 小组间评价表

班级		小组	评价人	
等级	操作评分/40	结果评价/40	答辩/20	总分
A	方法正确、操作熟练 16～20	结果准确 30～40	流程正确,回答问题确切,知识范围广 16～20	
B	较好 12～16	较好 18～24	较好 18～24	
C	一般 8～12	一般 12～18	一般 12～18	
D	较差 0～8	较差 0～12	较差 0～12	
得分				

3. 教师评价

表 4-21 教师评价表

班级		小组		姓名	
等级	实训态度/20	操作能力/30	实训报告/30	能力创新/20	总分
A	实训认真，积极主动，操作仔细，认真记录 16～20	熟练操作，提问有深度 24～30	格式规范，内容完整，真实 24～30	表现突出，报告完整，立意创新，同学认可 16～20	
B	较好 12～16	较好 18～24	较好 18～24	较好 12～16	
C	一般 8～12	一般 12～18	一般 12～18	一般 8～12	
D	较差 0～8	较差 0～12	较差 0～12	较差 0～8	
得分					

【知识拓展】

一、几种主要馅料的调制方法

1. 蜜枣馅制备

以蜜枣为原料，挑拣杂质，去核，沿枣核方向纵切分，根据粽子的单个重量切成不同大小。切分好的蜜枣块浸泡到清水中 10 min，取出沥干水备用。

2. 豆沙粽馅料制备

红豆清洗干净，按红豆：水＝1：(1.5～2)(质量比)放入夹层锅煮熟，然后放入取沙机中，去皮，挤干水分制成豆沙浆。加油、加糖炒制豆沙浆至豆沙中的水分基本蒸发变干。冷却后用制芯机制成一定重量的圆形或椭圆形粽子芯料。

3. 肉粽馅料制备

将肉剔除杂质后进行清洗，切成小块，按比例加入剁碎的大葱及盐、蒜、鸡精等调料搅拌均匀后腌制 3 h，制备成肉粽子馅。

4. 叉烧粽馅制备

(1)肉的腌制及熟制：原料肉用清水清洗干净，切分成条状，按照比例加入调味料，加入搅拌机中搅拌混匀，腌渍 3 h，把腌制好的肉条放入锅中，煮熟后捞出切成小块。

(2)叉烧芡制备：取适量水把混合好的粉料搅拌成糊状制成浆。

(3)把加入有糖、味精等调料的水加热煮沸后放入制备好的浆，浆完全煮制成熟后停止加热制成叉烧芡。

(4)将冷却后的叉烧芡和煮好的肉块混合在一起搅拌均匀制备成叉烧馅。

二、粽子蒸煮工艺

蒸煮工艺是粽子生产中的关键工艺，与粽子的品质、口感等密切相关，粽子的蒸煮工艺过程如图 4-13 所示。过程如下：

(1)在蒸煮锅中加入沸水，放入装有粽子的蒸笼，接通热源开始蒸煮；

(2)在常压下将水加热至沸点后，在沸点温度下蒸煮一定时间；

(3)密闭蒸煮锅，继续通入热源，使水温超过沸点后汽化，密封锅中的压力上升；

(4)在压力上升到规定的蒸汽压时，控制蒸煮锅内压力，继续蒸煮一段时间；

(5)关闭热源，自然冷却到一定温度，打开释汽阀释放蒸汽，使压力降到常压，开启蒸煮锅，取出粽子，完成一个粽子蒸煮循环过程，准备进入下一个蒸煮循环。

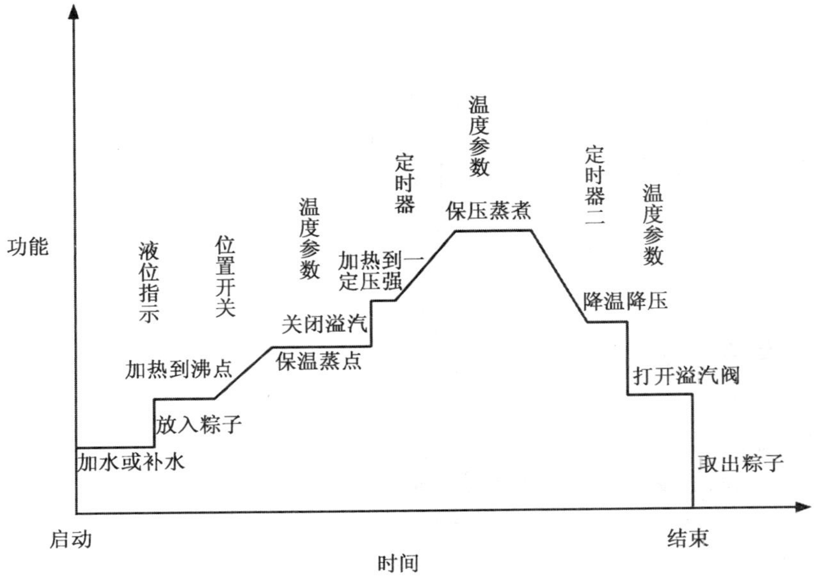

图 4-13　粽子蒸煮工艺流程

三、基于 HACCP 的速冻粽子安全控制体系

在速冻粽子生产管理中引入 HACCP 系统，首先是对速冻粽子从原料到产品的全过程的每一个环节进行危害分析，确定关键的控制点，然后针对这些关键控制点，制定有效的控制措施，消除各个危害因素，从而保证产品的食用安全。

根据产品生产流程图的各个步骤进行危害评估，包括生物危害、化学危害和物理危害 3 个方面，危害评估的依据是国家和企业标准。食品危害来源一般包括以下几个方面。

(1)食品原料的危害；

(2)食品从业人员对食品的污染；

(3)加工过程中交叉污染；

(4)工具设备对食品的污染；

(5)化学性污染(如添加剂污染)；

(6)食品包装材料引起的污染等。

原料是粽子生产过程中控制的关键点，粽子生产使用的主要原辅料危害分析见表 4-22。

表 4-22　粽子生产主要原辅料危害分析表

原料品种	危害类型	潜在危害	是否显著危害	对是否显著危害的判定依据	预防措施	是否关键控制点
糯米	生物	害虫	否	糯米中可能有虫害滋生	选择合格供应商，制定严格的材料验收标准，不合格产品拒收，质量检测报告，化验室检测，感官检测	是
	化学	农药残留	是	生长过程中可能受到污染		
	物理	石子等杂质	是	糯米收割和加工过程中可能混入杂质		
粽叶	生物	害虫、致病菌污染	是	粽叶上可能有虫害滋生、粽叶采收过程中可能被污染	选择合格供应商，原料检测证明，浸泡及高温杀菌处理，感官检测	否
	物理	泥沙等杂质	是	粽叶中可能掺有砂粒、杂质		
白糖	生物	虫害	否	白糖可能滋生虫害	供应商资质考察，原料检验证明，化验室定期抽检，金属检测	是
	化学	农药残留	是	生长过程中可能受到污染		
	物理	金属物等	是	生产过程可能混入金属等异物		
红豆	生物	虫害	否	红豆中可能有害虫滋生	每批原料进行指标检测，供应商提供合格的原料检验报告，感官检测，检测原料红豆中的杂质种类及含量，不合格产品拒收，原料处理工艺控制	是
	化学	农药、添加剂残留	是	生长和加工过程中可能受到污染		
	物理	石子等杂质	否	采收和加工过程中可能混入杂质		
蜜枣	生物	害虫	否	蜜枣中可能有虫害滋生	选择合格供应商，不合格产品拒收，产品质量检测报告，化验室农残检测，原料处理工艺控制，感官检测	是
	化学	农药残留	是	生长过程中可能受到污染		
	物理	枣核等杂质	否	蜜枣在处理过程中可能没处理干净		
植物油	化学	过氧化物	是	过氧化物超标可导致食品不安全	产品合格证明，化验室检测，不合格产品拒收	是
鲜肉	生物	寄生虫、致病菌污染	是	动物在生长过程中可能受到污染，屠宰和储藏过程感染致病菌	合格的产品检验报告，定期第三方检测，化验室每批产品抽检，高温杀菌工艺	是
	化学	兽药残留	是	动物生长过程中使用兽药	合格的供应商，兽药成分的检测	
	物理	金属等异物	是	屠宰过程中可能带入	金属检测等	

依据 HACCP 危害分析原理，对速冻粽子生产的全过程进行危害和关键控制点分析，结果见表 4-23。

表 4-23　速冻粽子生产危害分析表

加工步骤	危害类型	潜在危害	是否显著危害	对是否显著危害的判定依据	预防措施	是否关键控制点
原料验收	生物	寄生虫	是	高温蒸煮后对人体无害	过筛；所有产品过金属探测器；同供应商签订质量保证协议，定期抽样送检	是
	化学	磷化物	是	过量残留会对人体造成伤害		
	物理	金属、石子等杂质	是	金属异物对消费者造成伤害		
原料处理	生物	致病菌污染	是	操作人员、生产环境卫生不合格导致污染	保持操作人员和环境的卫生消毒，产品后期经过高温杀菌	是
	化学	清洁剂残留	否	清洗工具过程中清洁剂残留	彻底清洗	
	物理	金属、塑料等异物	是	原料和加工过程中带入	金属检测等	
配料拌馅/制馅	生物	致病菌污染	是	卫生不合格导致污染	保持操作环境和人员的卫生，粽子经过高温杀菌	是
	化学	清洁剂残留	否	工具、设备清洗时清洁剂残留	清水冲洗，确保彻底	
拌米	生物	致病菌污染	是	卫生不合格导致污染	保持操作环境和人员的卫生，粽子经过高温杀菌	否
	化学	润滑剂残留	否	搅拌机运转时可能导致润滑剂渗入	使用食品级润滑剂	
成型	生物	致病菌污染	是	操作人员、环境卫生不达标导致致病菌带入	保持操作环境和人员的卫生，粽子经过高温杀菌	是
	化学	清洁剂污染	是	工具、设备清洗时清洁剂残留	清水彻底清洗	
蒸煮	生物	致病菌污染	是	蒸煮时温度、蒸汽压力、时间等不符合要求	严格控制蒸煮工艺，定期检修蒸煮设备，确保设备性能正常，蒸煮过程记录	是
速冻	生物	致病菌污染	是	隧道温度，速率不符合要求	严格控制速冻速率，确保中心温度达到要求	是
包装金属检测	物理	金属异物	是	原料、加工过程中金属异物带入	产品经过性能良好的金属检测器	是

原料验收：对糯米、红豆、蜜枣、白糖等，危害有农药残留和金属异物等，农药残留危害的关键限值为不得超出国家规定范围之内，金属异物危害的关键限值为不得检出；原料肉的危害主要是兽药残留、金属异物，兽药残留危害的关键值为不得检出，金属异物危害的关键值为不得检出；植物油危害主要是过氧化值和酸价超标，两项指标应该符合国家相关规定。

粽子蒸煮前可能已经受到致病菌的污染，通过高温熟制，可以杀死致病菌，蒸煮后致病菌危害的限值是不得检出。粽子生产所用物料需要通过加工制备，原料的加工过程、使用过程

(拌馅、拌米)等工序都需要和机械设备接触,可能会造成金属碎片的脱落,金属检测器作为检测金属的有效工具,使用时应保持校准状态,操作人员每隔 1 h 用金属试片测试一次。

针对粽子生产主要原辅料和生产过程危害分析结果,制定速冻粽子生产的 HACCP 监控程序系统,把控速冻粽子生产的关键控制点,速冻粽子生产的 HACCP 监控程序措施见表 4-24。

表 4-24 速冻粽子生产的 HACCP 监控程序系统

关键控制点	显著危害	各预防措施的关键限值	监控				纠正措施	记录	验证
			对象	方法	频率	人员			
原料采购	农药和兽药残留、过氧化物、金属杂质等	供应商提供合格质检报告,第三方检测报告,化验室检测,感官检测	合格证明	抽样检测、标样对比	每批次	原料质检人员、化验检测人员	通过随机抽样检查,不合格原料拒收	原料采购入库记录,化验数据记录	定期检测记录表
蒸煮	致病菌	加热至产品中心温度达到 85℃	压力表、温度表、计时器	设定、观察、记录	每锅	蒸煮操作和监控人员	发现工艺差错,延长蒸煮时间	蒸煮过程记录	每批产品经过技术人员审核
金属检测	金属物质	直径≥1.5 mm 的金属物质不得检出	金属异物	金属检测器检测	每个	金属检测人员	定期验证金属检测器性能,失灵阶段二次检测	金属检测器灵敏性检测记录表	每隔 1 h 检测金属检测器的灵敏性

粽子生产过程的质量管理和安全控制是一个持续的不断改进的过程,需要速冻粽子生产企业从根本上提高质量和安全操作意识,建立完整的质量监控体系,形成可跟踪、可追溯的生产体系。加强从事粽子生产人员的安全和质量知识培训,提升质量意识,对易出现质量问题的环节严格把控,为速冻粽子产品的质量安全提供保证。

任务 3 速冻米饭加工及过程控制技术

【任务目标】

1. 掌握速冻米饭的类型和加工工艺。
2. 掌握速冻米饭加工过程中出现的老化和微生物污染控制方法。

【相关知识】

一、方便米饭的定义和分类

1. 定义

方便米饭是由工业化大规模生产的且食用前只需做简单烹调或者直接食用,其风味、口感、外形与普通米饭基本一致的主食食品。

速冻方便米饭是方便米饭的一种，经速冻工艺而制成的成品米饭。

2. 分类

(1)方便米饭分类　方便米饭有多种分类方式，可通过加工工艺、包装形式、原料或辅料等不同进行分类。总体来讲分为以下两类(图 4-14)。

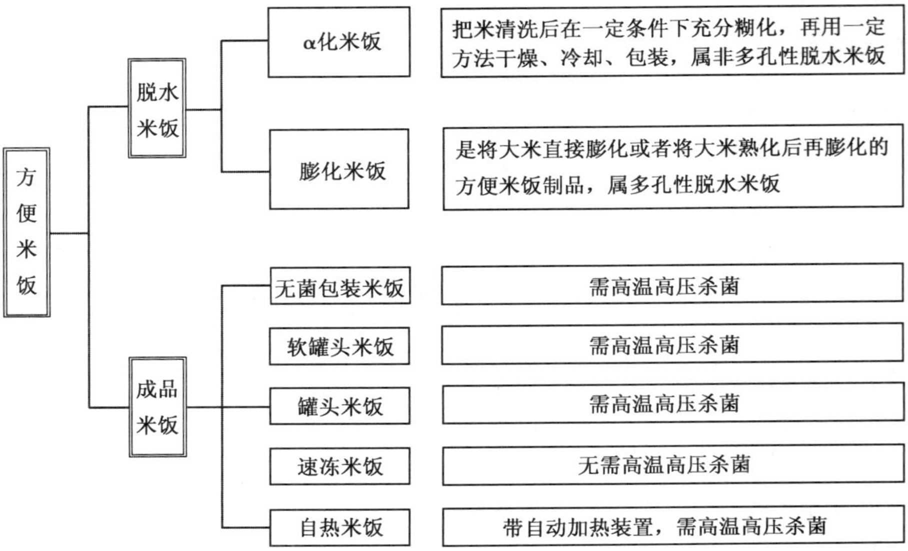

图 4-14　方便米饭的分类

(2)速冻米饭分类　速冻米饭类产品大体分为两种，一种为速冻白米饭；另一种为速冻调理米饭，即在白米饭的基础上添加调理液或者适量菜肴等配料，与白米饭混合均匀，无需自行添加菜肴，加热后即可食用的产品，如速冻炒饭，速冻盖浇饭等。

速冻米饭按添加辅料与否可分为速冻白饭、速冻炒饭及速冻盖浇饭等。

按冻结形状可分为单粒冻结米饭和块状冻结米饭。

二、速冻米饭的生产工艺流程

速冻米饭因不使用任何添加剂，不采用高温杀菌，故能保持米饭原有的风味和营养。在所有方便米饭中，速冻米饭的风味、口感最接近原米饭。速冻米饭虽然种类不同，但主体工艺基本一致，其主要工艺流程如图 4-15 所示。

三、速冻方便米饭的工艺操作要点

1. 辅料处理

根据产品口味等，进行辅料的前处理。包括肉类、蔬菜类的清洗、切分、漂烫、油炸等入味处理，调味品类的熬制等处理。

辅料预处理
↓
调味料
↓
辅料处理
↓
原料选择 → 清洗 → 浸泡 → 配米配水 → 炊煮 → 混合 → 冷却 →

速冻 → 定量包装 → 金检 → 包装检验 → 重量选别 → 装箱 → 冷却保存
↑
包装材料、配菜等

图 4-15 速冻米饭生产工艺流程

2. 原料米处理

对原料米进行的风选、色选和去石头等杂质。如果原料大米为质量较好的免淘米，或原料米采购中严格控制米的质量，该过程可忽略。

3. 原料米的清洗

原料米的清洗，即淘米，也叫洗米。目前生产除人工淘洗外，很多企业采用自动洗米机进行淘洗。图 4-16 是常见的洗米机械。

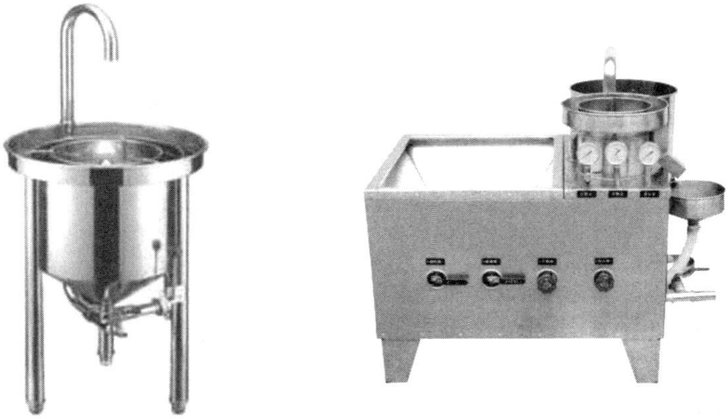

图 4-16 洗米机

4. 浸泡

大米蒸煮之前需要一段时间的浸泡，使大米吸收一定的水分，从而有利于淀粉在蒸煮时更充分的糊化，形成 α 化淀粉。

注意事项：

- 浸泡时需控制大米与水的比例，一般情况下，水∶米在 1.2∶1 到 1.5∶1 为宜。
- 一般情况下，水温在 20℃时，浸泡 60～90 min 即可。浸泡用水采用软水为好。
- 在浸泡的过程中，可以添加适量加酸、碱、酶等添加剂，如柠檬酸或枸橼酸钠（柠檬酸钠)、环糊精等。

5.配米配水

一般水的添加量是米的1.25～1.3倍,可根据米的蒸煮状态和产品的含水量来确定。

6.汽蒸或炊煮

利用不同的热源或能量,对大米进行加热处理,使大米熟化。一般可采用蒸柜或者自动蒸煮饭生产线。

注意事项:

● 不同品种的大米,其蒸煮时的熟透程度与蒸煮时间不同。在蒸煮过程中,通过添加酸类物质将米饭pH降低到4.6左右,有效抑制肉毒杆菌的生长。

7.混合

将预先处理好的调味料、蔬菜、肉类等添加到烧好的米饭中,根据工艺配方进行定量混合。混合大体分为两种,即一锅一混合和传送带式连续投料混合。

8.冷却

一般采用冷风冷却,即将米饭(或装有米饭的米饭盒)均匀地平铺在传送带上,强冷风从传送带下部向上吹,传送带上部设有抽风机,形成循环冷风。

注意事项:

● 需将米饭彻底冷却,减少冷冻负荷及蒸发器结霜现象,有效提高冻结效率。

9.速冻

速冻米饭生产中采用扒松法或单粒化速冻法(即IQF)进行速冻处理。扒松法投资较低,设备简单,但会导致米饭碎粒增多等现象。IQF是目前世界上最先进的加工技术之一。

注意事项:

● 蒸煮后的米饭不能直接速冻,否则会出现结块现象,影响速冻米饭的口感。

11.包装和贮藏

将冻结的米饭进行计量、充填、包装,包装后须通过金检机进行金属检测,以及包装检验及重量选别,最后装箱,置于冷库中冷却保存。

注意事项:

● 定量包装须在低温环境中进行,在储藏与流通的过程中,温度必须控制在－18℃以下。

【任务分析】

针对速冻食品生产企业需要,设计加工一种速冻米饭。在基础理论教学的基础上,由学生自行设计加工。

【任务实施】

一、工作准备

(1)按照加工流程分配工作小组,明确各自职责。

(2)按照加工流程的操作要点落实各小组的加工设备及所需工具、盛装器皿。

二、计划实施

(一)小组讨论,制订工作方案、确定人员分工

1. 工作方案

表 4-25　方案设计表

组长		组员			
学习项目					
学习时间		地点		指导教师	
准备内容	加工流程方案				
	加工设备及工具				
具体步骤					

2. 人员分工

表 4-26　工作分工表

姓名	工作分工	完成时间	完成效果

(二)产品加工

表 4-27　设备及工具统计表

设备及工具名称	型号	数量/个	使用前情况	使用后情况

(三)加工后整理

表 4-28 回收登记表

组号	所用材料	使用情况	所用工具	使用情况	所用仪器	使用情况

【评价与反馈】

1. 小组内评价

表 4-29 小组内评价表

班级		小组		姓名	
等级	实训态度/20	操作能力/30	实训报告/30	能力创新/20	总分
A	实训认真,积极主动,操作仔细,认真记录 16～20	熟练操作,提问有深度 24～30	团结小组成员,有号召力 24～30	PPT 制作能力强,表达能力强 16～20	
B	较好 12～16	较好 18～24	较好 18～24	较好 12～16	
C	一般 8～12	一般 12～18	一般 12～18	一般 8～12	
D	较差 0～8	较差 0～12	较差 0～12	较差 0～8	
得分					

2. 小组间评价

表 4-30 小组间评价表

班级		小组	评价人	
等级	操作评分/40	结果评价/40	答辩/20	总分
A	方法正确、操作熟练 16～20	结果准确 30～40	流程正确,回答问题确切,知识范围广 16～20	
B	较好 12～16	较好 18～24	较好 18～24	
C	一般 8～12	一般 12～18	一般 12～18	
D	较差 0～8	较差 0～12	较差 0～12	
得分				

3.教师评价

表 4-31　教师评价表

班级		小组		姓名	
等级	实训态度/20	操作能力/30	实训报告/30	能力创新/20	总分
A	实训认真，积极主动，操作仔细，认真记录 16～20	熟练操作，提问有深度 24～30	格式规范，内容完整，真实 24～30	表现突出，报告完整，立意创新，同学认可 16～20	
B	较好 12～16	较好 18～24	较好 18～24	较好 12～16	
C	一般 8～12	一般 12～18	一般 12～18	一般 8～12	
D	较差 0～8	较差 0～12	较差 0～12	较差 0～8	
得分					

【知识拓展】

一、大米分类

大米分类我国和国际市场通常根据粒形和粒质将大米分为籼米、粳米和糯米三类（表4-32）。

表 4-32　不同大米之间的差异

大米种类	形状	色泽	直链淀粉含量	质地
籼米	长圆形或细长形	透明或半透明	13.0%～26.0%	黏性差，较硬
粳米	椭圆形或圆形	透明或半透明	11.0%～22.0%	有黏性，较硬
籼糯米	长椭圆形或细长形	乳白色	≤2%	黏性强，软
粳糯米	椭圆形	乳白色	≤2%	黏性强，软

随着大米品种的不断培育和科学技术的不断发展，除普通大米外，还包括香米、营养强化米、黑米、紫米等，已经或正在逐渐的走入千家万户。除上述分类方式外，根据稻谷加工方式及方法，大米可分为糙米、白米、蒸谷米、碎米等。

二、方便米饭的特点及生产工艺

1.方便米饭的特点

各类方便米饭有各自的特点，从食用方便性、食用品质、货架期和成本的角度评价目前中国市场上在售的各类方便米饭，其特点见表 4-33。

表 4-33 各种方便米饭特点

种类	包装贮存	食用方法	口感	保质期	方便程度	特点
干燥米饭（α化米饭）	普通包装、常温贮存	复水	一般	保存时间长，一年以上	方便	重量轻
无菌包装米饭（常温米饭）	高阻氧性包装、常温贮存	水煮加热微波加热	好	半年	需微波炉或灶具	携带运输方便包装成本高
蒸煮袋米饭（软罐头米饭）	铝箔包装、常温贮存	水煮加热、微波加热、自行加热（带加热器）	一般	一年	需微波炉或灶具	携带运输方便包装成本高
罐头米饭	金属罐包装、常温贮存	水煮加热、微波加热	一般	保存时间长，一年以上	需微波炉或灶具	携带运输不方便包装成本高
速冻米饭	普通包装、低温贮存	水煮加热微波加热	好	－18℃状况下可保存一年	需微波炉或灶具	携带运输不方便须冷链运输

2.方便米饭的生产工艺

(1)α化米饭　又称热风干燥米饭、复水米饭、即食米饭。产品水分含量为5%～10%，常温下储存6个月，开水浸泡8～10 min即可食用。生产工艺为流程如图4-17所示。

原料米→淘洗→浸泡→沥干→加热水蒸饭→拌匀→装罐→排气→杀菌→冷却→成品

图 4-17　方便米饭加工生产工艺流程

(2)无菌包装米饭　大米被炊煮成米饭后，于无菌室内进行包装，米饭即成无菌包装米饭。常温下即可流通，携带方便，保质期长（常温下6～24个月）。但包装材料费用较高，设备投资较大。生产工艺如图4-18所示。

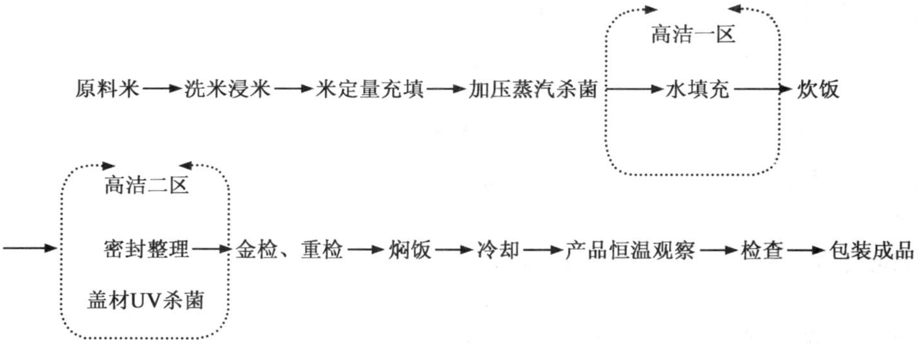

图 4-18　无菌米饭包装流程

(3)软罐头米饭　它是将定量的水和大米或半生半熟米饭装入一种能耐高温的特殊塑料包装容器（蒸煮袋）内，经高温、高压蒸煮而成。复原后米饭弹性稍好，但米饭口感及粒性稍差。其生产工艺与无菌包装米饭相似。

(4)罐头米饭　铁听罐头米饭是方便米饭中最早问世的产品。常温下可贮藏 3～5 年,于开水中加热或气蒸 5～15 min 即可食用,但携带、开启、加热不便,口感稍差。罐头米饭生产工艺流程如图 4-19 所示。

原料米 → 淘洗 → 浸泡 → 沥干 → 加热水蒸饭 → 拌匀 → 装罐 → 排气 → 杀菌 → 冷却 → 成品

图 4-19　罐头米饭加工流程

三、单体快速冻结技术

单体快速冻结技术(individual quick freezing,IQF)是目前世界上最先进的生产工艺技术之一,能使大米产品呈单粒状进行冻结。目前速冻米饭采用 IQF 冻结主要有两种方式:第一种是将被冻物品置于回转的圆筒内搅拌,从而进行冻结,第二种是采用流态化冻结装置进行冻结。

流态化简称流化,一般指固体流态化,又称假液化。即利用流动流体,将固体颗粒群悬浮起来,从而使固体颗粒具有某些流体的表现特征,利用这种流体与固体之间的接触方式实现生产过程操作,称为流态化技术。流态化冻结装置利用了流态化技术,该装置特点是以冷气流为流体,冷气自下而上的通过食品颗粒,使食品在流化床面上呈流动状态,从而进行冻结。

IQF 单粒冻结速冻装置如图 4-20 所示,主要由预冷机、一次冻结室、二次冻结室构成。预冷、一冻、二冻的温度分别为 5℃、－25℃、－40℃以下。米饭从进预冷室到二次冻结完成,均处于“沸腾”半悬浮状状态,促使米饭均匀且迅速降温。

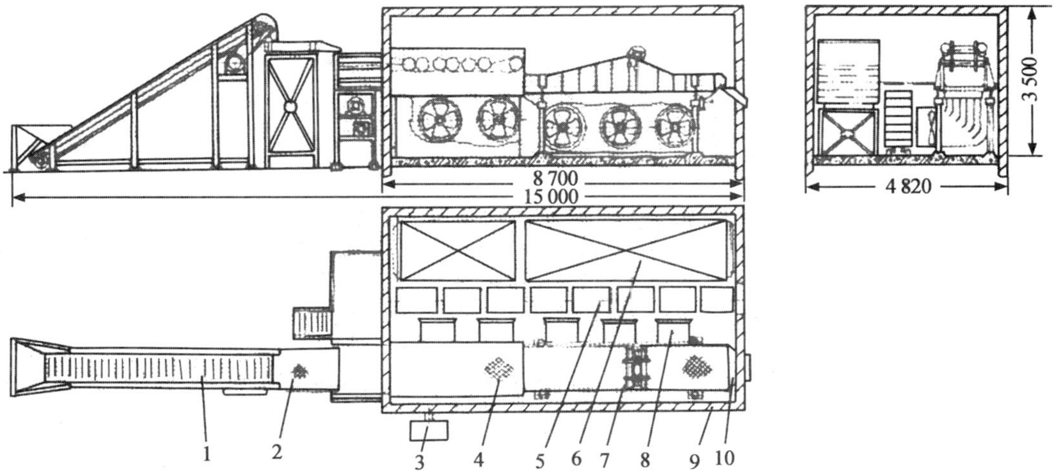

图 4-20　冻结装置

1.网带式提升机　2.振动布料筛　3.电器控制柜　4.网带式流化床　5.搁架式冷冻小车　6.串片式氨蒸发器　7.振动流态化传输槽　8.轴流式风机　9.隔热机构　10.出料机构

四、速冻米饭质量控制

1.原辅料的验收

对大米要按照国家规定及产品要求的各项指标进行严格验收和控制，验收中应检测微生物的污染程度和农残情况；对于大米中还有混入金属杂物等的物理性危害，也必须给予清除和控制。

2.大米浸泡工艺的控制

大米的浸泡温度和时间影响到大米产品的质量，是其工艺控制的关键步骤之一。应根据不同大米的品种及对产品的要求，控制不同的浸泡温度和时间。可对大米进行浸泡试验，确定最佳的浸泡温度和浸泡时间。

3.配米配水工艺的控制

通过大米浸泡工艺，配米配水直接影响到产品的品质。故应根据产品要求以及原料特性，进行预实验，确定最佳配米配水比例。用水至少应达到生活饮用水水平。如产品需使用软水，则更应对水的质量进行严格控制。

4.米饭老化问题的控制

米饭老化即回生现象导致米饭口感下降，且不利于消化吸收，米饭的老化控制十分重要。控制原料，一般情况可选用支链淀粉含量较高，直链淀粉含量较低的品种。通过添加柠檬酸、醋酸等添加剂提高米饭蒸煮过程的糊化度，使其充分糊化。以及控制冻结速度，使其快速通过淀粉老化温度带。如采用 IQF 方式进行冻结。

5.微生物问题和虫害的控制

在速冻米饭的生产过程中，应对微生物进行控制。生产之前对米饭生产线进行消毒灭菌，生产过程中，及时清理残渣和不合格产品，及时对设备和容器进行清洗和消毒。另外，在米饭制备过程中，可以适当添加酸类物质，调节其 pH，抑制微生物的生长。

6.人员健康控制及管理

生产人员的健康体检以及日常健康状况的检查和健康制度尤为重要。除此之外，对操作人员工作过程的控制也是必不可少的。制定人员和环境的清洗和消毒制度，操作过程中，工人需要定时对手进行清洗和消毒。

7.添加剂的使用

米饭的制备过程中，会根据产品的要求，添加不同的添加剂和调味料。对于这些添加剂和调料的使用，应严格按照国家有关规定执行，并做好每日的用量记录。

8.包装材料的选择

包装材料应无毒、无味、无脱色。若在蒸煮过程中米饭已经装入包装托盒中，则该托盒要求在高温条件下不变形，不会产生有毒有害物质。

【思考练习】

1.简述速冻米饭的加工工艺要点。如何控制米饭老化问题？

2.什么是单体速冻技术，其在速冻米饭中的应用状况如何？

项目五

速冻调制水产品加工技术

项目描述

本项目重点描述了速冻鱼糜及其制品的加工工艺，影响其品质的因素，以及加工过程中的品质控制技术等。

知识目标

通过本项目的学习，学生应了解速冻鱼糜及其加二制品加工技术的基本理论知识，熟悉速冻鱼糜制品的种类、加工原料特性、加工工艺，掌握速冻鱼糜制品加工过程中品质控制的理论和技术。

能力目标

通过本项目的学习，学生应掌握速冻鱼糜及其加工制品的加工工艺，能够完成速冻鱼丸、鱼糕、鱼卷、鱼香肠的加工。了解速冻鱼糜产品品质的检测方法；加工过程中所需仪器设备，维护和保养的方法；能解决加工过程中出现的技术问题。

任务1　速冻鱼糜加工及品质控制技术

【任务目标】

1. 掌握速冻鱼糜加工的工艺流程，加工的操作要点。
2. 了解速冻鱼糜的品质管理，保证速冻鱼糜的品质。
3. 了解加工过程中所需仪器设备及维护保养的方法。

【相关知识】

速冻鱼糜是一种新型的水产品加工原料，主要用来加工鱼糜制品、冷冻调理食品。速冻鱼糜加工技术是20世纪50年代至60年代由日本水产研究人员以狭鳕鱼为原料研究开发的新技术。

一、速冻鱼糜加工流程

原料鱼→保鲜→前处理→清洗→取肉→漂洗→精滤→脱水→斩拌→成型→速冻→包装→冻藏→销售。

二、速冻鱼糜加工流程操作要点

1. 原料处理

选择鲜度好的鱼，用足够的冰来冷却，保鲜，及时进行前处理。

2. 前处理

用工具对鱼体去头、去内脏，同时除去附在腹腔内的黑膜，处理好的鱼及时保鲜，防止鱼体鲜度下降。定时清洁工作台面、工具。个人卫生要遵守 GMP 标准，加入足够的碎冰控制保鲜度。

3. 清洗

将鱼体表面和腹腔内的污物充分洗净，洗涤水用冷水或加冰以降温。鱼体在水中浸泡时间不能过长，洗涤用水含氯浓度为 50 mg/kg，及时清洗场地，回收杂质。

4. 采肉

用采肉机取肉，速度快、温度低。检查采肉是否干净并及时调整采肉机。

5. 漂洗

鱼皮、浸出物、水溶性蛋白质等使制品颜色变白、弹性好，鱼肉与水的比例为(1∶5)～(1∶10)，慢速搅拌 8～10 min，然后静置 5～10 min 去掉上层杂物和清液，水温保持 5～8℃。第二次漂洗时加入 0.1%～0.3%的食盐溶液。

6. 精滤

漂洗的碎鱼肉中含有一些细刺、鱼鳞、皮筋等，用精滤机除去这些杂物，提高产品质量。设备冷却用冰水降温，保持鱼浆温度在 10℃以下。

7. 脱水

精滤好的鱼浆进入螺旋式脱水机内进行脱水，调节脱水机，使水分不超过 78%。

8. 斩拌或擂溃

将脱水鱼糜 120 kg 倒入斩拌机内，添加调料，慢速斩拌 1 min，然后快速斩拌 3 min。

9. 成型

准确称量，及时填充，在成型机上成型，并放入标号标签。要求整齐、平整，卫生清洁。

10. 速冻

通常使用平板冻结机，环境温度－35℃，时间为 4 h 以内，使鱼糜的中心温度达到－18℃。速冻鱼糜的制品温度越低，越有利于长期保藏，所以冷冻鱼糜冷藏温度要在－25℃以下，并要求温度稳定。

【任务分析】

针对速冻食品企业生产速冻鱼糜的需要，进行速冻鱼糜的生产，本任务的关键点在于速冻鱼糜加工流程及其操作要点。

【任务实施】

一、工作准备

(1)按照加工流程分配工作小组，明确各自职责。
(2)按照加工流程的操作要点落实各小组的加工设备及所需工具、盛装器皿。

二、计划实施

(一)小组讨论，制订工作方案、确定人员分工

1. 工作方案

表 5-1　方案设计表

<table>
<tr><td>组长</td><td></td><td>组员</td><td colspan="3"></td></tr>
<tr><td>学习项目</td><td colspan="5"></td></tr>
<tr><td>学习时间</td><td></td><td>地点</td><td></td><td>指导教师</td><td></td></tr>
<tr><td rowspan="2">准备内容</td><td>加工流程方案</td><td colspan="4"></td></tr>
<tr><td>加工设备及工具</td><td colspan="4"></td></tr>
<tr><td>具体步骤</td><td colspan="5"></td></tr>
</table>

2. 人员分工

表 5-2　工作分工表

姓名	工作分工	完成时间	完成效果

(二)产品加工

表 5-3　设备及工具统计表

设备及工具名称	型号	数量/个	使用前情况	使用后情况

(三)加工后整理

表 5-4　回收登记表

组号	所用材料	使用情况	所用工具	使用情况	所用仪器	使用情况

【评价与反馈】

1. 小组内评价

表 5-5　小组内评价表

班级		小组		姓名	
等级	实训态度/20	操作能力/30	实训报告/30	能力创新/20	总分
A	实训认真,积极主动,操作仔细,认真记录 16～20	熟练操作,提问有深度 24～30	团结小组成员,有号召力 24～30	PPT 制作能力强,表达能力强 16～20	
B	较好 12～16	较好 18～24	较好 18～24	较好 12～16	
C	一般 8～12	一般 12～18	一般 12～18	一般 8～12	
D	较差 0～8	较差 0～12	较差 0～12	较差 0～8	
得分					

2. 小组间评价

表 5-6 小组间评价表

班级		小组	评价人	
等级	操作评分/40	结果评价/40	答辩/20	总分
A	方法正确、操作熟练 16～20	结果准确 30～40	流程正确，回答问题确切，知识范围广 16～20	
B	较好 12～16	较好 18～24	较好 18～24	
C	一般 8～12	一般 12～18	一般 12～18	
D	较差 0～8	较差 0～12	较差 0～12	
得分				

3. 教师评价

表 5-7 教师评价表

班级		小组		姓名	
等级	实训态度/20	操作能力/30	实训报告/30	能力创新/20	总分
A	实训认真，积极主动，操作仔细，认真记录 16～20	熟练操作，提问有深度 24～30	格式规范，内容完整，真实 24～30	表现突出，报告完整，立意创新，同学认可 16～20	
B	较好 12～16	较好 18～24	较好 18～24	较好 12～16	
C	一般 8～12	一般 12～18	一般 12～18	一般 8～12	
D	较差 0～8	较差 0～12	较差 0～12	较差 0～8	
得分					

【知识拓展】

一、速冻鱼糜的品质管理

冷冻鱼糜在储藏过程中的品质变化一般包括保水力的减弱、凝胶性能的低下、肌原纤维的变性等，主要受几方面因素影响，如原料鱼的种类、新鲜度、处理过程、冻结速度、冻结温度、贮藏温度以及解冻方法等。原料鱼种类和新鲜度的影响在前面原料的选择中已有叙述，这里重点分析冻结速度和温度对鱼肉细胞内外水分形成冰结晶的影响。鱼宰杀后鱼肉在僵直前或僵直初期立即进行冻结是最佳时期。缓慢冻结和急速冻结直接影响肌肉组织中水形成冰晶的生成状态。急速冻结时，冻结速度大于水流动速度，水结晶在细胞内形成而且冰晶体积细微；缓慢冻结时，冻结速度小于水流动速度，水结晶在细胞外形成而且冰晶体积大，成柱状，造成肌肉粗糙。

鱼肉内冻结速度与细胞内外水分流动以及冰晶形成情况见表 5-8。

冻结终了时的温度越低，肌肉环境水分冰晶化对肌肉破坏程度越轻，冻结温度低可以快速通过冰晶生成带，冻结的鱼糜质量也就越好。另外，储藏时的温度也会影响冷冻鱼糜的质量。储藏的温度尽可能低而且温度波动范围越小，品质下降幅度就越小。

表 5-8　鱼肉内冻结速度与细胞内外水分流动以及冰晶形成情况

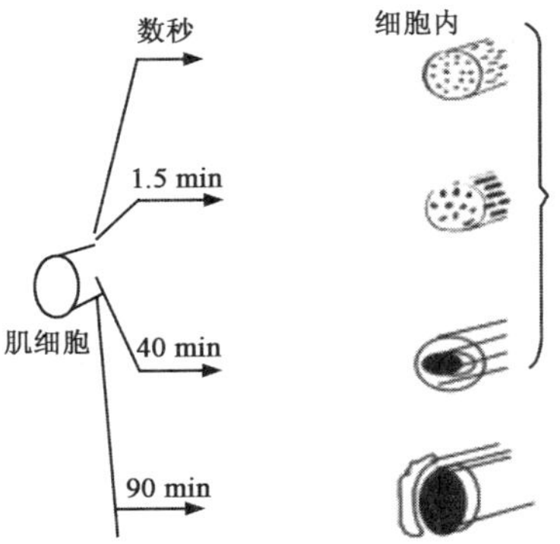

冻结速度(0～－5℃通过时间)	水的位置	冰结晶形状	冰晶直径×长度	细胞内水流速度
数秒		针状	(1～5) μm×(5～10) μm	冻结速度>水流动速度
1.5 min		杆状	(5～20) μm×(20～500) μm	冻结速度>水流动速度
40 min		柱状	(50～100) μm×1 000 μm	冻结速度<水流动速度
90 min		柱状	(50～200) μm×2 000 μm	冻结速度<水流动速度

二、冷冻鱼糜的品质保证、测定方法及评价

1. 鱼糜及制品的质量评价指标

鱼糜及制品的质量评价指标通常包括微生物指标、感官指标和理化指标，具体项目见表 5-9。

在微生物检测中，除了菌落总数外，还要进行大肠菌群、一些致病菌的检测。鱼糜的微生物指标见表 5-10。

表 5-9　微生物指标、感官指标和理化指标检测项目

项目	微生物指标	感官指标	理化指标
检测项目	菌落总数/(CFU/g)	形态(性状、大小、组织形态)	弹性
	大肠菌群/(MPN/100 g)	色泽	成分组成
	致病菌	风味	风味

表 5-10　鱼糜的微生物指标

项目	指标	
	即食类	非即食类
菌落总数/(CFU/g)	≤3 000	≤50 000
大肠菌群/(MPN/100 g)	≤30	≤450
致病菌(沙门氏菌、金黄色葡萄球菌、副溶血性弧菌、志贺氏菌)	不得检出	不得检出

食品的感官性状往往是决定人们购买欲望的重要因素，其包括产品的形态(形状、大小、组织形态)、色泽以及均匀一致性。不同的鱼糜制品，其感官性状不尽相同。总的说，要求鱼糜制品组织完整且表面色泽度好、切面鲜嫩，如制品发生凝胶劣化或淀粉类吸水性辅料添加过多、制品中水的存在状况发生变化会导致制品失去光泽。

鱼糜及制品的物理检测主要包括其规格、有无杂质、温度、质量、肌肉硬度、弹性等测定。

而化学检测主要集中在组成成分分析和原料鱼种的鉴别等。

弹性的好坏是鉴别鱼糜及其制品质量最重要的指标。由于鱼糜制品是再组织化产品，其弹性不仅取决于鱼类肌肉组织的理化性质，同时也受辅料、pH 值、生产工艺、温度等因素的影响，因而极其复杂且难以控制。

以鱼糜为原料的制品除了含有高蛋白之外，还富含人类适宜的其他营养成分、风味成分，因而其成分的组成分析对于衡量鱼糜制品质量尤为重要。目前，鱼糜制品生产厂家已对水分、糖分、淀粉、蛋白质、粗脂肪、灰分、盐分及呈味物质（如核苷酸、谷氨酸）等进行测定。

2. 鱼糜及制品质量评价

冷冻鱼糜及制品质量评价有感官评价和仪器测定两个方面。

(1)感官评价法　表示鱼糜弹性强弱常用的感官方法有两种：第一种是十段评分法；第二种是折叠实验。

①十段评分法。以咀嚼时的硬度和柔韧度为评价指标，将综合弹性以分数表示，见表 5-11。

表 5-11　十段评分法

评分	10	9	8	7	6	5	4	3	2	1
弹性强度	极强	非常强	强	较强	一般	弱	较弱	非常弱	极弱	一触即溃

②折叠实验法。将鱼糜制品切成厚 3 mm 的薄片，将薄片进行双层折叠或 4 层折叠，观察其有无龟裂和龟裂程度的大小，并以此为标准划分成以下 5 个等级，见表 5-12。

表 5-12　折叠实验法

评分	5	4	3	2	1
等级	AA	A	B	C	D
折叠性状	4 折不裂	对折不裂	对折缓缓裂开	对折立即裂开	挤压即崩溃

(2)仪器测定法

①色泽的测定方法。鱼糜及其制品的色泽可用色差计测定。在色差计 L^*、a^*、b^* 色系统中，分别代表色泽的亮度、红度和黄度，类似的还有 Hunter Lab 系统，分别用 L、a、b 表示明度和色度。用新鲜鱼制成鱼糜应有的色泽为：白色、黄白色或灰白色，略有透明感。

②成分的测定方法。水分、蛋白质、淀粉等是鱼糜及其制品中的主要成分，也是影响鱼糜及其制品品质的重要因素。表 5-13 中列出了目前鱼糜产品主要成分的常用测定方法。

表 5-13　鱼糜产品常用测定方法

检测项目	检测方法
水分	干燥法、蒸馏法、减压干燥法、NIRS
蛋白质	凯氏定氮法、双缩脲法、紫外吸收法、福林-酚比色法
脂肪	索氏抽提法、酸水解法
灰分	灼烧称重法
淀粉	酸水解法、酶水解法、NIRS

③弹性的测定方法。凝胶性能是再组织化制品弹性指标的主要方面。检测凝胶强度的方法主要是利用质构仪和流变仪进行直接测定。

④鱼糜种类鉴定。鱼糜种类的鉴定主要是基于对原料鱼种类的鉴定。第一种方法可采用电泳分离一些鱼肉蛋白质，所产生的图谱用于种类鉴别；第二种方法为抗体与抗原的特异性反应，是用于区别蛋白质及鉴定种类的方法，即由一种鱼所产生的某种特定蛋白质或某种蛋白质的抗体可在标准免疫分析的基础上用于鉴定该鱼的品种；第三种方法是基于脱氧核糖核酸(DNA)的分析。常见 DNA 指纹图谱分析技术可用于鉴别鱼种类。

三、现代鱼糜生产设备

日本的冷冻鱼糜生产技术以研究、开发狭鳕鱼为对象，反映在冷冻鱼糜生产线设备的工艺流程方面，以适应于狭鳕鱼类和与狭鳕鱼类相类似的鱼类品种的冷冻鱼糜生产。国内从日本、韩国引进的狭鳕冷冻鱼糜生产线设备和工艺流程如图 5-1 所示。

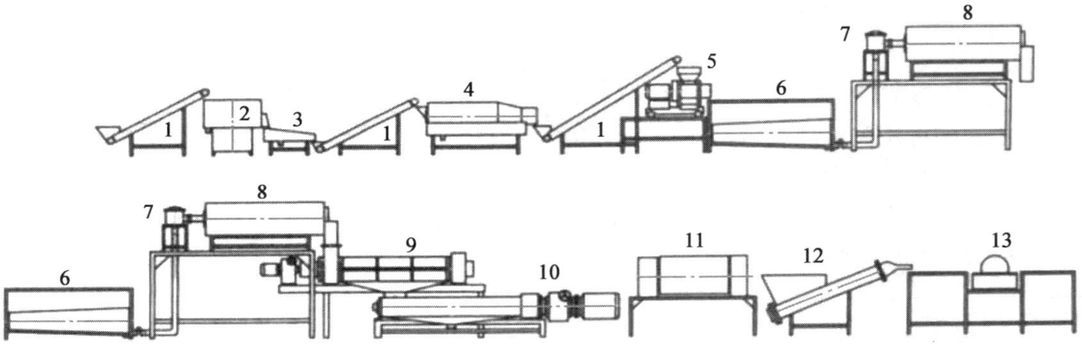

图 5-1　狭鳕冷冻鱼糜生产线设备和工艺流程

1.皮带输送机　2.立式洗鱼机　3.沥水槽　4.卧式洗鱼机　5.采肉机　6.漂洗槽　7.鱼浆泵　8.喷淋筛　9.精过滤机　10.脱水机　11.搅拌机　12.充填机　13.称量包装台

目前国内冷冻鱼糜原料鱼朝着多样性、边角料、更廉价的鱼种方面发展，如小带鱼、沙丁鱼等加工冷冻鱼糜。国内鱼片加工企业开片后的边角料产量也并不大，地域分布比较广，各自投入一套鱼糜生产线必定使生产线使用效率低下。要解决这个矛盾，发展组装移动式鱼糜生产线是一个比较好的办法。

组装移动式冷冻鱼糜生产线就是要体现出生产线的组合性和移动性，在基本保证能生产出的冷冻鱼糜品质的前提下，尽可能把传统的冷冻鱼糜生产线设备精减些，保留传统生产线中主要关键设备，把生产线组合成最经济最基本的冷冻鱼糜生产线。生产线只要接上电、通上水、送上“三去”的原料鱼，就可加工冷冻鱼糜。组装移动式冷冻鱼糜生产线设备和工艺流程如图 5-2 所示。

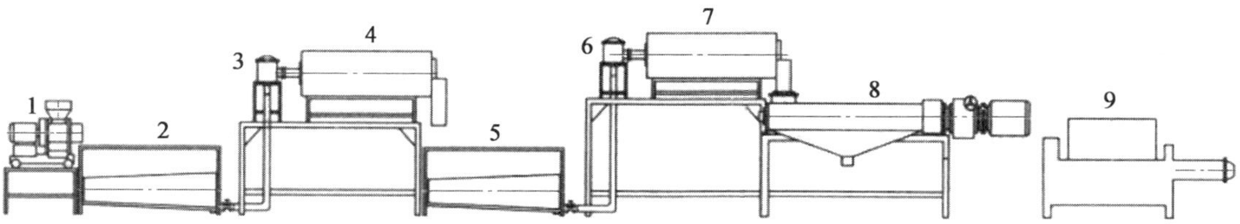

图 5-2 移动式鱼糜生产线设备和工艺流程

1.采肉机 2、5.漂洗槽 3.鱼浆泵 4、7.喷淋筛 6.鱼浆泵 8.脱水机 9.精过滤机

【思考练习】

1. 简述鱼糜生产的工艺要点。
2. 如何保证速冻鱼糜的加工品质?

任务2 速冻鱼糜制品加工及过程控制技术

【任务目标】

1. 掌握速冻鱼糜制品的基本概念和特点。
2. 掌握速冻鱼糜制品加工的工艺流程及操作要点。
3. 掌握速冻鱼丸、鱼糕、鱼卷、鱼香肠的加工技术。

【相关知识】

利用鱼糜为原料加工的鱼糜制品种类繁多,常见的有鱼丸、鱼糕、鱼排、虾饼、鱼卷、鱼香肠、模拟蟹肉、模拟虾仁、模拟干贝、海洋牛肉、燕皮等。此外,利用蔬菜、蛋、奶酪、肉制品、鱼糜等配合使用,开发了许多新产品,如鱼肉香肠、火腿等。鱼糜制品生产上的特点就是可以通过加入调味料和辅料来调节风味,或者改变形态、口感来适应消费者的需求。

一、鱼糜制品

鱼糜即鱼肉糜,鱼糜制品系以鱼糜为原料,加多种辅料(主要动物源性辅料蟹汁和卵白),进行擂溃或斩拌成黏稠的鱼浆,再成型加热,变成具有弹性的凝胶体,经过杀菌、冷冻、包装到成品。鱼糜制品必须在-18℃以下保存和运输。其产品主要包括鱼丸、鱼糕、模拟蟹足棒、模拟蟹钳等。

二、鱼糜制品的特点

一是鱼糜制品风味多样,方便可口。鱼糜在加工中可根据人们的需要进行合理调配,生产出不同风味的制品。多数鱼糜制品出售前已熟化,无论旅游还是家居食用都非常方便。鱼糜作为当代渔业加工的高科技产物,使人类实现了世界渔业的全面利用。鱼糜可以制造出品种繁多的食品,已成为世界广泛利用的原料。

二是可进行自动化和标准化生产。鱼糜制品生产适合机械化和自动化生产，它处理原料鱼的能力大，能解决鱼汛期鱼货集中的矛盾，可节省大量劳力，并使产品质量得到控制。

三是能就地生产，节约能源。在广大的渔区及近渔港地区生产，原料鱼的获得比较容易且新鲜，从而能加工出高质量的鱼糜制品。另外，鱼类在加工中已除去50%左右的废弃物，所以冷库的利用率和运输效率都可以提高1倍，大大节约能源。

四是可提高鱼类的利用价值，增加经济效益。几乎所有的鱼类都可以生产鱼糜，而不受品种和规格限制。在加工鱼糜的同时还可集中回收鱼皮、鱼骨、鱼头和内脏等废弃物，这些废弃物内存有一定的蛋白质和动物生长所需的无机盐、维生素，是生产动物饲料的好原料，可以综合利用。

三、鱼糜制品加工操作要点

1.原料选择

可用于制作鱼糜的原料品种有100余种。一般选用白色肉鱼类做原料，生产的制品弹性和色泽较好。红色鱼肉制成的产品白度和弹性不及白色鱼肉，但在实际生产中，由于红色鱼类的资源很丰富，仍是重要的加工原料，所以还要充分利用，只是在工艺上需要改进，以提高其弹性和改善色泽。目前世界上生产鱼糜的原料主要有沙丁鱼、狭鳕、非洲鳕等。除了利用海水鱼资源做原料外，淡水鱼中的鲢鱼、鳙鱼、青鱼和草鱼亦是制作鱼糜的优质原料。

鱼类鲜度是影响鱼糜凝胶形成的主要因素之一。原料鲜度越好，鱼糜的凝胶形成能力越强。原料鱼如果不能立即加工就必须冷却，使其温度保持−1℃以下。

2.原料处理

将原料鱼洗涤，除去表面附着的黏液和细菌，然后去鳞或皮，去头，去内脏。剖割方法有两种：一是背割(沿背部中线往下剖)，二是切腹(从腹部中线剖开)。再用水清洗腹腔内的残余内脏和黑膜。这一工序必须将原料鱼清洗干净，否则内脏或血液中存在的蛋白分解酶会对鱼肉蛋白质进行部分分解，影响鱼糜制品的弹性和质量。清洗一般要重复2～3次，水温控制在10℃以下，以防止蛋白质变性。

3.采肉

鱼肉采取自20世纪60年代后开始使用采肉机，它是用机械方法将鱼体皮骨除掉而把鱼肉分离出来。国内使用较多的是滚筒式采肉机。采肉时，鱼肉穿过采肉机滚筒的网孔眼进入滚筒内部，内刺和鱼皮在滚筒表面，从而使鱼肉与骨刺和鱼皮分离。采肉机滚筒上网眼孔选择范围在3～5 mm，根据实际生产需要自由选择。用红色肉鱼类如鲐鱼、沙丁鱼做鱼糜时，由于红色肉在鱼体肌肉组织中是由表及里呈梯形分布的，为了控制红色肉的混入量，一般通过降低机械采肉的采肉率来控制。

4.漂洗

漂洗可以除去鱼肉中水溶性蛋白质、色素、气味和脂肪，提高鱼肉的弹性和白度。它是鱼糜生产的重要工艺技术，对提高鱼糜制品质量及保藏性能起到很大的作用。漂洗有清水漂洗和稀盐碱水漂洗两种，根据鱼类肌肉性质选择。一般白色肉类直接用清水漂洗；红色肉中的上层鱼类如鲐鱼、远东拟沙丁鱼等用稀盐碱水漂洗，以有效防止蛋白质冷冻变性，增强鱼糜制品的弹性。

(1)清水漂洗　该方法主要用于白色肉鱼类，如狭鳕、海鳗、白姑鱼、带鱼、鲢鱼等，介于白色肉与红色肉之间的鱼类也可使用此法。根据需要按比例将水注入漂洗池与鱼肉混合，鱼：水＝1：(5～10)，慢速搅拌，使水溶性蛋白等充分溶出后静置，使鱼肉充分沉淀，倾去表面漂洗液。再按上述比例加水漂洗，重复几次。清水漂洗法会使鱼肉肌球蛋白充分吸水，造成脱水困难，所以通常最后1次漂洗采用0.15%食盐水进行，以使肌球蛋白容易脱水。

(2)稀盐碱水漂洗　该方法主要用于多脂红色肉鱼类。先用清水漂洗2～3次，再以鱼：稀盐碱水的比例=1：(4～6)的比例漂洗5次左右。稀盐碱水由0.1%～0.15%食盐水溶液和0.2%～0.5%碳酸氢钠溶液混合而成。

注意事项：

- 漂洗用水量和次数与鱼糜质量成正比。
- 鲜度极好的大型白色鱼肉可不漂洗。
- 漂洗用水一般为自来水，水温要求控制在10℃以下，避免使用富含钙镁等离子的高硬度水及富含铜铁等重金属离子的地下水。

5.精滤

用滤精机将鱼糜中的细碎鱼皮、碎骨头等杂质除去。红色肉鱼类所用过滤网孔直径为1.5 mm，白色肉鱼类网孔直径为0.5～0.8 mm。在精滤分级过程中必须经常向冰槽中加冰，使鱼肉温度保持在10℃以下，以防鱼肉蛋白质变性。

6.脱水

鱼肉经漂洗后含水量较多，必须进行脱水。脱水方法有两种：一种是用螺旋压榨机除去水分，另一种是用离心机离心脱水，少量鱼肉可放在布袋里绞干脱水。温度越高，越容易脱水，脱水速度越快，但蛋白质易变性。从实际生产工艺考虑，温度在10℃左右较理想。

pH为5～6时鱼肉脱水性最好，但在此pH范围内鱼糜凝胶形成能力最差，不宜采用。根据经验，白色肉鱼类pH在6.9～7.3，多脂红色肉鱼类pH在6.7，脱水效果较好。

7.擂溃或斩拌

将鱼肉放入擂溃机内擂溃，通过搅拌和研磨作用，使鱼肉肌纤维组织进一步破坏，为盐溶性蛋白的充分溶出创造良好的条件。先将鱼肉擂溃几分钟，加入鱼肉量2%的食盐继续擂溃15～20 min，使鱼肉中的盐溶性蛋白质充分溶出变成黏性很强的溶胶，再加入调味料和辅料与鱼肉充分搅拌均匀，俗称"拌擂"，最后加入溴化钾、氯化钾、蛋清等弹性增强剂，促进鱼糜胶化。擂溃过程中适当加冰或间歇擂溃降低鱼肉温度。擂溃时间以20～30 min为宜，时间过长过短都会影响鱼糜质量。

擂溃使用专用设备擂溃机。近年由于斩拌机能缩短盐擂时间，方便加料取料，且制品弹性与使用擂溃机效果相似，所以许多加工企业用斩拌机代替擂溃机生产鱼糜制品。

8.成型

鱼糜制品的成型，过去依靠手工成型，现在已发展成采用各种成型机加工成型，如天妇罗万能成型机、鱼丸成型机、鱼卷成型机、三色鱼糕成型机及各种模拟制品成型机。成型操作与擂溃操作要连续进行，不能间隔时间太长，或将鱼糜放入0～4℃保鲜库中暂放，否则擂溃后的鱼糜会失去黏性和塑性不能成型。

9.凝胶化

鱼糜成型后需在较低温度下放置一段时间，以增加鱼糜制品的弹性和保水性，这一过程称作凝胶化。根据凝胶化的温度可分为四种：高温凝胶化(35～40℃，35～85 min)；中温凝胶化(15～20℃，16～20 h)；低温凝胶化(5～10℃，18～42 h)；二段凝胶化(先30℃，30～40 min高温凝胶化，然后7～10℃，18 h低温凝胶化)。凝胶化温度和时间应根据产品需求及消费习惯等因素灵活掌握。

10.加热

加热方式有蒸、煮、焙、烤等。加热设备包括自动蒸煮机、自动烘烤机、鱼丸和鱼糕油炸机、鱼卷加热机、高温高压蒸煮机、远红外线加热机和微波加热设备等。鱼糜制品加热可以使蛋白质变性凝固并起到杀菌作用,能使鱼糜制品的保存期大大延长。

四、几种主要鱼糜制品的一般加工工艺

鱼糜制品可直接采用新鲜鱼肉进行生产,从原料鱼处理到脱水工艺完全同冷冻鱼糜生产工艺相同。也可使用冷冻鱼糜经半解冻后,进行加盐擂溃,呈黏稠状肉糊之后,加入各种调味料、淀粉等辅料,经不同的成型机做成一定形状,再经煮、蒸、炸、烤、烘等不同的加热方式可生产出不同的产品 。

1.工艺流程

冷冻鱼糜→解冻→擂溃或斩拌→成型→凝胶化→加热→冷却→包装→贮藏。

2.工艺要点

(1)解冻　从冷库取出冷冻鱼糜,根据鱼糜制品加工的工艺要求,为了防止蛋白质的热变性和微生物生长繁殖,一般采用3～5℃空气或流水解冻法,待鱼糜品温回升到－3℃易于切割即可,注意勿使其完全解冻,以免影响鱼糜的功能性和切割处理的效率。经解冻和切割处理之后,鱼糜品温在－1～0℃,此时即可进行擂溃或斩拌。此外,加盐冷冻鱼糜因冻结点较低,因此其解冻速度较慢。

(2)擂溃或斩拌　擂溃是鱼糜制品生产的一个重要工艺之一。操作过程可分为空擂、盐擂和调味擂溃三个阶段。

①空擂:将鱼肉放入擂溃机内擂溃,通过搅拌和研磨作用,使鱼肉的肌纤维组织进一步被破坏,为盐溶性蛋白的充分溶出创造良好的条件。时间一般为5 min,否则,加盐后,温度下降使鱼肉再冻结而影响擂溃的质量。

②盐擂:在空擂后的鱼肉中加入鱼肉量1%～3%的食盐继续擂溃的过程。经擂溃使鱼肉中的盐溶性蛋白质充分溶出,鱼肉变成黏性很强的溶胶,时间一般控制在15～20 min。

③调味擂溃:在盐擂后,再加入砂糖、淀粉、调味料和防腐剂等辅料并使之与鱼肉充分混合均匀,一般可使上述添加的辅料先溶于水再加入,其中淀粉的加入主要是为了提高制品的弹性。另外,还需加入蔗糖脂肪酸酯,使部分辅料能与鱼肉充分乳化,而能促进盐擂鱼糜凝胶化的氯化钾、蛋清等弹性增强剂应该在最后加入。

擂溃所用的设备主要是擂溃机。近几年,许多加工企业开始使用斩拌机代替擂溃机用于生产鱼糜制品。由于斩拌机能使未解冻的鱼糜迅速解冻,盐擂时间可缩短至10～15 min,辅料的加入和擂溃后的取肉都很方便,而且制品的弹性、色泽等质量指标也不亚于使用擂溃机的效果,所以近几年来斩拌机的使用已越来越普遍。

注意事项:

● 影响擂溃的重要因素包括擂溃时间、温度、食盐的浓度和各种辅料的添加方式等。

● 擂溃的时间与鱼糜的弹性密切有关。擂溃不充分,则鱼糜的黏性不足,擂溃时间过长,也会引起弹性下降。擂溃时间一般控制在20～30 min 范围内为宜。

● 擂溃的温度必须严格控制。擂溃在0～10℃的温度范围内操作。为控制温度的升高,一般先将鱼肉冷却,在擂溃过程中再适当加入碎冰(以代水)。

● 食盐的加入量一般控制在 2%～3%，量太少则不利于盐溶性蛋白质的溶出和弹性的形成。多加入食盐口感变差。

● 使用真空擂溃机和真空斩拌机，把鱼糜在擂溃等加工中混入的气泡驱走，可提高鱼糜制品的质量。

(3)成型 经配料、擂溃后的鱼糜，具有很强的黏性和一定的可塑性，可根据各品种的不同要求，加工成各种各样的形状和品种，再经蒸、煮、炸、烤、烘和熏等多种不同的热加工处理，即成为鱼糜制品，如鱼丸成型机、三色鱼糕成型机、鱼卷成型机、天妇罗万能成型机、鱼香肠自动填充结扎机、各种模拟制品的成型机等。

成型操作要与擂溃操作连续进行，两者之间不能长时间间隔，否则，擂溃后的鱼糜在室温下放置会因凝胶化现象而失去黏性和塑性而无法成型。

(4)凝胶化 鱼糜在成型后加热之前，一般需在较低的温度条件下放置一段时间，以增加鱼糜制品的弹性和保水性，这一过程即凝胶化。凝胶化的温度和时间的关系不是一成不变的，可以根据具体情况如产品的需求、消费的习惯等因素而灵活掌握。

(5)加热 加热也是鱼糜制品生产中的重要工艺之一。加热方式包括蒸、煮、焙、烤、炸五种或采用组合的方法进行加热。加热的设备包括自动蒸煮机、自动烘烤机、鱼丸和鱼糕油炸机、鱼卷加热机、高温高压加热机、远红外线加热机和微波加热设备等等。

鱼糜制品加热的目的有两个：一是使蛋白质变形凝固，形成具有弹性的凝胶体；二是杀灭细菌和霉菌。

(6)冷却 加热完毕的鱼糜制品大部分都需在冷水中急速冷却。以鱼糕为例，加热完成后迅速放入 10～15℃的冷水中急冷，这时鱼糕吸收加热时失去的水分，防止发生皱皮和褐变现象，并能使鱼糕表面柔软和光滑。加工鱼香肠时，加热后将其投入 0～10℃冷水中急速冷却 30 min 再取出。

急速冷却后制品的中心温度仍然较高，通常还要放在冷却架上让其自然冷却。另外也可通过通风冷却或自动控制制冷机进行冷却。冷却室的空气要进行净化处理并控制适当的温度，最后用紫外线杀菌灯进行产品表面杀菌。

(7)包装与贮藏 鱼糕和鱼卷以及模拟制品等均须进行包装，一般都采用包装机或真空包装机，包装好的制品再装箱，放入冷库(0±1℃)中贮藏待运。以鱼糕为例，优质鱼糕在常温下(15～20℃)可放 3～5 d，在冷库中则可放 20～30 d。

五、鱼丸加工工艺

鱼丸(鱼圆)是我国具有代表性的传统鱼糜制品，深受人们喜爱。各地生产的鱼丸各具特色，根据有无包馅，有无淀粉和加热形式不同分为很多品种，其中福州鱼丸、鳗鱼丸、花枝鱼丸等享有盛名。

1. 工艺流程

鱼丸加工工艺流程如图 5-3 所示。

冷冻鱼糜→解冻 备馅

↓ ↓

原料鱼→去头去内脏→洗涤→采肉→漂洗→脱水→精滤→擂溃→成丸→加热→冷却→包装→冷藏

图 5-3 鱼丸加工工艺流程

2. 工艺要点

(1)原料鱼及前处理　原料鱼的品种和鲜度对鱼丸品质起决定性作用。应选用凝胶形成能力较强、含脂量较低和白色鱼肉比例较高的鱼种如海鳗、乌贼、白姑鱼、梅童、带鱼等海水鱼以及草鱼、鲢鱼等淡水鱼,此外一般选用鲜活鱼或具有较高鲜度的冰鲜鱼,而淡水鱼以鲜活作为基本要求。用冻淡水鱼原料时,需搭配掺和一定量的鲜活淡水鱼原料(不低于 60%)来进行鱼丸生产。涉及去头、去内脏、洗涤、采肉、漂洗、脱水、精滤或解冻等相关处理工序。对于鱼丸产品的不同要求,在前处理工序上也有区别,如对质量要求(弹性、色泽等)较高的水发鱼丸采用一次采肉鱼糜,并需漂洗、脱水等工艺操作。而对油炸鱼丸,则可用多次重复的采肉,而且漂洗脱水工艺操作可以省略。

(2)擂溃或斩拌　此工序是鱼丸生产过程中很关键的工序,直接影响鱼丸的质量。擂溃后的温度应控制不超过 10℃,所以在擂溃之前一般都要预冷到 3℃以下,对冻鱼糜原料由半解冻达到此要求。擂溃时可添加冷水、冰水甚至碎冰代水来控温,或选用带冰水冷却夹套的擂溃机(又称双锅擂溃机),同样由于擂溃时空气混入较多,加热时膨胀,从而影响制品的外观和弹力,为此可采用真空擂溃机。此外还应注意添加配料的次序,首先加入 2%～3%的精盐,0.1%～0.2%的磷酸盐和 2%的糖等品质改良剂,然后再按序加入 5%～12%的淀粉及其他调味料,期间按规定的 20%～40%的水量分次加入,以擂溃至所需的黏稠度。油炸鱼丸较水发鱼丸加水量略少一些,使鱼丸略稠以防入油锅后散开。至于擂溃时间必须保证擂溃充分又不过度,鱼糜的黏性达到最大为准,一般整个擂溃时间控制在 20～30 min 内。实际生产中,许多企业都以高速斩拌机代替擂溃机,只需 10 min 左右,即可达到擂溃同样的效果。

(3)成型　经擂溃配料后的鱼糜盛于洁净的盘中,进行成圆。现代大规模(工业化)生产均采用鱼丸成型机连续生产,生产数量较少的,大都手工成圆,即靠握力将鱼糜从拇指与食指间的虎口处挤出,用汤匙刮起成圆,一般 8～16 g/丸。

(4)加热　鱼丸的加热有两种方式:水发鱼丸用水煮,油炸鱼丸用油炸。

水煮鱼丸一般用夹层锅,一般应控制在 5～10 min 内鱼丸中心温度达到 75℃左右,水温在 85～95℃(可杀灭大肠杆菌为最低标准),其间鱼丸逐渐受热膨胀而上浮,再保持 2～4 min,待全部漂起,表明煮熟,随即捞取,沥出水分。也可采用分段加热法,先将鱼丸加热至 40℃保持 20 min,再升温至 75℃,这类制品比前者好。

油炸制品保藏性较好,且油炸时可消除腥臭味并保持金黄色。油炸开始时豆油或菜籽油油温须保持在 180～200℃。油炸 1～2 min,待鱼丸炸至表面坚实,肉熟浮起,呈浅黄色即可捞起。如用自动油炸锅则经二次油炸,第一次油温 120～150℃(物料中心温度 50～60℃),第二次油温 150～180℃(物料中心温度 75～80℃)。

此外,也可先将鱼丸经水中煮熟,沥干水分后油炸而成。这种产品弹性较好,缩短了油炸时间,提高了出成率,且可减少或避免成型后直接油炸所出现的褶皱、不光滑现象,故常被采用,但该油炸制品口味略差。

(5)冷却　鱼丸加热后均应快速冷却降温,可分别采用水冷或风冷等措施快速降温。

(6)包装　包装前的鱼丸应凉透,同时按有关质量标准检验鱼丸质量,剔除不合格品(如不定型、油炸不透、焦煳等次品),然后按规定分装入塑料袋中封口。

(7)冷藏　包装好的鱼丸应在 5℃以下保存,最好数日内销售完,不然应冷藏或采用罐藏。

六、鱼糕

1. 工艺流程

原料鱼→去头去内脏→洗涤→采肉→漂洗→脱水→精滤→擂溃→调配→铺板成型→内包装→蒸煮→冷却→外包装→装箱→冷藏。

2. 加工工艺要点

(1)原料　鱼糕对弹性及色泽的要求均较高，因此作为鱼糕用的原料应尽量不用红肉，而使用弹性强的鱼种进行配比。对于一般鱼肉(弹性强、色泽白、呈味好的鱼种除外)均需漂洗、脱水。淀粉也应选用色白、吸水性好的上等淀粉。

(2)擂溃　擂溃对确保鱼糕良好弹性尤为重要。按配方比例称取鱼肉，置于擂溃机内，先进性空擂，然后逐次加盐和适量水，以促进盐溶性蛋白质溶出，并形成一定黏性，再加其他辅料擂溃 20～30 min，即告完成。

(3)调配　擂溃完成后，对于双色鱼糕、三色鱼糕着色调配，如制三色鱼糕，需先将原先配料分成 3 份，其中一份加 6%鸡蛋清，2.2%红米粉和适量胡椒粉，制成红色并具辣味的鱼肉糜；另一份加 8%鸡蛋黄制成黄色肉鱼糜；第三份为本色(白色)鱼肉糜，然后将上述配料制成的红、黄、白三种不同颜色的鱼肉糜分别置于三色成型机的三个不同料斗中，供铺板成型用。

(4)铺板成型　小规模生产时往往将调配好的鱼糜用菜刀手工成型，采用机械化成型，如日本的 K3B 三色铺板成型机，每小时可铺 300～900 块，其原理是由送肉螺旋把调配好的鱼糜按鱼糕形状挤出，连续地铺在松木板上(成半圆形)，再等距切断而成。其大小有不同规格，特大型者为 25×11 cm(250 g)，大型者为 21～10 cm(200 g)，中型者为 16～17 cm(130 g)，小型者为 13×5.1 cm(100 g)。

(5)内包装　白烤鱼糕在成型时常以专用聚丙烯进行初次包装，可有效防止二次污染和霉变发生，并使鱼糕加热后成为真空状态，以延长保存效果。

(6)加热　鱼糕加热方式有蒸煮、焙烤、油炸 3 种。最普遍的是以蒸煮方式加热，一般蒸煮加热温度在 95～100℃，中心温度达 75℃以上。加热时间视制品大小控制在 20～90 min。焙烤是将表面涂上葡萄糖的鱼糕以 20～30 s 的时间通过隧道式红外线焙烤机，使表面着色并涂油光泽，然后再烘烤熟制。日本传统的烘烤鱼糕是先经火烤后再蒸煮，而白色烤鱼糕(串烤鱼糕)则仅经烘烤而成，油炸鱼糕则是先蒸煮再油炸而成的。

(7)冷却　将蒸煮后的鱼糕立即放在 10～15℃冷水中急速冷却，目的是使鱼糕吸收加热时失去的水分。包装时还可防止因表面蒸汽散发而发生皱皮和褐变等，由此可以弥补因水分蒸发所减少的质量，并使鱼糕表面柔软光滑，此外，通常还要放在晾架上于空气中自然放冷或冷风吹冷。

(8)外包装　将冷却后的鱼糕进行外包装，尤其是未经内包装的，在外包装前应当用紫外线对鱼糕表面进行杀菌，然后再用包装机包装。

(9)冷藏　鱼糕装箱后，放入冷库(0～5℃)中贮藏待运。一般在常温下(15～20)能保存 3～5 d，冷库中可保存 20～30 d。

七、鱼卷

鱼卷是日本的一种传统产品，其最初是将鱼糜卷在竹子上烤制而成，日本又称之为“竹轮”目前已经实现了机械化生产，竹子也已被不锈钢管代替。

1. 工艺流程

原料鱼→去头去内脏→洗涤→采肉→漂洗→脱水→精滤→擂溃→成型→焙烤→冷却→包装→冻结→冷藏。

2. 工艺要点

(1)原料及前处理　一般以白色肉居多的鱼种为原料，如狭鳕、海鳗、带鱼、石首科鱼类和淡水鱼等，也可用小杂鱼为原料，原料必须处理，以冰鲜鱼为佳，处理与冷冻鱼糜生产方法相同，也可直接用质量较好的冷冻鱼糜。

(2)成型　将擂溃后的鱼糜用手工在一根棍子上搓捏加工成长圆筒形，然后将一根根鱼卷按序放在烤鱼卷机的架子上，或用自动成型机形成鱼卷，即将 80～100 g 调味鱼糜卷在金属铜管上，并由链条输送带输送到烤鱼卷机上。

(3)焙烤　在焙烤前可先在鱼卷表面涂上一层糖液，然后进行焙烤，焙烤机分为两段，前段为干燥部分，目的在于增强成品的弹力，后段为加火部分。鱼卷以滚动方式前进，最初用文火，使鱼卷表面形成一层没有焙烤色的很薄的皮，然后用强火(150～170℃)烤制，使表面呈金黄色或深黄色。热源可用煤气、液化气或电，焙烤时间 4～5 min，当烤制完成后，可自动拔出以重复使用，需要时可在焙烤后的制品上涂上食用油。增加外表光泽。

(4)冷却、包装和冻藏　烤熟后的鱼卷经空气或冷却机冷却后，包装、装箱，在－35～－30℃ 的冻结间急速冻结后再冻藏。

八、鱼香肠

1. 工艺流程

原料鱼→去头去内脏→洗涤→采肉→漂洗→脱水→精滤→擂溃→混合→充填/灌肠→结扎→加热→冷却→外包装。

2. 操作要点

(1)原料及前处理　原料鱼为金枪鱼、明太鱼、鲨鱼和淡水鱼等，也可用低值鱼类。加工时所用畜肉有瘦猪肉、牛肉、马肉、兔肉或羊肉等。原料鱼处理同冷冻鱼糜生产的基本工艺。原料畜肉则应经绞肉机绞碎。

(2)擂溃或斩拌　要求与冷冻鱼糜相同。最好使用真空擂溃机，另外对添加畜肉的香肠，应减少鱼糜中空气的混入量。为改善口感的均匀一致性，应将畜肉充分搅拌后掺入到鱼糜中去，然后再按工艺配方添加淀粉、植物蛋白、调味料、着色料等其他配料。实际生产中这一工序由高速真空斩拌机完成。

(3)充填和结扎　将上述鱼糜用充填机压入肠衣内，所用的肠衣有天然肠衣(羊肠衣、猪肠衣)和人工肠衣(塑料肠衣、盐酸橡胶－聚偏二氯乙烯 PVDC 肠衣等)，人工肠衣通常由成卷的塑料薄膜在充填机上当场成型的同时进行鱼糜的灌注和结扎。香肠每节长则因规格不同而长短有异，现有鱼肉香肠规格有：30 g/根、75 g/根、130 g/根、250 g/根；鱼肉火腿有圆形肠及方形肠两大类，相应的规格分别为 160 g/根、224 g/根、330 g/根、1 530 g/根。

(4)加热 塑料肠衣的鱼肉香肠采用高温短时间杀菌，中心温度为 120℃，时间 4 min，以确保杀菌完成的同时制品的色泽、弹性无明显改变，天然肠衣型香肠加热时所用水温一般为 85～90℃水煮时间 35～60 min，也可采用 85℃水煮 10 min 后，再用 90℃水煮 50 min，这种梯度升温的两段加热方式，可以减少肠衣破损率。

(5)冷却 一般采用 20℃水冷却。由于受热膨胀和冷却收缩的作用，肠衣产生很多皱纹，为使肠衣光滑美观，常在 95℃左右热水中浸泡 20～30 s 立即取出自然放冷即可展皱。

(6)外包装 将冷却展皱后的制品以冷风干燥表面，检验合格后贴上标签，然后包装入库。对天然肠衣制品则应尽快销售，并注意低温条件，而对塑料肠衣高温杀菌制品则可常温流通(10℃以下更佳)。

【任务分析】

针对速冻鱼糜制品加工企业生产速冻鱼糜制品的需要，进行速冻鱼丸、鱼糕、鱼卷、鱼香肠等产品的加工生产，本任务的关键点在于速冻鱼丸、鱼糕、鱼卷、鱼香肠的加工生产流程及其操作要点。

【任务实施】

一、工作准备

(1)选取速冻鱼丸、鱼糕、鱼卷、鱼香肠任意一产品为工作任务；
(2)按照速冻鱼丸、鱼糕、鱼卷、鱼香肠的加工流程分配工作小组，明确各自职责；
(3)按照加工流程的操作要点落实各小组的加工设备及所需工具、盛装器皿。

二、计划实施

(一)小组讨论，制订工作方案、确定人员分工

1. 工作方案

表 5-14 方案设计表

<table>
<tr><td>组长</td><td></td><td>组员</td><td colspan="3"></td></tr>
<tr><td>学习项目</td><td colspan="5"></td></tr>
<tr><td>学习时间</td><td></td><td>地点</td><td></td><td>指导教师</td><td></td></tr>
<tr><td rowspan="2">准备内容</td><td>加工流程方案</td><td colspan="4"></td></tr>
<tr><td>加工设备及工具</td><td colspan="4"></td></tr>
<tr><td>具体步骤</td><td colspan="5"></td></tr>
</table>

2.人员分工

表 5-15 工作分工表

姓名	工作分工	完成时间	完成效果

(二)产品加工

表 5-16 设备及工具统计表

设备及工具名称	型号	数量/个	使用前情况	使用后情况

(三)加工后整理

表 5-17 回收登记表

组号	所用材料	使用情况	所用工具	使用情况	所用仪器	使用情况

【评价与反馈】

1. 小组内评价

表 5-18　小组内评价表

班级		小组		姓名	
等级	实训态度/20	操作能力/30	实训报告/30	能力创新/20	总分
A	实训认真，积极主动，操作仔细，认真记录 16～20	熟练操作，提问有深度 24～30	团结小组成员，有号召力 24～30	PPT 制作能力强，表达能力强 16～20	
B	较好 12～16	较好 18～24	较好 18～24	较好 12～16	
C	一般 8～12	一般 12～18	一般 12～18	一般 8～12	
D	较差 0～8	较差 0～12	较差 0～12	较差 0～8	
得分					

2. 小组间评价

表 5-19　小组间评价表

班级		小组	评价人	
等级	操作评分/40	结果评价/40	答辩/20	总分
A	方法正确、操作熟练 16～20	结果准确 30～40	流程正确，回答问题确切，知识范围广 16～20	
B	较好 12～16	较好 18～24	较好 18～24	
C	一般 8～12	一般 12～18	一般 12～18	
D	较差 0～8	较差 0～12	较差 0～12	
得分				

3. 教师评价

表 5-20　教师评价表

班级		小组		姓名	
等级	实训态度/20	操作能力/30	实训报告/30	能力创新/20	总分
A	实训认真，积极主动，操作仔细，认真记录 16～20	熟练操作，提问有深度 24～30	格式规范，内容完整，真实 24～30	表现突出，报告完整，立意创新，同学认可 16～20	
B	较好 12～16	较好 18～24	较好 18～24	较好 12～16	
C	一般 8～12	一般 12～18	一般 12～18	一般 8～12	
D	较差 0～8	较差 0～12	较差 0～12	较差 0～8	
得分					

【思考练习】

1.简述鱼糜制品的基本生产工艺？

2.如何进行速冻鱼丸的加工？

3.某速冻食品生产企业生产天然肠衣型鱼肉香肠，在生产过程中天然肠衣破损率较高，你认为有可能是哪个工艺环节出了问题？应如何解决？

项目六

速冻特色食品加工技术

项目描述

本项目重点描述了速冻芝麻球、速冻南瓜饼、速冻铜锣烧、速冻飞饼、速冻鸡肉丸的加工工艺及操作要点。

知识目标

通过本项目的学习，学生应了解速冻芝麻球、速冻南瓜饼、速冻铜锣烧、速冻飞饼、速冻鸡肉丸的加工基本理论知识，掌握速冻芝麻球、速冻南瓜饼、速冻铜锣烧、速冻飞饼、速冻鸡肉丸加工过程中的品质控制理论和技术。

能力目标

通过本项目的学习，学生应掌握速冻芝麻球、速冻南瓜饼、速冻铜锣烧、速冻飞饼、速冻鸡肉丸的加工工艺，能够完成速冻芝麻球、速冻南瓜饼、速冻铜锣烧、速冻飞饼、速冻鸡肉丸的加工。

任务1 速冻芝麻球加工技术

【任务目标】

1. 掌握速冻芝麻球加工制备的方法和加工的操作要点。

2. 了解速冻芝麻球检验及贮藏的基本方法。

【相关知识】

速冻芝麻球是速冻米面制品的一种，它是一种以糯米粉为主要原料，经过调味等，再通过机器或纯手工成型，经速冻而成的一类特色速冻产品。市场上购买的芝麻球分两类，一类是经过油炸的即食小产品;另一类是未经过油炸的芝麻球即生制品。

一、芝麻球的加工工艺流程

未经过油炸的芝麻球的加工工艺流程如图 6-1 所示。

图 6-1 未经过油炸的芝麻球的加工工艺流程

经过油炸的芝麻球的加工工艺流程与未油炸的芝麻球加工工艺基本相同,在成型工序后加上油炸和预冷两道工序。

二、操作要点

1. 馅料的原料处理

芝麻球常用的馅料是豆沙,其次还有红薯、紫薯等。以豆沙为例,介绍其加工要点。

(1)挑拣　将检验合格的红小豆平铺在不锈钢操作台上进行挑拣,要求挑拣后的红小豆内无杂质、无石子、无坏豆等,然后将挑拣干净的红小豆装入干净的塑料编织袋内放在垫板上备用。

(2)称量　挑拣干净的红小豆在使用时,应按配方要求准确称量配制,注意扣除容器的重量。

(3)清洗　对准确称量后的红小豆进行清洗,一般用清水清洗 3～4 遍,要求最后 1 遍清洗红小豆的水是清澈的。

(4)煮制　将清洗合格的红小豆倒入干净的夹层锅内,然后加入 2.5 倍左右的清水进行煮制,蒸汽压力约调控在 0.2 MPa,待水煮沸后可将蒸汽压力控制在 0.1～0.15 MPa,煮制大约 1.5 h,待红小豆煮至无硬心时迅速关闭蒸汽阀,避免将豆煮制干锅造成不必要的损失(依据实际情况可以给出适当的调整,如浸泡过后的红小豆煮制时间可以缩短)。

(5)磨制　打开冷却水水管,将煮好的红小豆慢慢加入到符合卫生要求的胶体磨中进行磨制,通过手柄调节胶体磨的粗细度,直至达到工艺要求的粗细度,把磨好的豆沙转入塑胶周转盒中,注意不要太满,以免溢出造成浪费。

2. 脐橙的处理

(1)清洗　将检验合格的脐橙去除花蒂,并清洗干净。

(2)斩拌　取适量脐橙放在斩拌机内,先用低速斩成小块,再用高速将脐橙斩成泥状。

(3)过胶体磨　将斩好的脐橙泥依次适量放入符合卫生要求的胶体磨中进行磨制,要求磨制越细越好。

3. 速冻油的处理

(1)除包装　将检验合格的速冻油除去外包装箱及薄膜(要求速冻油表面所裹的薄膜必须去除干净)。

(2)切块　用不锈钢刀切成小块放置于干净的周转筐中备用。

4. 面粉的处理

(1)除包装　拆线时,从带有合格证的一端将线拆下,并集中存放在指定位置,以免混入产品中。

(2)面粉使用前检查　检查该面粉是否吸潮结块或是否有酸败异味等。如面粉有结块,将面粉过筛后继续使用;若有酸败味儿,则作废处理。

5. 白糖的处理

(1)除包装　拆线时,从带有合格证的一端将线拆下,并集中存放在指定位置,以免混入产品中。

(2)白糖使用前的检查　检查白糖是否有结块或有异味等现象,一旦发现有严重结块或有异味现象,禁止使用。

6. 脱皮芝麻的处理

脱皮白芝麻使用前颜色为黄白色,脱皮完全,无黑点,无杂质等。

7. 豆沙馅的炒制

(1)将称量好的白砂糖和面粉倒入混料车中,用不锈钢铲把两者充分混合均匀备用;

(2)将称量好的速冻油倒入夹层锅中,打开蒸汽阀门通蒸汽进行加热,同时打开搅拌器,蒸汽压力一般控制在 0.15～0.2 MPa,将磨制好的豆沙泥倒入夹层锅中翻炒并开始计时(从加入第一盒盘过胶体磨后的豆沙泥开始计时,炒制时间控制在 40～45 min),炒制过程中慢慢地加入白糖与面粉的混合物,要分多次少量进行添加。

(3)炒制至豆沙变稠,豆沙在搅动时夹层锅周围的豆沙不粘锅,用铲子挑起后不迅速流下,用水分快速测定仪测得馅的水分含量在 40%～45%时即可关闭蒸汽阀停止炒制。

(4)停止炒制后,按配方要求将称量好的脐橙泥加到炒制好的豆沙中,用搅拌器搅拌使之与豆沙完全混合均匀,搅拌时间 10～15 min。

(5)将炒好的豆沙从夹层锅内倒出,摊放在干净的不锈钢操作台上预冷,待豆沙中心温度降至 40℃以下时包装备用。

8. 皮料的原料处理

皮料的原料为糯米粉。糯米粉应逐袋检查其质量,看是否存在肉眼可见的明显杂质,或霉变及结块现象,糯米粉的色泽、气味是否正常。

注意事项:

● 拆面袋时将面袋正立放置,带合格证的那一端在上,严禁从面袋底部拆开,并将在面袋内部的合格证完整取出,发现有不完整的要在糯米粉中寻找,直至找出,拆下来的合格证和线绳以及线绳头要妥善存放,投糯米粉时注意检查面袋上是否黏附有异物。

9. 和面

(1)将准确称量好的糯米粉、白砂糖、小料倒入和面锅中,再把返回的次品面团加入,开启搅拌器搅拌 2 min 左右，要求搅拌均匀。

(2)将准确称量好的清水(加水量一般为干糯米粉的 70%左右)倒入和面锅中，启动和面机，正转搅拌，进行和面，和面时间夏季控制在 3～5 min，冬季控制在 6～8 min。

(3)和面水温的控制依据不同季节车间环境温度和面团温度的温差来控制，要求最终面团温度：(25±2)℃。

(4)面团和好后，要求观察面的色泽、检查面的软硬度，另外还要取少量面团，按照芝麻球所要求的单重进行称量，团圆后将其放入 160～170℃色拉油中，油炸 6～7 min，炸至金黄色，口感酥脆且炸后芝麻球的周长要求≥13.5 cm；经检查合格的面团，方能放入面车中，转入下一道工序。

10.成型

(1)开机前，要检查机器各部位零件是否齐全完好，检查机器设备的卫生状况，若符合要求，才能打开电源检查机器是否能正常运转。

(2)当低速确认机器正常后，将豆沙馅和和好的面团分别加入馅斗和面斗。

(3)低速运转机器，先调整面皮重量，当面皮调节符合工艺要求时，再启动馅料，当馅的大小调整好后，启动搓圆机，这时要将事先准备的脱皮白芝麻放在搓圆机下面，让搓圆符合要求的面团落入装有脱皮白芝麻的不锈钢盒盘内，然后由辅助人员把搓圆后的面团来回翻动几次，使面团均匀的沾满脱皮白芝麻，操作过程中要挑出不合格的芝麻球，将合格的芝麻球放入胶托，此时方可转入下道工序。

11.速冻

(1)成型后的芝麻球在 30 min 内要转入速冻装置中进行快速冻结，以免表面水分蒸发干燥，造成冻裂和增加不必要的干耗。

(2)在芝麻球入速冻装置之前，必须保证速冻装置内温度已经达到－30℃以下，而经过速冻装置冻结的芝麻球中心温度必须达到－18℃以下。

(3)将挑拣合格的芝麻球摆放在不锈钢钢盘内放入速冻装置，钢盘与钢盘之间要留有一定空隙，避免速冻装置在运转时出现卡盘现象。

(4)要不定时抽检冻后芝麻球的中心温度，发现偏差立即进行纠正。

12.称量

(1)由于在冻结过程中芝麻球表面的水分会产生不可避免的干耗，因此冻结完成后，要对产品进行逐托称量，要求每托产品重量和数量均达到工艺要求。

(2)称量时，首先要将冻后不合格的芝麻球(冻裂、露馅、形状不规则、大面积没粘上芝麻等)挑拣出来。

(3)为确保称量的准确性，用检定分度值为 1 g 的电子秤称量，注意秤的灵敏度，称量台无其他附着物体干扰，且使用时秤要放平稳。

(4)为确保芝麻球不出现解冻现象，称量合格的芝麻球要快速转入包装工序。

13.包装

包装视车间具体情况而定，可以采用手工封口机包装，也可以采用自动包装机包装。

(1)手工封口机包装　首先根据包装袋的材质结合封口机的转速把封口机温度调试到最

佳状态，调整日期、质检号及识别码等，使封口平整、严密无缺口，日期和质检号等准确清晰。

装袋前先核对包装袋上的品名规格是否与所包装产品相符，装袋时还要检查产品是否符合工艺要求，若发现有次品混入，要立即挑出，并将合格产品再次称量快速装袋。

对称量合格的成袋产品进行快速封口，使封口平整、严密无缺口，日期和质检号等准确清晰。设专人检查封口后的每袋产品，合格的即可转入下一道工序。

(2)自动包装机包装　调试好自动包装机，要求封口温度适当，保证封口质量(封口平整、严密，日期、质检号等要清晰准确)。

将称量挑拣合格后的整托芝麻球放在自动包装机的传送带上，为保证不浪费包装卷材，放置时要连续，不能间断；设专人检查封口后的每袋产品，合格的即可转入下一道工序。

14. 金属检测

(1)根据所包装芝麻球的大小设定金属检测器的灵敏度，用测试板测试金属检测器，定好金属感应标准，铁测试板≤ϕ1.5 mm、非铁测试板≤ϕ2.0 mm、不锈钢测试板≤ϕ2.5 mm。

(2)将封口合格的产品逐袋放到金属探测仪的输送带上，要求每一袋产品都必须通过金属探测仪，一旦发现有不能通过的产品，将产品进行分半，再依次通过金属检测仪，对不能通过的再进行分半检测，最终要求找到金属，并分析查找原因。

(3)一般要求每隔 30 min 用金属检测板测试金属探测仪一次，以免金属检测器突发失灵，造成产品漏检，引发产品质量问题；金属探测仪检测合格的整袋产品要求快速转入下一道工序。

15. 装箱入库

(1)装箱前，首先核对包装箱上的规格、品名、生产日期等是否打印准确清晰，是否与待装箱产品一致。

(2)把通过金属检测器的合格产品，按照数量要求装入纸箱，且保证装箱平整，不得多装或少装，用相应的胶带封口，要求封口平整严密，尽量左右保持对称。

(3)封箱后的产品要整齐码放在垫板上，码高不得超过 12 层，在 30 min 之内转入低温库(−18℃)冷藏，码放时把不同品种分开存放，码垛离库墙及天花板距离≥15 cm。另外若在夏季要适当缩短入库时间。

【任务分析】

针对速冻芝麻球加工企业生产速冻芝麻球的需要，进行速冻芝麻球的生产，本任务的关键点在于速冻芝麻球加工流程及其操作要点。

【任务实施】

一、工作准备

(1)按照加工流程分配工作小组，明确各自职责；

(2)按照加工流程的操作要点落实各小组的加工设备及所需工具、盛装器皿。

二、计划实施

(一)小组讨论,制订工作方案、确定人员分工

1. 工作方案

表 6-1 方案设计表

<table>
<tr><td>组长</td><td></td><td>组员</td><td colspan="3"></td></tr>
<tr><td>学习项目</td><td colspan="5"></td></tr>
<tr><td>学习时间</td><td></td><td>地点</td><td></td><td>指导教师</td><td></td></tr>
<tr><td rowspan="2">准备内容</td><td>加工流程方案</td><td colspan="4"></td></tr>
<tr><td>加工设备及工具</td><td colspan="4"></td></tr>
<tr><td>具体步骤</td><td colspan="5"></td></tr>
</table>

2. 人员分工

表 6-2 工作分工表

姓名	工作分工	完成时间	完成效果

(二)产品加工

表 6-3 设备及工具统计表

设备及工具名称	型号	数量/个	使用前情况	使用后情况

(三)加工后整理

表 6-4　回收登记表

组号	所用材料	使用情况	所用工具	使用情况	所用仪器	使用情况

【评价与反馈】

1. 小组内评价

表 6-5　小组内评价表

班级		小组		姓名	
等级	实训态度/20	操作能力/30	实训报告/30	能力创新/20	总分
A	实训认真，积极主动，操作仔细，认真记录 16～20	熟练操作，提问有深度 24～30	团结小组成员，有号召力 24～30	PPT 制作能力强，表达能力强 16～20	
B	较好 12～16	较好 18～24	较好 18～24	较好 12～16	
C	一般 8～12	一般 12～18	一般 12～18	一般 8～12	
D	较差 0～8	较差 0～12	较差 0～12	较差 0～8	
得分					

2. 小组间评价

表 6-6　小组间评价表

班级		小组	评价人	
等级	操作评分/40	结果评价/40	答辩/20	总分
A	方法正确、操作熟练 16～20	结果准确 30～40	流程正确，回答问题确切，知识范围广 16～20	
B	较好 12～16	较好 18～24	较好 18～24	
C	一般 8～12	一般 12～18	一般 12～18	
D	较差 0～8	较差 0～12	较差 0～12	
得分				

3. 教师评价

表 6-7　教师评价表

班级		小组		姓名	
等级	实训态度/20	操作能力/30	实训报告/30	能力创新/20	总分
A	实训认真，积极主动，操作仔细，认真记录 16～20	熟练操作，提问有深度 24～30	格式规范，内容完整，真实 24～30	表现突出，报告完整，立意创新，同学认可 16～20	
B	较好 12～16	较好 18～24	较好 18～24	较好 12～16	
C	一般 8～12	一般 12～18	一般 12～18	一般 8～12	
D	较差 0～8	较差 0～12	较差 0～12	较差 0～8	
得分					

【思考练习】

1. 简述芝麻球的制作工艺。
2. 芝麻球加工过程中应注意哪些问题？
2. 某速冻食品企业生产豆沙馅芝麻球，应该如何炒制豆沙馅？

任务 2　速冻南瓜饼加工技术

【任务目标】

1. 掌握速冻南瓜饼加工的工艺流程及操作要点。
2. 了解速冻南瓜饼品质控制方法及贮藏的基本方法。

【相关知识】

速冻南瓜饼是速冻米面制品的一种，它是一种以糯米粉为主要原料，经过调味等，再通过机器加上手工成型，并经过速冻而成的一类生制产品。

一、速冻南瓜饼的加工工艺流程

速冻南瓜饼的加工工艺流程如图 6-2 所示。

图 6-2　速冻南瓜饼的加工工艺流程

二、操作要点

1. 馅料

南瓜饼常用的馅料是豆沙馅，基本同芝麻球用豆沙。

2. 皮料

南瓜饼的原料处理基本同芝麻球。

3. 和面

将按配方比例准确称量好的白砂糖倒入和面锅中，并开启和面锅搅拌 20 s 左右与处理好的烫面搅拌均匀；然后将按配方比例准确称量好的土豆泥、南瓜浆、糯米粉依次加入和面锅中；再把返回的次品面团加入，然后加入色素水、清水，启动和面锅，正转搅拌，进行和面，和面时间为 1～3 min。和面完成后，检查面团状态，要求面团软硬合适，颜色均匀，经检查合格的面团，方可放入面车中，转入下一道工序。

4. 成型

(1)开机前，要检查机器各部位零件是否齐全完好，检查机器设备的卫生状况；当低速确认机器正常后，将豆沙馅和和好的面团分别加入馅斗和面斗。

(2)低速运转机器，先调整面皮重量，当面皮调节符合工艺要求时，再启动馅料，当馅的大小调整好后，启动搓圆机按钮，这时要将事先准备的白色面包糠放在搓圆机下面，让搓圆符合要求的面团落入装有白色面包糠的不锈钢盒盘内，然后由辅助人员把搓圆后的面团来回翻动几次，使面团均匀地蘸满白色面包糠。

(3)将粘满面包糠的面团取出，放入其他不锈钢钢盘中，再由成型员工用南瓜饼模具挤压成型，并将合格的南瓜饼放入不锈钢钢盘上，转入下道工序(操作过程中要挑出不合格的南瓜饼)。

(4)成型过程中，每隔 30 min 要抽查一次南瓜饼的单个重量及其馅含量，若发现不合格的要及时调整机器。

5. 速冻

(1)成型后的南瓜饼在 30 min 内要转入速冻装置中进行快速冻结，以免表面水分蒸发干燥，造成冻裂和增加不必要的干耗。

(2)在南瓜饼入速冻装置之前，必须保证速冻装置内温度已经达到 −30℃ 以下，南瓜饼中心温度必须达到 −18℃ 以下。要不定时进行抽检冻后南瓜饼的中心温度。

(3)将挑拣合格的南瓜饼摆放在不锈钢钢盘内放入速冻装置，钢盘与钢盘之间要留有一定空隙，便于冷循环及避免速冻装置在运转时出现卡盘现象。

6. 称量

(1)由于在冻结过程中南瓜饼表面的水分会产生不可避免的干耗，因此冻结完成后，要对产品进行逐托称量，要求每托产品重量和数量均达到工艺要求。

(2)称量时，首先要将冻后不合格的南瓜饼(有明显的大坑、粘馅、明显裂纹、薄厚不均匀、带有明显多余的围边等)挑拣出来。

(3)为确保称量的准确性，用检定分度值为 1 g 的电子秤称量，注意秤的灵敏度，称量台无其他附着物体干扰，且使用时秤要放平稳。

(4)为确保南瓜饼不出现解冻现象，称量合格的南瓜饼要快速转入包装工序。

7. 包装

包装视车间具体情况而定，可以采用手工封口机包装，也可以采用自动包装机包装。

(1)手工封口机包装

①首先根据包装袋的材质结合封口机的转速把封口机温度调试到最佳状态，调整日期、质检号及识别码等，使封口平整、严密无缺口，日期和质检号等准确清晰。

②装袋前先核对包装袋上的品名规格是否与所包装产品相符，装袋时还要检查产品是否符合工艺要求，若发现有次品混入，要立即挑出，并将合格产品再次称量快速装袋。

③对称量合格的成袋产品进行快速封口，使封口平整、严密无缺口，日期和质检号等准确清晰。设专人检查封口后的每袋产品，合格的即可转入下一道工序。

(2)自动包装机包装

①调试好自动包装机，要求封口温度适当，保证封口质量(封口平整、严密，日期、质检号等要清晰准确)。

②将称量挑拣合格后的整托南瓜饼放在自动包装机的传送带上，为保证不浪费包装卷材，放置时要连续，不能间断。设专人检查封口后的每袋产品，合格的即可转入下一道工序。

8. 金属检测

(1)根据所包装南瓜饼的大小设定金属检测器的灵敏度，用测试板测试金属检测器，定好金属感应标准，铁测试板≤ϕ1.5 mm、非铁测试板≤ϕ2.0 mm、不锈钢测试板≤ϕ2.5 mm。

(2)将封口合格的产品逐袋放到金属探测仪的输送带上，要求每一袋产品都必须通过金属探测仪，一旦发现有不能通过的产品，将产品进行分半，再依次通过金属检测仪，对不能通过的再进行分半检测，最终要求找到金属，并分析查找原因。

(3)一般要求每隔半小时用金属检测板测试金属探测仪一次，以免金属检测器突发失灵，造成产品漏检，引发产品质量问题；金属探测仪检测合格的整袋产品要求快速转入下一道工序。

9. 装箱入库

(1)装箱前，首先核对包装箱上的规格、品名、生产日期等是否打印准确清晰，是否与待装箱产品一致。

(2)把通过金属检测器的合格产品，按照数量要求装入纸箱，且保证装箱平整，不得多装或少装，用相应的胶带封口，要求封口平整严密，尽量左右保持对称。

(3)封箱后的产品要整齐码放在垫板上，码高不得超过12层，在30 min之内转入低温库(−18℃)冷藏，码放时把不同品种分开存放，码垛离库墙及天花板距离≥15 cm。另外若在夏季要适当缩短入库时间。

【任务分析】

针对速冻食品企业生产速冻南瓜饼的需要，进行速冻南瓜饼的生产，本任务的关键点在于速冻南瓜饼加工流程及其操作要点。

【任务实施】

一、工作准备

(1)按照加工流程分配工作小组,明确各自职责;
(2)按照加工流程的操作要点落实各小组的加工设备及所需工具、盛装器皿。

二、计划实施

(一)小组讨论,制订工作方案、确定人员分工

1. 工作方案

表 6-8 方案设计表

组长		组员			
学习项目					
学习时间		地点		指导教师	
准备内容	加工流程方案				
	加工设备及工具				
具体步骤					

2. 人员分工

表 6-9 工作分工表

姓名	工作分工	完成时间	完成效果

(二)产品加工

表 6-10　设备及工具统计表

设备及工具名称	型号	数量/个	使用前情况	使用后情况

(三)加工后整理

表 6-11　回收登记表

组号	所用材料	使用情况	所用工具	使用情况	所用仪器	使用情况

【评价与反馈】

1. 小组内评价

表 6-12　小组内评价表

班级		小组		姓名	
等级	实训态度/20	操作能力/30	实训报告/30	能力创新/20	总分
A	实训认真,积极主动,操作仔细,认真记录 16～20	熟练操作,提问有深度 24～30	团结小组成员,有号召力 24～30	PPT 制作能力强,表达能力强 16～20	
B	较好 12～16	较好 18～24	较好 18～24	较好 12～16	
C	一般 8～12	一般 12～18	一般 12～18	一般 8～12	
D	较差 0～8	较差 0～12	较差 0～12	较差 0～8	
得分					

2. 小组间评价

表 6-13 小组间评价表

班级		小组	评价人	
等级	操作评分/40	结果评价/40	答辩/20	总分
A	方法正确、操作熟练 16～20	结果准确 30～40	流程正确，回答问题确切，知识范围广 16～20	
B	较好 12～16	较好 18～24	较好 18～24	
C	一般 8～12	一般 12～18	一般 12～18	
D	较差 0～8	较差 0～12	较差 0～12	
得分				

3. 教师评价

表 6-14 教师评价表

班级		小组		姓名	
等级	实训态度/20	操作能力/30	实训报告/30	能力创新/20	总分
A	实训认真，积极主动，操作仔细，认真记录 16～20	熟练操作，提问有深度 24～30	格式规范，内容完整，真实 24～30	表现突出，报告完整，立意创新，同学认可 16～20	
B	较好 12～16	较好 18～24	较好 18～24	较好 12～16	
C	一般 8～12	一般 12～18	一般 12～18	一般 8～12	
D	较差 0～8	较差 0～12	较差 0～12	较差 0～8	
得分					

【思考练习】

1. 简述南瓜饼的生产工艺。
2. 南瓜饼生产过程中应注意哪些问题？
3. 加工好的南瓜饼应如何速冻？

任务 3 速冻铜锣烧加工技术

【任务目标】

1. 掌握速冻铜锣烧的基本概念。
2. 掌握速冻铜锣烧加工制备的方法。
3. 掌握速冻铜锣烧加工流程及操作要点。
4. 了解速冻铜锣烧检验及贮藏的基本方法。

【相关知识】

速冻铜锣烧是速冻米面制品的一种，它是一种以小麦面粉为主要原料，经过调味等，再通过机器成型，并经过速冻而成的一类生制产品。本节主要介绍铜锣烧制作加工的工艺流程及工艺要点。

一、铜锣烧的加工工艺流程

原辅料的处理→打浆→醒浆→烘烤→拌馅→成型→速冻→包装→金属检测→装箱入库。

二、操作要点

1. 原辅料的处理

生产铜锣烧时，主要的原料是小麦面粉；其他的辅料有：吉士粉、鸡蛋、白糖粉、泡打粉、蜂蜜等。

(1)小麦面粉的处理

①除去面粉的包装袋：拆线时，从带有合格证的一端将线拆下，并集中存放在指定位置，以免混入产品中。另外操作时注意不要把外包装上的脏物带入原料中，一旦发现外包装被脏物污染严重，且直接污染到内装原料，要对这些污染到的原料做报废处理。

②小麦面粉使用前检查：检查该面粉是否超过保质期，是否吸潮结块或是否有霉变、有酸败异味等，若有霉变、有酸败味儿，则作废处理；另外用于生产的面粉一律要求过筛处理(60 目筛)，以免面粉中引入杂质等。

(2)白糖粉的处理

①除去白糖粉的包装袋：拆线时，从带有合格证的一端将线拆下，并集中存放在指定位置，以免混入产品中；另外，操作时注意不要把外包装上的脏物带入原料中，一旦发现外包装被脏物污染严重，且直接污染到内装原料，要对这些污染到的原料做报废处理。

②白糖粉使用前检查：检查白糖粉是否超过保质期，是否有结块或有异味等现象，一旦发现有严重结块或有异味现象，禁止直接使用。

糖粉使用前过筛处理：一般使用 2 mm 孔径的筛子，以免糖粉结块混入。

(3)吉士粉的处理

①除去吉士粉的包装袋：拆线时，从带有合格证的一端将线拆下，并集中存放在指定位置，以免混入产品中；另外，操作时注意不要把外包装上的脏物带入原料中，一旦发现外包装被脏物污染严重，且直接污染到内装原料，要对这些污染到的原料做报废处理。

②吉士粉使用前检查：检查吉士粉是否超过保质期，是否吸潮结块或是否有霉变、有酸败异味等，若有霉变、有酸败味儿，则作废处理；另外，用于生产的吉士粉一律要求过筛处理(60 目筛)，以免吉士粉中引入杂质等。

(4)泡打粉和蜂蜜的处理

①检查泡打粉是否在保质期内，若合格，除去外包装，按照配比准确称量，并与配方中一半的水混合均匀。

②检查蜂蜜是否超过保质期，若合格，除去外包装，按照配比准确称量，并与配方中一半的水混合均匀。

(5)鸡蛋的处理

①清洗:把没有破皮的鲜鸡蛋放入塑料周转盒中清洗,逐个清洗鸡蛋表面的异物,最后要求用清水冲洗干净。

②控水:把清洗干净的鸡蛋放入周转筐中,控去鸡蛋表面的水,以周转筐底部无成股的水流下为准,一般控水 10～15 min,生产时视具体一次清洗的量而定。

③打蛋:将控水符合要求的鸡蛋去壳,一般先将去壳的鸡蛋(3～4 个)放入不锈钢碗中,如果无变质的鸡蛋,则将其倒入塑料周转盒中备用。

2.打浆

将称量准确的鸡蛋液倒入搅拌锅中,中速打蛋,以蛋黄打散为准,然后把称量准确的白糖粉及辅料一起加入搅拌锅,低速搅拌,搅拌过程中,要停机将搅拌锅底未能搅拌到的原料用刮刀刮起,继续低速搅拌,直至白糖粉完全溶解。注意:搅拌过程中不能形成大量蛋液气泡,这也是搅拌过程中使用低速的原因。

将称好的面粉和吉士粉加入搅拌器,先低速搅拌,然后高速搅拌,搅拌过程中要把搅拌锅内未搅拌的原料用刮刀刮起,直至粉料全部打散(无颗粒、无结块),然后加入泡打粉水溶液及蜂蜜水溶液,低速搅拌均匀,最后加上液体乳化油,低速搅拌均匀即可。

检查浆液的状态,要求均匀、有光泽,温度在 21℃左右。因此,应根据实际情况适当调节水温和蛋温,以达到符合要求的浆液温度。

3.醒浆

将打好的浆液放入周转盒中,并用保鲜膜覆盖盒口,此工序的目的是排出浆液中大的气泡,夏季放置 10～20 min,冬季可适当延长放置时间,环境温度为室温左右。

注意事项:

- 醒浆时间不能太长,以免浆料在此过程中出现发酸现象。

4.烘烤

开机前,要检查烤炉各部位零件是否齐全完好,检查烤炉的卫生状况,若符合要求,才能打开电源,使烤炉开始升温,升温至 240℃;温度达到要求后,用符合卫生条件的干毛巾蘸色拉油涂抹板面,要求涂抹层薄而均匀,不能有大颗粒滴状油存在。

把醒好的浆料倒入铜锣烧贮槽中,通过压浆调试铜锣烧的大小及单重,最后烘烤至表面有光泽并有许多小气孔,烘烤时间大约 3 min。烘烤过程中,要仔细观察铜锣烧的状态,若表面不够光滑,则需要用毛巾再次涂抹色拉油,涂抹要求同上。

把烤好的铜锣烧放置在符合卫生要求的不锈钢钢盘上,在常温下预冷至中心温度≤35℃,以备成型使用。

5.拌馅

开机前,要检查搅拌锅各部位零件是否齐全完好,检查搅拌锅的卫生状况,若符合要求,才能打开电源检查机器是否能正常运转。

按照配比将称好的馅料放入搅拌锅中,一般使用拍形搅拌头,直至豆沙与糖纳红豆混合均匀,注意不能搅拌过度,以免糖纳红豆颗粒破损,最后将拌好的馅转入不锈钢钢盘或盒盘中,表面用保鲜膜覆盖,置于 0～4℃的保鲜库存放备用。

6.成型

首先对铜锣烧皮称重,控制上下两片皮的总重符合工艺要求,并把不符合要求(出现破皮、颜色发黑、重量不足等)的皮作为次品处理。

将拌好的馅放置在两片铜锣烧皮中间，再次称重，至符合工艺要求。最后把称重合格的铜锣烧放置手掌中心，双手合严挤压铜锣烧的边沿，使两片铜锣烧面皮边沿密封严密紧实。

把成型好的铜锣烧均匀摆放于符合卫生要求的不锈钢钢盘中，30 min 内转入速冻装置进行冻结，以免表面水分蒸发干燥后，造成冻裂和增加不必要的干耗。

7. 速冻

在铜锣烧转入速冻装置之前，必须保证速冻装置内温度已经达到－30℃以下，而经过速冻装置冻结的铜锣烧中心温度必须达到－18℃以下。

将挑拣合格的铜锣烧摆放在不锈钢钢盘内放入速冻装置，钢盘与钢盘之间要留有一定空隙，便于冷循环及避免速冻装置在运转时出现卡盘现象。

要不定时抽检冻后铜锣烧的中心温度，发现偏差立即进行纠正。

8. 包装

通常采用手工封口机包装铜锣烧。

首先根据包装袋的材质结合封口机的转速把封口机温度调试到最佳状态，调整日期、质检号及识别码等，使封口平整、严密无缺口，日期和质检号等准确清晰。

装袋前先核对包装袋上的品名规格是否与所包装产品相符，另外装袋时还要检查冻结后的产品是否符合工艺要求(产品严重变形、表面有异物、出现开裂等现象)，若发现有此类次品混入，要立即挑出，并将合格产品按照包装规格要求进行快速装袋。

对装袋的产品进行快速称量，确保每袋产品的净含量(不含袋子重)都要符合工艺要求。值得注意的是为确保称量的准确性，用检定分度值为 1 g 的电子秤称量，注意秤的灵敏度，称量台无其他附着物体干扰，且使用时秤要放平稳。

对称量合格的成袋产品进行快速封口，使封口平整、严密无缺口，日期和质检号等准确清晰。设专人检查封口后的每袋产品，合格的即可转入下一道工序。

9. 金属检测

根据所包装铜锣烧的大小设定金属检测器的灵敏度，用测试板测试金属检测器，定好金属感应标准，铁测试板≤ϕ1.5 mm，注意设定时要求金属检测器附近没有干扰源，以免引起设备的灵敏度降低。

将封口合格的产品逐袋放到金属探测仪的输送带上，要求每一袋产品都必须通过金属探测仪，一旦发现有不能通过的产品，将产品进行分半，再依次通过金属检测仪，对不能通过的再进行分半检测，最终要求找到金属，并分析查找原因。

一般要求每隔半小时用金属检测板测试金属探测仪一次，以免金属检测器突发失灵，造成产品漏检，引发产品质量问题；金属探测仪检测合格的整袋产品要求快速转入下一道工序。

10. 装箱入库

装箱前，首先核对包装箱上的规格、品名、生产日期等是否打印准确清晰，是否与待装箱产品一致。

把通过金属检测器的合格产品，按照数量要求装入纸箱，且保证装箱平整，不得多装或少装，用相应的胶带封口，要求封口平整严密，尽量左右保持对称。

封箱后的产品要整齐码放在垫板上，码高不得超过 12 层，在 30 min 之内转入低温库(－18℃)冷藏，码放时把不同品种分开存放，码垛离库墙及天花板距离≥15 cm。另外若在夏季要适当缩短入库时间。

【任务分析】

针对速冻铜锣烧加工企业生产速冻铜锣烧的需要，进行速冻铜锣烧的生产，本任务的关键点在于速冻铜锣烧加工流程及其操作要点。

【任务实施】

一、工作准备

(1)按照加工流程分配工作小组，明确各自职责；
(2)按照加工流程的操作要点落实各小组的加工设备及所需工具、盛装器皿。

二、计划实施

(一)小组讨论，制订工作方案、确定人员分工

1. 工作方案

表 6-15　方案设计表

组长		组员			
学习项目					
学习时间		地点		指导教师	
准备内容	加工流程方案				
	加工设备及工具				
具体步骤					

2. 人员分工

表 6-16　工作分工表

姓名	工作分工	完成时间	完成效果

(二)产品加工

表 6-17 设备及工具统计表

设备及工具名称	型号	数量/个	使用前情况	使用后情况

(三)加工后整理

表 6-18 回收登记表

组号	所用材料	使用情况	所用工具	使用情况	所用仪器	使用情况

【评价与反馈】

1. 小组内评价

表 6-19 小组内评价表

班级		小组		姓名	
等级	实训态度/20	操作能力/30	实训报告/30	能力创新/20	总分
A	实训认真,积极主动,操作仔细,认真记录 16～20	熟练操作,提问有深度 24～30	团结小组成员,有号召力 24～30	PPT 制作能力强,表达能力强 16～20	
B	较好 12～16	较好 18～24	较好 18～24	较好 12～16	
C	一般 8～12	一般 12～18	一般 12～18	一般 8～12	
D	较差 0～8	较差 0～12	较差 0～12	较差 0～8	
得分					

2. 小组间评价

表 6-20　小组间评价表

班级		小组	评价人	
等级	操作评分/40	结果评价/40	答辩/20	总分
A	方法正确、操作熟练 16～20	结果准确 30～40	流程正确，回答问题确切，知识范围广 16～20	
B	较好 12～16	较好 18～24	较好 18～24	
C	一般 8～12	一般 12～18	一般 12～18	
D	较差 0～8	较差 0～12	较差 0～12	
得分				

3. 教师评价

表 6-21　教师评价表

班级		小组		姓名	
等级	实训态度/20	操作能力/30	实训报告/30	能力创新/20	总分
A	实训认真，积极主动，操作仔细，认真记录 16～20	熟练操作，提问有深度 24～30	格式规范，内容完整，真实 24～30	表现突出，报告完整，立意创新，同学认可 16～20	
B	较好 12～16	较好 18～24	较好 18～24	较好 12～16	
C	一般 8～12	一般 12～18	一般 12～18	一般 8～12	
D	较差 0～8	较差 0～12	较差 0～12	较差 0～8	
得分					

【思考练习】

1. 简述铜锣烧的生产工艺。
2. 铜锣烧加工过程中应注意哪些问题？

任务 4　速冻飞饼加工技术

【任务目标】

1. 掌握速冻飞饼的加工流程。
2. 掌握速冻飞饼制作的方法。

【相关知识】

速冻飞饼是速冻米面制品的一种，它是一种以小麦面粉为主要原料，经过调味等，再通过机器成型，并经过速冻而成的一类生制产品。市面上常见的有葱油飞饼、原味飞饼等。本节主要介绍飞饼制作加工的工艺流程及工艺要点。

一、飞饼的加工工艺流程

原辅料的处理→和面→分割静置→裹油压层→成型→速冻→包装→金属检测→装箱入库。

二、操作要点

1.原辅料的处理

生产飞饼时，主要的原料是小麦面粉；其他的辅料有：白糖、食盐、飞饼专用油及压层专用油等。

(1)小麦面粉的处理

①除去面粉的包装袋：拆线时，从带有合格证的一端将线拆下，并集中存放在指定位置，以免混入产品中。另外，操作时注意不要把外包装上的脏物带入原料中，一旦发现外包装被脏物污染严重，且直接污染到内装原料，要对这些污染到的原料做报废处理。

②小麦面粉使用前检查：检查该面粉是否超过保质期，是否吸潮结块或是否有酸败异味等，若有酸败味儿，则做报废处理；另外用于生产的面粉一律要求过筛处理，以免面粉中引入杂质等。

(2)白糖的处理

①除去白糖的包装袋：拆线时，从带有合格证的一端将线拆下，并集中存放在指定位置，以免混入产品中；另外操作时注意不要把外包装上的脏物带入原料中，一旦发现外包装被脏物污染严重，且直接污染到内装原料，要对这些污染到的原料做报废处理。

②白糖使用前检查：检查白糖是否超过保质期，是否有结块或有异味等现象，一旦发现有严重结块或有异味现象，禁止直接使用。

(3)食盐的处理

①除去食盐的包装袋：拆线时，从带有合格证的一端将线拆下，并集中存放在指定位置，以免混入产品中；另外操作时注意不要把外包装上的脏物带入原料中，一旦发现外包装被脏物污染严重，且直接污染到内装原料，要对这些污染到的原料做报废处理。

②食盐使用前检查：检查食盐是否超过保质期，是否有结块或有异味等现象，一旦发现有严重潮解或有异味现象，禁止直接使用。

(4)飞饼专用油及压层专用油的处理　将检验合格的飞饼专用油及压层专用油除去外包装箱及薄膜(要求油脂表面所裹的薄膜必须去除干净，另外，压层油脂表面所裹的塑料膜极易吸附纸箱上的碎纸屑，因此处理要格外注意坚决杜绝纸屑及薄膜混入产品)。

压层专用油若存放在冷藏库，使用前要提前拉出使其回温，一般要求回温后温度控制在16℃左右。

2. 和面

将称量准确的小麦面粉和白糖等粉状辅料倒入卧式和面锅，并开启和面锅低速搅拌 1～2 min，然后加入水或冰水高速搅拌 5 min，最后加入飞饼专用油搅拌均匀。

要求和好的面团的中心温度为 20℃左右，因此在和面时要根据季节不同，适当调整水温，如夏季，适当添加冰片调节水温，以确保最终和好面团的中心温度符合工艺要求。

经检查合格的面团，才能进入面车中，转入下一道工序。

3. 分割静置

将和好的面团置于不锈钢操作台上进行分割处理，分割时要使用电子秤准确称量，达到面块重量一致。

将分割后的面块揉成表面光滑的面块，然后将它们整齐的摆放在不锈钢操作台上，开始静置，一般静置时间为 15～25 min，静置时为避免面团表皮水分散失，通常要将面团表面加盖塑料薄膜。

静置结束时，面团的中心温度不能出现较大的变动，以免影响产品质量，因此生产环境要设有空调、暖气等设施来维持环境温度在室温条件下，不能太高也不能太低。

4. 裹油压层

开机前，要检查压延机各部位零件是否齐全完好，检查压延机的卫生状况，若符合要求，才能打开电源检查机器是否能正常运转。

对压延机的程序进行设定，调整合适的压延尺寸，然后将静置好的面团置于压延机上进行压延，接着把压层油脂置于压延的面皮上，将面皮对称折叠覆盖压层油脂，充分裹好压层油脂，再进行压延、折叠、再压延，一般要经过五道压延，压延后面带温度为 20℃左右。

5. 成型

开机前，要检查飞饼成型机各部位零件是否齐全完好，检查飞饼成型机的卫生状况，若符合要求，才能打开电源检查机器是否能正常运转。

将压延好的面带分半处理后，叠压着置于飞饼成型机上，操作过程中要求操作成型机的机手称量切出飞饼块的单粒重量，若发现不合格的产品及时进行反馈调整。

成型过程中，要认真观察机器的运转情况，若发现飞饼膜即将用完，及时停机进行更换，以免造成过多的浪费。

成型好的飞饼由专人挑拣，将无残缺、无起皱、无变形、两侧膜完整的合格飞饼平放于不锈钢钢盘中，然后控制在 30 min 内将产品转入速冻装置进行冻结，以免表面水分蒸发干燥，造成冻裂和增加不必要的干耗。

6. 速冻

在飞饼转入速冻装置之前，必须保证速冻装置内温度已经达到－30℃以下，而经过速冻装置冻结的飞饼中心温度必须达到－18℃以下。

将挑拣合格的飞饼摆放在不锈钢钢盘内放入速冻装置，钢盘与钢盘之间要留有一定空隙，便于冷循环及避免速冻装置在运转时出现卡盘现象。

要不定时抽检冻后飞饼的中心温度，发现偏差立即进行纠正。

7. 包装

通常采用手工封口机包装飞饼。

首先根据包装袋的材质结合封口机的转速把封口机温度调试到最佳状态，调整日期、质检号及识别码等，使封口平整、严密无缺口，日期和质检号等准确清晰。

装袋前先核对包装袋上的品名规格是否与所包装产品相符，另外装袋时还要检查冻结后的产品是否符合工艺要求（产品严重变形、表面有异物或存在有表皮膜脱落等现象），若发现有此类次品混入，要立即挑出，并将合格产品按照包装规格要求进行快速装袋。

对装袋的产品进行快速称量，确保每袋产品的净含量（不含袋子重）都要符合工艺要求。值得注意的是，为确保称量的准确性，用检定分度值为 1 g 的电子秤称量，注意秤的灵敏度，称量台无其他附着物体干扰，且使用时秤要放平稳。

对称量合格的成袋产品进行快速封口，使封口平整、严密无缺口，日期和质检号等准确清晰。设专人检查封口后的每袋产品，合格的即可转入下一道工序。

8. 金属检测

根据所包装飞饼的大小设定金属检测器的灵敏度，用测试板测试金属检测器，定好金属感应标准，铁测试板≤ϕ1.5 mm、非铁测试板≤ϕ2.0 mm、不锈钢测试板≤ϕ2.5 mm，注意设定时要求金属检测器附近没有干扰源，以免引起设备的灵敏度降低。

将封口合格的产品逐袋放到金属探测仪的输送带上，要求每一袋产品都必须通过金属探测仪，一旦发现有不能通过的产品，将产品进行分半，再依次通过金属检测仪，对不能通过的再进行分半检测，最终要求找到金属，并分析查找原因。

一般要求每隔半小时用金属检测板测试金属探测仪一次，以免金属检测器突发失灵，造成产品漏检；金属探测仪检测合格的整袋产品要求快速转入下一道工序。

9. 装箱入库

装箱前，首先核对包装箱上的规格、品名、生产日期等是否打印准确清晰，是否与待装箱产品一致。

把通过金属检测器的合格产品，按照数量要求装入纸箱，且保证装箱平整，不得多装或少装，用相应的胶带封口，要求封口平整严密，尽量左右保持对称。

封箱后的产品要整齐码放在垫板上，码高不得超过 12 层，在 30 min 之内转入低温库（−18℃）冷藏，码放时把不同品种分开存放，码垛离库墙及天花板距离≥15 cm。另外若在夏季要适当缩短入库时间。

【任务分析】

针对速冻飞饼加工企业生产速冻飞饼的需要，进行速冻飞饼的生产，本任务的关键点在于速冻飞饼加工流程及其操作要点。

【任务实施】

一、工作准备

（1）按照加工流程分配工作小组，明确各自职责。

（2）按照加工流程的操作要点落实各小组的加工设备及所需工具、盛装器皿。

二、计划实施

(一)小组讨论,制订工作方案、确定人员分工

1. 工作方案

表 6-22 方案设计表

组长		组员			
学习项目					
学习时间		地点		指导教师	
准备内容	加工流程方案				
	加工设备及工具				
具体步骤					

2. 人员分工

表 6-23 工作分工表

姓名	工作分工	完成时间	完成效果

(二)产品加工

表 6-24 设备及工具统计表

设备及工具名称	型号	数量/个	使用前情况	使用后情况

(三)加工后整理

表 6-25　回收登记表

组号	所用材料	使用情况	所用工具	使用情况	所用仪器	使用情况

【评价与反馈】

1. 小组内评价

表 6-26　小组内评价表

班级		小组		姓名	
等级	实训态度/20	操作能力/30	实训报告/30	能力创新/20	总分
A	实训认真，积极主动，操作仔细，认真记录 16～20	熟练操作，提问有深度 24～30	团结小组成员，有号召力 24～30	PPT 制作能力强，表达能力强 16～20	
B	较好 12～16	较好 18～24	较好 18～24	较好 12～16	
C	一般 8～12	一般 12～18	一般 12～18	一般 8～12	
D	较差 0～8	较差 0～12	较差 0～12	较差 0～8	
得分					

2. 小组间评价

表 6-27　小组间评价表

班级		小组	评价人	
等级	操作评分/40	结果评价/40	答辩/20	总分
A	方法正确、操作熟练 16～20	结果准确 30～40	流程正确，回答问题确切，知识范围广 16～20	
B	较好 12～16	较好 18～24	较好 18～24	
C	一般 8～12	一般 12～18	一般 12～18	
D	较差 0～8	较差 0～12	较差 0～12	
得分				

3. 教师评价

表 6-28　教师评价表

班级		小组		姓名	
等级	实训态度/20	操作能力/30	实训报告/30	能力创新/20	总分
A	实训认真，积极主动，操作仔细，认真记录 16～20	熟练操作，提问有深度 24～30	格式规范，内容完整，真实 24～30	表现突出，报告完整，立意创新，同学认可 16～20	
B	较好 12～16	较好 18～24	较好 18～24	较好 12～16	
C	一般 8～12	一般 12～18	一般 12～18	一般 8～12	
D	较差 0～8	较差 0～12	较差 0～12	较差 0～8	
得分					

【思考练习】

1. 简述铜锣烧的生产工艺流程。
2. 铜锣烧加工过程中应该注意哪些问题？

任务 5　速冻鸡肉丸加工技术

【任务目标】

1. 掌握速冻肉丸的基本概念。
2. 掌握速冻鸡肉丸的制作方法。
3. 掌握速冻鸡肉丸加工的工艺流程及操作要点。
4. 了解速冻鸡肉丸检验及贮藏的基本方法。

【相关知识】

肉丸作为我国的传统美食，是一种营养、方便的速食制品，随着人们对健康的日益关注和饮食多样化的发展，深受消费者的青睐。现代的速冻食品技术，将肉丸通过速冻装置快速进行冻结，能将肉丸最大限度地保持原有的新鲜度、色泽、风味和营养成分。近些年，生产肉丸的企业急剧增加，各式各样的肉丸层出不穷，有牛肉丸、羊肉丸、猪肉丸、鸡肉丸等种类繁多，但是它们的加工技术基本上一样。下面就以鸡肉丸为例，深入了解畜禽肉丸的速冻加工技术。

一、鸡肉丸的加工工艺流程

原料肉的选择→原料的处理→制馅（打浆）→成型→熟制（油炸或水煮）→预冷→速冻→包装→金属检测→装箱入库。

二、操作要点

1. 原料肉的选择

选用检验检疫合格的新鲜鸡胸脯肉，要求原料肉肉温在 0～10℃，无异物、无异味、色泽正常。并将鸡胸肉去皮、筋腱等结缔组织。另外，有些根据口味嗜好，会加入适量新鲜猪肥膘。

2. 原物料的处理

(1)洋葱的处理　将洋葱去除根、外层干皮及腐烂等不可食部分，然后用清水进行清洗，一般清洗 3～4 遍，要求最后一遍清洗用水必须是清澈的，清洗后的洋葱经过控水，再用斩拌机将洋葱斩成 3 mm 左右的小颗粒。

(2)肉的处理　将去过皮的鸡胸肉及鲜肥膘分别用绞肉机绞制，要求绞制时采用 3 mm 孔板的箅子，绞制后，分别存放在相应的周转筐内备用。

3. 制馅(打浆)

将斩拌后的肉料先加入到搅拌机中搅拌 2～5 min，接着添加丸子改良剂、适量的冰水、食盐等调味料进行搅拌，最后再加入淀粉及剩余的冰水，整个制馅过程中馅料温度始终控制在 10℃以下。制馅过程一般控制在 20～30 min，可根据生产实际情况而定。最后将制好的馅存放在 0～5℃的保鲜库中待用。

注意事项：

- 制馅时所用到的主料及辅料均要按照配方准确称量，不得出现过大偏差。

4. 成型

馅料加工好后具有一定的可塑性，可以按照预期的形状成型，除了传统的手工成型外，现在大规模生产时多采用专用的丸子机成型。通过丸子机的挤压成型，成型后多为圆球形。成型后的半成品以及待成型的馅料应保持低温，这样可以减慢微生物的滋生。另外，丸子成型机及其模具在每批作业完成后，应及时进行清洗，以待下次使用，成型后的半成品应该尽快转入下道工序。

5. 熟制

熟制的方法有加热水煮、蒸制、炸制或煮后再炸。不管是采用哪种方法所要达到的目的相同：使馅料中蛋白质受热凝固变性，形成具有一定弹性的制品；另外通过熟制还可以杀死各种微生物，使制品极大程度上满足食品卫生要求，便于后期的贮藏。

根据生产规模的不同，熟制时所采用的设备也有所差异。小规模生产时采用夹层蒸汽锅或蒸煮槽或蒸柜，大规模生产时常采用全自动流水线水煮设备。

蛋白质变性形成弹性的最适温度为 70～90℃，高于 90℃或低于 70℃都会对弹性的形成产生不利的影响，在水煮过程中要使水温快速通过 30～70℃这个对弹性形成具有较大负面影响的温度段。如果使用夹层锅或蒸煮槽，当水呈轻微沸腾时的温度在 90～95℃，若温度过高则关小气阀或适当添加部分冷水，冷水添加量不能使锅内的水温低于 90℃。水煮的时间会因肉丸的个体大小和淀粉添加量的不同而有所不同，个体大的和淀粉量多的煮制时间要长些。可以根据以下几点现象来判断肉丸是否彻底熟制：完全浮于水面；表面光滑；弹性良好；中心温度达到 80～85℃；肉丸内外色泽一致。

经过煮制后的鸡肉丸迅速捞出，沥干表面的水分，直接转入下一道工序或冷却至 20℃左右，然后采用粉浆给鸡肉丸表皮裹浆，使其表面平滑，在大豆色拉油或棕榈油中炸制，要求油温在170～175℃，炸制8～10 min，至鸡肉丸表皮呈金黄色，即可捞出、沥油后转入下道工序。

6.预冷

经过熟制的鸡肉丸，经沥水或沥油处理后立即转入预冷间进行预冷，预冷间温度要求在0～4℃，冷却至肉丸中心温度≤30℃。注意：预冷间的空气需用清洁的冷风机强制冷却，冬季可以采用自然冷却给肉丸降温后再转入预冷间预冷，这样可减少一些能耗。预冷有助于使加热膨胀的网状结构慢慢收缩，网力不被破坏，肉丸内部的水珠或气泡的体积也都会逐步缩小，并分布均匀，在这样的情况下进行速冻，有利于快速通过最大冰晶生成带，使生成的冰晶最小化，有利于稳定已形成的网状结构，保持稳定的弹性，从而确保产品品质。

7.速冻

冷却后的肉丸要在30 min内转入速冻装置中进行快速冻结，以免表面水分蒸发过多，造成冻裂和增加不必要的干耗。

在鸡肉丸转入速冻装置之前，必须保证速冻装置内温度已经达到－30℃以下，而经过速冻装置冻结的鸡肉丸中心温度必须达到－18℃以下。

将挑拣合格的鸡肉丸摆放在不锈钢钢盘内放入速冻装置，钢盘与钢盘之间要留有一定空隙，便于冷循环及避免速冻装置在运转时出现卡盘现象。

要不定时抽检冻后鸡肉丸的中心温度，发现偏差立即进行纠正。

8.包装

包装视车间具体情况而定，可以采用手工封口机包装，也可以采用自动包装机包装。

(1)手工封口机包装　首先根据包装袋的材质结合封口机的转速把封口机温度调试到最佳状态，调整日期、质检号及识别码等，使封口平整、严密无缺口，日期和质检号等准确清晰。

装袋前先核对包装袋上的品名规格是否与所包装产品相符，另外装袋时还要检查冻结后的产品是否符合工艺要求(有明显的大坑、明显裂纹、薄厚不均匀、带有明显多余的围边等现象)，若发现有此类次品混入，要立即挑出，并将合格产品按照包装规格要求进行快速装袋。

对装袋的产品进行快速称量，确保每袋产品的净含量(不含袋子重)都要符合工艺要求。值得注意的是，为确保称量的准确性，用检定分度值为1 g的电子秤称量，注意秤的灵敏度，称量台无其他附着物体干扰，且使用时秤要放平稳。

对称量合格的成袋产品进行快速封口，使封口平整、严密无缺口，日期和质检号等准确清晰。设专人检查封口后的每袋产品，合格的即可转入下一道工序。

(2)自动包装机包装　核对所生产的产品是否与包装卷材相符，并调试好自动包装机，要求封口温度适当，保证封口质量(封口平整、严密，日期、质检号等要清晰准确)。

将速冻后的产品进行装托称量，要求每托产品重量和数量均达到工艺要求；称量时，首先要将冻后不合格的鸡肉丸(有明显的大坑、明显裂纹、薄厚不均匀、带有明显多余的围边等)挑拣出来。

为确保称量的准确性，用检定分度值为1 g的电子秤称量，注意秤的灵敏度，称量台无其他附着物体干扰，且使用时秤要放平稳。

称量挑拣合格后的整托鸡肉丸放在自动包装机的传送带上，为保证不浪费包装卷材，放置时要连续，不能间断。设专人检查封口后的每袋产品，合格的即可转入下一道工序。

9.金属检测

根据所包装鸡肉丸的大小设定金属检测器的灵敏度，用测试板测试金属检测器，定好金属感应标准，铁测试板≤ϕ1.5 mm、非铁测试板≤ϕ2.0 mm、不锈钢测试板≤ϕ2.5 mm。

将封口合格的产品逐袋放到金属探测仪的输送带上，要求每一袋产品都必须通过金属探测仪，一旦发现有不能通过的产品，将产品进行分半，再依次通过金属检测仪，对不能通过的再进行分半检测，最终要求找到金属，并分析查找原因。

一般要求每隔半小时用金属检测板测试金属探测仪一次，以免金属检测器突发失灵，造成产品漏检，引发产品质量问题。

金属探测仪检测合格的整袋产品要求快速转入下一道工序。

10. 装箱入库

装箱前，首先核对包装箱上的规格、品名、生产日期等是否打印准确清晰，是否与待装箱产品一致。

把通过金属检测器的合格产品，按照数量要求装入纸箱，且保证装箱平整，不得多装或少装，用相应的胶带封口，要求封口平整严密，尽量左右保持对称。

封箱后的产品要整齐码放在垫板上，码高不得超过 12 层，在 30 min 之内转入低温库(−18℃)冷藏，码放时把不同品种分开存放，码垛离库墙及天花板距离≥15 cm。另外若在夏季要适当缩短入库时间。

【任务分析】

针对速冻鸡肉丸加工企业生产速冻鸡肉丸的需要，进行速冻鸡肉丸的生产，本任务的关键点在于速冻鸡肉丸加工流程及其操作要点。

【任务实施】

一、工作准备

(1)按照加工流程分配工作小组，明确各自职责；

(2)按照加工流程的操作要点落实各小组的加工设备及所需工具、盛装器皿。

二、计划实施

(一)小组讨论，制订工作方案、确定人员分工

1. 工作方案

表 6-29　方案设计表

组长		组员			
学习项目					
学习时间		地点		指导教师	
准备内容	加工流程方案				
	加工设备及工具				
具体步骤					

2.人员分工

表 6-30 工作分工表

姓名	工作分工	完成时间	完成效果

(二)产品加工

表 6-31 设备及工具统计表

设备及工具名称	型号	数量/个	使用前情况	使用后情况

(三)加工后整理

表 6-32 回收登记表

组号	所用材料	使用情况	所用工具	使用情况	所用仪器	使用情况

【评价与反馈】

1. 小组内评价

表 6-33 小组内评价表

班级		小组		姓名	
等级	实训态度/20	操作能力/30	实训报告/30	能力创新/20	总分
A	实训认真，积极主动，操作仔细，认真记录 16～20	熟练操作，提问有深度 24～30	团结小组成员，有号召力 24～30	PPT 制作能力强，表达能力强 16～20	
B	较好 12～16	较好 18～24	较好 18～24	较好 12～16	
C	一般 8～12	一般 12～18	一般 12～18	一般 8～12	
D	较差 0～8	较差 0～12	较差 0～12	较差 0～8	
得分					

2. 小组间评价

表 6-34 小组间评价表

班级		小组	评价人	
等级	操作评分/40	结果评价/40	答辩/20	总分
A	方法正确、操作熟练 16～20	结果准确 30～40	流程正确，回答问题确切，知识范围广 16～20	
B	较好 12～16	较好 18～24	较好 18～24	
C	一般 8～12	一般 12～18	一般 12～18	
D	较差 0～8	较差 0～12	较差 0～12	
得分				

3. 教师评价

表 6-35 教师评价表

班级		小组		姓名	
等级	实训态度/20	操作能力/30	实训报告/30	能力创新/20	总分
A	实训认真，积极主动，操作仔细，认真记录 16～20	熟练操作，提问有深度 24～30	格式规范，内容完整，真实 24～30	表现突出，报告完整，立意创新，同学认可 16～20	
B	较好 12～16	较好 18～24	较好 18～24	较好 12～16	
C	一般 8～12	一般 12～18	一般 12～18	一般 8～12	
D	较差 0～8	较差 0～12	较差 0～12	较差 0～8	
得分					

【思考练习】

1. 简述鸡肉丸的生产工艺。

2. 某速冻食品企业生产的鸡肉丸总是冻裂，且鸡肉丸弹性不好、口感不佳，你认为有可能是哪个工艺环节出了问题？

项目七

速冻果蔬加工技术

项目描述

本项目重点描述果蔬的分类和特性，典型水果和蔬菜的速冻加工工艺，分析存在的问题和影响品质的因素，介绍果蔬加工过程中的品质控制技术等。

知识目标

通过本项目的学习，学生应了解速冻果蔬加工的基本理论知识，熟悉水果和蔬菜的分类、加工原料特性、加工工艺，掌握速冻果蔬加工过程中品质控制的理论和技术。

能力目标

通过本项目的学习，学生应掌握速冻水果和蔬菜的加工工艺，根据产品的特性需求，正确选择加工的原料，掌握产品品质的检测方法，能够解决加工过程中出现的技术问题，掌握加工过程中所需的仪器设备的操作、维护和保养的方法。

任务1　典型水果的速冻加工

【任务目标】

1. 掌握速冻果蔬的定义，以及典型速冻水果加工的方法。
2. 掌握典型水果速冻加工的操作要点，能够熟练完成速冻水果产品的加工。

【相关知识】

一、速冻果蔬的定义

水果中含果蔬类食品属于活性食品，一般只进行冷却冷藏。但是，在冷却冷藏条件下，贮藏期短，常年供应困难，也不适合长距离运输与销售。为克服以上缺点，达到长期贮藏以及出口创汇的目的，则必须对果蔬类食品进行速冻。速冻果蔬是将经过处理的果蔬原料，采用快速冷冻的方法，温度在－35℃左右，使之均匀冻结，然后在－20～－18℃的低温中保藏的产品（图7-1，图7-2）。水果中含有各种维生素和矿物质，特别是维生素C和碱性矿物质，速冻保藏一些价格高或有特殊风味的水果，可在淡季调节市场或争取外销，有较高的经济价值。速冻水果可做果酱、果脯的原料和酸奶、派等的配料。速冻水果的质量取决于原料的性质和速冻工艺。

图 7-1　速冻桃

图 7-2　速冻草莓

二、速冻水果的生产工艺流程

水果的速冻加工工艺流程如图 7-3 所示。

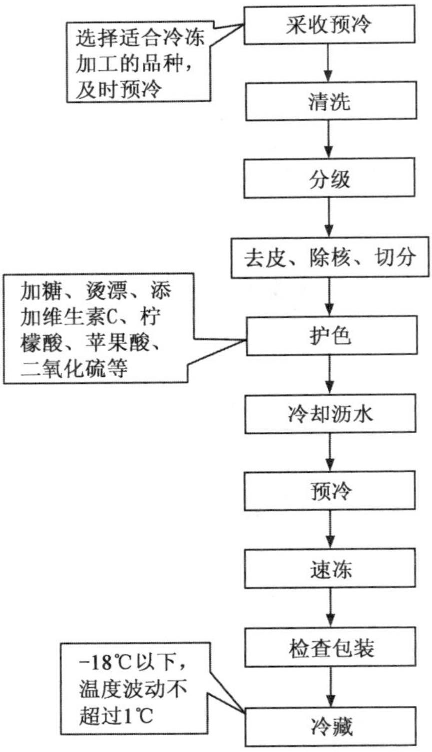

图 7-3　速冻水果加工工艺流程

三、速冻水果的工艺操作要点

1. 原料采收

速冻水果原料的状况与速冻产品的质量有密切的关系，优质的原料才能加工出高品质的速冻产品。水果的种类很多，通常适合于速冻的有苹果、桃、杏、梨、草莓、樱桃、荔枝和菠萝等。果实应在最适的采收成熟度（一般在八九成熟或者说鲜食成熟阶段）采收，因为水果速冻后原有的色、香、味得不到提高，采收太早，水果的色、香、味和营养价值都不理想。采收成熟度太高则果实太软不利于加工，易碎、易流汁。目前，中国果实的采收依然多是人工进行，如管理得好可大大减少损伤，减少原料的浪费，但费工且效率低。

2. 预冷

最大限度地保持水果原料的新鲜程度和原有品质，就必须在采收以后的最短时间内，在水果原料产地，用人工方法将其冷却到规定温度，使水果维持其正常的生命活动，把呼吸作用和蒸发作用降低到最低水平。有些冷冻厂为了提高速冻水果产品质量，已把预冷作为水果采收后加工的第一道工序。但还有些速冻厂没有条件或不重视预冷这道工序，冷冻产品质量受到了影响。

3. 清洗

水果在生长成熟期间以及采后的贮运中，经常会受到自然环境的污染、杂物的混入、病虫害的侵袭，农药的残留、容器的不清洁等，使水果必须经过清洁、降杂，以减少微生物的污染。对草莓等浆果类原料洗涤时，要防止机械损伤及在水中浸泡过久，以免营养流失、色泽和风味受到影响。

4. 分级

为了保证产品的质量和标准，减少损耗，适于包装，原料须进行质量、大小、重量分级，同时剔除不合格部分。

5. 去皮、切分、除核

水果除浆果类不需要去皮，樱桃类小型果实不需去皮，大多数是要去皮的，果实去皮的方法有机械去皮（苹果）、热力去皮（桃）和化学去皮（橘子）等。

（1）机械去皮　多数加工厂用机械去皮，去皮后再按规格要求进行切分并除核（用机械或人工方法）。对除核则采取冲击穿刺的机械装置进行。

（2）热力去皮　一般用高压蒸气或开水短时间加热，使果实表皮突然受热松软与内部组织脱离，然后迅速冷却去皮。如：杏、桃子等。

（3）化学去皮　在 3%～10%的氢氧化钠热溶液（60～90℃）中浸 1～5 min，立即取出，用水冲洗，并摩擦或刷去表皮，用流水冲洗，再将去皮的水果在 2%柠檬酸溶液中浸数分钟，以中和残留的碱性，最后用清水冲洗干净。橘子、杏、桃子等适合用此方法。

6. 护色处理

水果去皮切分后与空气接触，容易褐变。为了抑制这一变化，一般采用烫漂或加添加剂或两者结合的方法进行处理，烫漂和加添加剂结合的方法效果较好。具体方法是：水果去皮立即用 0.1%～0.2%的维生素 C 水溶液或 0.2%柠檬酸或 1%的食盐浸泡，切分后立即烫漂（水中最好加柠檬酸或维生素 C)。

(1)烫漂　一般烫漂温度和时间由果块的大小而定,烫漂温度一般多在 85～95℃,常以水果块中的过氧化物酶活性刚好全部破坏为度,生产中应先小试,根据不同原料特点和产品的规格要求,确定温度和时间,并在实际生产时定时抽查,确保酶的活性降到最低,以免冻藏和解冻过程出现褐变。

(2)加糖处理　水果加糖后由于渗透压的作用,水果中的水会部分析出,可降低冻结点,可减轻冻结时形成的冰晶破坏水果的组织。同时由于糖水包住了水果,能起到隔绝空气的作用,减少氧化作用,削弱氧化酶的活性,有助于保持水果的色香味和维生素 C 含量。糖水浓度为 10%～50%,用量配比是:水果∶糖水＝2∶1。水果中加入糖水后,应先在 0℃库房中存放 8～10 h,使糖分渗入水果,再将其速冻。冷冻草莓可加砂糖处理,草莓与砂糖的质量比为 4∶1～7∶3。

(3)添加维生素 C　添加维生素 C 主要是对在去皮、切分、除核后对褐变特别敏感的水果而言。如将桃的薄片浸渍于糖液中,经速冻后在冻藏期间会屡次出现褐变,致使产品质量下降。但如果将桃的薄片浸渍在含有 0.1%维生素 C 的糖汁中,取出速冻,于－18℃以下冷藏两年也不变色。

(4)二氧化硫处理　采用二氧化硫浸泡水果也能防止褐变。处理方法是水果去皮、切分后,立即投入浓度为 50 mg/kg 的二氧化硫溶液中浸渍 2～5 min,控制褐变较有效。用此方法要注意:处理过的水果组织所含二氧化硫量应限制在 20 mg/kg 以内,二氧化硫含量过高会引起一定程度的果胶水解,同时平均黏度也要下降,结果导致水果变软。

这种方法在一些国家被禁止使用。

(5)柠檬酸和苹果酸处理　柠檬酸和苹果酸是水果中天然存在的两种有机酸,它们具有抑制酶活力的作用。水果中氧化酶的活性,可用降低 pH 的方法而使其受到抑制。因此,提高水果酸度也可以防止褐变。特别是柠檬酸在果蔬加工中经常用到,柠檬酸能降低产品的 pH 而控制其氧化。在速冻果品的填充糖液中加入 0.5%的柠檬酸就能起到保护色泽的作用。在去皮、切分、除核后将水果浸渍在含有 0.2%的柠檬酸溶液中也能起到较好的护色作用。

7.速冻

冻结速度对水果的品质影响很大。水果的速冻国内外多采用流化床速冻装置来进行,如图 7-4 所示。用该装置速冻的水果品种有:苹果、桃、樱桃、草莓、菠萝丁和荔枝等。在冻结时,根据水果在流化床传送带上悬浮状态的不同又分为全流化、半流化和不流化三种形式。通常流化床内空气温度为－35～－30℃,冷气流速度为 4～6 m/s。对全流化水果,如樱桃,装料层高 30～40 mm。冻结时间 3～6 min。对半流化水果,如荔枝,装料层高 80～120 mm,冻结时间 9～20 min。对不流化水果,如桃,装料层高 200 mm,冻结时间 25～35 min。

8.包装、冻藏、解冻

包装、冻藏、解冻方法与注意事项同本项目任务 2 典型蔬菜的速冻加工。一些冷冻果蔬的贮藏期见表 7-1。

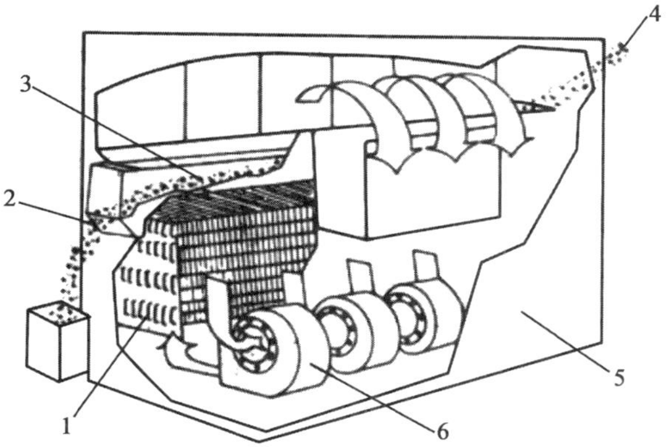

图 7-4　流化床式速冻机

1.制冷蒸发器　2.卸料口　3.物料　4.进料口　5.机罩　6.风机

表 7-1　几种常见速冻果蔬的贮藏期

速冻果蔬名称	贮藏期限/月			速冻果蔬名称	贮藏期限/月		
	−18℃	−25℃	−30℃		−18℃	−25℃	−30℃
青豌豆	18	>24	>24	加糖草莓	18	24	24
菠菜	18	>24	>24	不加糖草莓	12	>18	>24
胡萝卜	18	>24	>24	加糖樱桃	12	18	24
刀豆	18	>24	>24	加糖杏	12	18	24
甘蓝	15	24	>24	加糖桃	12	18	24
花菜	15	24	>24	加糖李	12	18	24

四、典型的速冻水果加工技术

速冻水果主要有苹果、桃、梨、草莓、蓝莓、樱桃、杏、荔枝、枇杷、番石榴等。

(一)速冻草莓加工技术

1.工艺流程

速冻草莓加工工艺流程如图 7-5 所示。

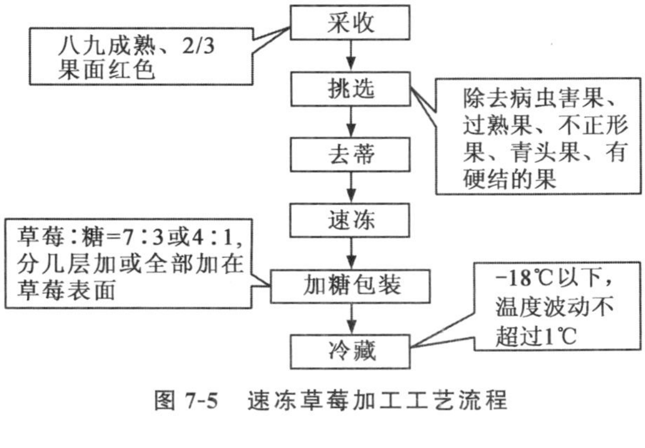

图 7-5　速冻草莓加工工艺流程

2. 工艺要点

(1)原料挑选　除去杂质异物和有硬结的果、畸形果、病虫害果、青头果及过熟导致的红黑色果。选择有适当的硬度，表面光泽、无腐烂，具有本品种草莓应有的香气、滋味，八九成熟，具有该品种固有的红色，红色部分应占果实 2/3 以上的草莓，大小均匀，重量因品种而不同，农药的残留量符合国家标准。一般选择该品种的中等或中等稍大的果，符合这种规格且均匀的草莓属于 A 级品，出口较多而且价格较高。如全明星草莓，其质地较硬适合运输和单冻加工；丰香草莓则质地软，香味极浓，适合块冻。

(2)去蒂　通常，草莓去蒂还是借助小尖锥的手工法，很费工时，但草莓不易损坏。同时还可去除杂质异物，对草莓进行再次挑选、分级。

(3)清洗、分级　一般都用洗果机，毛刷要软硬适度，既能刷干净草莓表面，又不能损伤它。用水喷淋和浸泡时间不宜过长，最好不要超过 20 min，以免色素和营养成分损失。有些冷冻厂的清洗设备带有过滤网，草莓经过喷淋带时因过滤网孔的大小不同而分离出大小不同的草莓。

(4)速冻

方法一

①速冻：清洗好的草莓由传送带直接送到流化床装置的多孔不锈钢网状传送带上，分成预冷和急冻两段，冷风温度为－40～－35℃，以 6～8 m/s 的风速，垂直向上，5～10 min 内，使草莓中心温度达到－15℃以下。

②称重加糖：一般单包装净重为 10～20 kg，加糖比例不同，一般出口产品，草莓与糖的比例为 4∶1，国内销售产品，草莓与糖的比例为 7∶3。加糖方法也不同，可分几层撒在草莓上，也可以将糖全部撒在草莓的最表面。

③包装：通常有三种包装，纸箱、马口铁桶、塑料桶。前两种要有高密度聚乙烯内包装袋，塑料桶则直接装入草莓。包装上标签文字内容要求：产品名称、生产日期、保质期、净含量、生产商名称、地址、电话等。

方法二

①盘冻：将清洗、分级好的草莓装入盘中，盘冻(－35℃时，果实中心温度可达到－1℃)。

②加糖装箱：将以上草莓按规定重量装入包装中，称重加糖，糖全部盖在草莓表面。草莓与白砂糖的比例为 7∶3 或 4∶1。出口产品一般草莓与白砂糖的比例是 4∶1。

③急冻：装箱后立即－35℃以下急冻至中心温度到－15℃以下。这种整箱包装急冻法也叫块冻。

(5)冷藏　速冻后用胶带将包装封箱、封盖，打印生产日期，贴标签，出口产品则要注意出口的新标签标准。－18℃以下冷冻保藏。

3. 产品质量标准

(1)感官标准

①色泽：解冻前后色泽一致，均为正常本品种固有的红色部分占果实的 2/3 以上，但不允许有青头及过熟导致的红黑色。

②滋味和气味：解冻后具有本品种草莓应有的滋味和气味，没有异味。

③组织形态：有适当的硬度，表面光泽、果肉无压坏、无腐烂果、无含有硬结的畸形果。

④杂质：无杂质异物，无病虫害。

(2)卫生标准　冷冻草莓要符合国家卫生标准。

(二)速冻杏的加工技术

1. 工艺流程

采收→挑选→清洗→去皮→酸浸泡→清洗沥水→切分、去核→护色、冷却→速冻→包装→冷藏。

2. 工艺要点

(1)原料挑选　选择有适当的硬度，表面光泽、无腐烂、无虫害、具有杏应有的香气、滋味。八九成熟，具有该品种固有的橙色或橙红色。串枝红品种较适合速冻。

(2)清洗　将果表面清洗干净。

(3)浸泡　将洗干净的杏用配制好的 3% NaOH 溶液浸泡 1～2 min。

(4)酸洗　先将用碱泡过的杏用净水冲洗，并将杏皮搓擦干净，再放入事先配制好的0.2%的柠檬酸。

(5)清洗、去核、切分　把杏从柠檬酸中捞出用净水冲洗干净，将杏去核、切分(可切瓣、条、片、丁)。

(6)护色　建议用几种方法做对比，看哪种效果好，烫漂：烫漂水温 85～95℃，水中加0.1%的维生素 C，时间最好根据检验而定。过氧化氢酶的活性检验及其他护色方法参见本节中介绍的相关方法。

(7)控水、冷却　将经过护色处理的杏立即控水、冷却。

(8)冻结　最好－35℃快速冻结。

(9)包装冷藏　用塑料袋包装、封口、装箱。立即放在－18℃以下的条件下冷藏。

3. 产品质量标准

(1)感官标准

①色泽：解冻前后色泽一致，均为正常的橙色或橙红色，不允许有青斑及过熟导致的红褐色。

②滋味和气味：解冻后具有杏应有的滋味和气味，没有异味。

③组织形态：有适当的硬度，表面有光泽、果块均匀一致、果肉无压坏、无腐烂果。

④杂质：无杂质异物，无病虫害。

(2)卫生标准　冷冻杏要符合国家卫生标准。

(三)速冻荔枝加工技术

1. 整果荔枝

(1)工艺流程　原料选择→挑选→清洗→护色→处理→预冷→速冻→包装→冻藏。

(2)工艺要点

①原料选择：原料要求新鲜，无腐烂、无虫蛀、无破损，成熟度九成。在晴天下午采果，采收后及时运回工厂，尽快加工。若当天加工不完，可短期冷藏。

②挑选、清洗：剔除病虫、损伤、褐斑、过熟或未熟果，并摘去果柄，注意不要摘掉果皮，用水

清洗干净。

③护色：处理有多种方法，一般用热水烫漂 7 s，迅速用冷水冷却，然后在 5%的柠檬酸溶液中浸泡 2 min，捞起沥干溶液。

④预冷、速冻：荔枝速冻时容易产生裂果，一般冻结温度越低或冻结速度越快，裂果越多。解决的办法是缩小果温与冻结温度之间的温差，所以冻结前先把荔枝预冷至 0℃，然后再冻结，用−30℃静止冷空气冻结。

荔枝最大冰晶生成区的下限温度在−15℃，荔枝冻结时只有通过−15℃，结冰率才可达到 80%。荔枝最大冰晶生成带在−15～−3℃，远低于一般食品的最大冰晶生成带。因此，荔枝冻结时通过最大冰晶生成带需要较长时间，较难达到速冻要求。冻结速度慢和荔枝果肉柔软多汁是荔枝速冻生产汁液流失多的重要原因。

⑤包装、冻藏：冻结后用聚乙烯袋包装，每袋 250 g 或 500 g，再用纸箱外包装，然后冻藏。

2. 荔枝肉

(1)工艺流程　原料选择→挑选→洗果→去壳、去核→清洗→浸渍糖液→包装→速冻→冻藏。

(2)操作要点　原料选择、挑选、除果柄等同整果荔枝，轻度自然失水褐变的也可采用。用荔枝专用去核器，对准蒂柄打孔，去蒂柄深度以筒口接触到果核为度，夹出核后，剥去外壳，慎防果肉损伤。然后用清水冲洗干净，沥干水分。把果肉浸渍于含 0.3%柠檬酸、0.2%异抗坏血酸、浓度为 40%糖液 15 min，捞起用聚乙烯袋抽真空包装，预冷后冻结，然后冻藏。冻结温度−30℃，然后在−20℃冻藏。

3. 荔枝速冻生产的褐变问题

荔枝果皮的鲜红色由花色苷构成，花色苷性质不稳定，对光和温度极敏感，很容易变色。另外，荔枝果皮富含酚类物质，其多酚氧化酶活性较强。因此，荔枝果皮在加工时护色比较困难，特别是速冻加工，由于果皮细胞组织受到损伤，致解冻时酶的活性增强，加速果皮褐变。冻结速度越慢，果皮损伤越严重，因此果皮越容易变色。目前认为较好的护色方法，实际效果并不理想，其色泽(暗红色)与新鲜荔枝色泽(鲜红色)有一定差距。有关荔枝速冻果皮褐变问题，虽然众多学者进行了研究，但果皮褐变至今还是荔枝速冻生产的难题。综上所述，荔枝速冻最好采用去皮速冻工艺，这样既可避免果皮褐变问题，又可解决速冻与裂果的矛盾，减少汁液流失，提高速冻荔枝的商品价值，同时方便食用或加工。

(四)速冻菠萝丁加工技术

1. 工艺流程

鲜菠萝验收→喷淋清洗→去皮、目、心→漂洗→消毒→切丁→预冷→沥水→速冻→检查→包装→金属探测→抽检→冷藏→冷链运输→销售。

2. 工艺要点

(1)原料预处理　选用新鲜无病虫害、卫生符合 GB 18406.2—2001 无公害水果安全要求的菠萝，成熟度要求为果肉已转浅黄色。验收合格的菠萝原料应尽快加工，防止微生物大量繁殖。首先用自来水喷淋洗掉果实表面的泥沙、残留的农药和大部分微生物。接着人工去皮、目和心，用自来水漂洗干净果实表面。消毒用水须符合国家饮用水标准并经砂棒过滤器和紫外线杀菌处理后再添加二氧化氯溶液，有效浓度需达10～15 mg/L。由专人负责监控消毒处理，确保消毒按规定的浓度、时间条件进行，以杀灭所有的致病菌和绝大部分非致病性微生物。每班更换一次消毒水。

(2)切丁　消毒过的菠萝经检查确认果皮、果眼剔除干净后，放切丁机中切成丁(规格10 mm×10 mm×10 mm)。

(3)预冷处理　根据速冻理论，冻结前物料的品温接近冻结点，则物料冻结速度快，产品的质量好，生产能力也大。因此，速冻前经过5℃左右的冷却水浸泡将料温降低至10℃左右。

(4)沥水　预冷后的菠萝丁通过不锈钢输送带送往冷冻区的同时进行振动，去掉果肉表面多余的水分，防止冷冻时果丁联结在一起。

(5)速冻　采用流化床式速冻方法，温度－35～－30℃、流速4～5 m/s的冷空气从输送带下面往上吹，将果肉吹起似沸腾状进行速冻。速冻过程分为两区段完成，第一区段为表层冻结区，第二区段为深温冻结区。果丁进入冻结室后，首先进行快速冷却，即表层冷却至冰点温度使表层冻结，果丁间、果丁与不锈钢带间成散离状态，彼此间互不粘连，然后进入第二区段深温冻结至中心温度为－18℃以下，整个冷冻过程约15 min可告完成。

(6)在线检查　冻结的果丁从冷冻室出来后至包装前，在运行的输送带上由人工检查、剔除有黑点果皮的果丁和杂质，粘连的果丁则检出放回冷却水解冻分离，重新冷冻。

(7)包装　包装材料经过预冷和紫外线杀菌处理后进入包装间。内包装用聚乙烯薄膜袋，外包装用箱，每箱净重10 kg。

(8)检验　包括金属探测器探测和成品的抽检，因为去皮、切丁和速冻工序可能因工具、设备破损螺钉脱落而在产品中残留金属碎片，所以须用金属探测器对包装后的每一箱进行金属检查，合格者方可入库。成品的抽查包括温度检查和不良率检查，抽样为3%。温度检查，即用温度计插入包装箱中心测果肉品温，温度应低于－18℃，否则重新冷冻；不良率检查则是开箱检查，将3丁以上(含3丁)的连团、带黑点或果皮的果丁检出称重，这部分果丁的量占样品总重的比率称为不良率。

(9)冷藏和运输　冷藏库和冷藏车的内部温度应保持在－18℃以下，温度波动要求控制在2℃内。

3. 产品质量指标

(1)感官指标

①色泽：冻结状态呈淡黄色，色泽基本一致；解冻后呈浅黄色至黄色，色泽基本一致。

②滋味和气味：具有菠萝应有的风味，无异味。

③组织形态：大小均匀，规格符合要求。

④杂质：无杂质异物，无病虫害。不得检出；不良率≤12%。

(2)微生物指标　细菌总数≤1×10^5个/g；大肠菌群≤300个/100 g；致病菌不得检出。

(五)速冻桃加工技术

1. 工艺流程

原料→分选→切半→去皮、去核→烫漂→冷却→修整、加糖→包装→冻结→冻藏。

2. 工艺要点

(1)原料　采用新鲜饱满、香味浓、酸甜适口肉质较硬的硬质桃，要求果实大小均匀，成熟度在八成左右，果肉红色少且不易褐变的黄桃或白桃。剔除病、虫、伤、畸形或未熟果，按果实大小、色泽进行分级。

(2)切分、去皮、去核　用烧碱(NaOH)在不锈钢夹层锅内配成浓度10%的碱液，煮沸，倒入纵切两半的桃片浸没处理30～60 s，处理温度保持90℃左右，迅速捞出桃片，洗去残留的果皮和碱液，在0.2%盐酸液中浸泡，中和碱液防止褐变。漂洗后挖去桃核，注意挖净核窝处的红色果肉。

(3)漂烫、冷却　为防止在速冻加工中酶褐变，将挖出核的桃片在不锈钢锅内用0.1%柠檬酸液漂烫(90℃)2～4 min至果肉无生心为止；也可以用98～100℃蒸汽热烫2～4 min。预煮后的桃片立即投入冷却池内以循环冷却水急速冷却，然后再置入冰水中冷却，以冷至常温为止。应注意护色。

(4)修整、加糖　先挑除青色、红褐色及病伤果，挑除不整形的块、烂桃。然后将冷却透的桃片进行修整，修去桃片表面斑点、杂质及残留桃皮和局部褐变。修整时注意用刀方法应顺桃弧形自然修整，使表面平整，切面无毛边、核窝处光滑，果块呈半圆形。选取果块完整，表皮光滑，核窝光滑，色泽正常的半圆形果块，在桃片中加入浓度40%～50%的糖浆，按桃片：糖浆＝7：3的比例。为防止桃片变色可在糖浆中加入0.1%～0.2%的维生素C进行护色。

(5)分类、包装、冻结　将修整后的桃片按大小不同，色泽不同，品质、级别不同分别装盘进行速冻。用聚乙烯塑料袋或马口铁罐包装，送入－30℃以下的冷冻隧道中冻结至品温－18℃为宜。

(6)冻藏　在－18℃的冷库中冻藏，冻藏期间温度波动范围不得超过±1℃，期限为18个月。

3. 产品质量标准

(1)感官指标

①色泽：呈黄色或黄白色，色泽较一致。

②组织形态：组织鲜嫩，形态完整，表面平整，切面无毛边，去皮干净表面光滑，核窝处光滑，色泽正常的半圆形果块。

③滋味和气味：具有黄桃固有的滋味和气味，无异味。

④杂质：不允许存在杂质，冻结良好，不得结冻成块。

(2)卫生要求　应符合食品卫生要求，适合食用标准；

(3)微生物指标　细菌总数≤1×10^{5}个/g；大肠菌群为阴性。

(六)速冻杧果加工技术

1. 工艺流程

杧果→清洗→去皮、去核、切块→热烫→冷却→低温浸糖→装袋→封口→速冻→检验→装箱→低温贮藏。

2. 工艺要点

(1)选果、清洗　选择成熟多汁、有光泽的新鲜杧果，剔除烂果、有虫眼等残果。用流动清水漂洗，洗去果皮表面的尘土、泥沙及黏附在其表面的微生物等杂质。或采用滚筒式清洗机清洗，利用果与滚筒壁之间的摩擦洗去表面的泥沙等杂质。

(2)去皮、去核、切块　将清洗后的杧果立即进行去皮、去核、切块处理，可采用手工去皮、去核、切块(注意杧果果肉不可直接接触金属表面，应用不锈钢刀切块)，然后将切块后的杧果果块由输送带送往预煮机预煮。

(3)热烫、冷却　利用蒸汽对果块直接进行连续热烫处理，热烫温度应控制在100℃以上，时间为1～2 min，通过热烫以保持果块色泽，减少果肉汁液的损失。热烫后的果块要立即进入冷却槽中冷却，以防果块质地变柔。

(4)低温浸糖处理　将经过冷却槽冷却后的杧果果块送入低温糖液中进行低温浸糖处理，糖液的质量浓度一般在25～35°Bé。

(5)装袋、封口　将经过低温浸糖后的果块，按果块与糖液的质量比为3∶1进行装袋，用真空封口机热封。糖水与果块的质量比控制在1∶3时，产品解冻后的色泽、香味、滋味及营养成分均接近鲜果。

(6)速冻　将袋装、封口后的杧果果块立即进行速冻处理，冷冻温度为－40～－35℃，并力求在短时间内完成，以保证果肉中水分冻结成细小冰晶，而不引起其组织的破坏，并保证产品解冻后，保持其原有的营养成分。

(7)检验、装箱　对速冻后的果块检验，合格即可装箱。

(8)低温贮藏　装箱后置于－20～－18℃的低温下冷藏。

3. 产品质量标准

(1)感官指标

①色泽：洁白或微黄色，呈透明状。

②气味滋味：酸甜可口，富有浓郁的杧果香味，滋味接近鲜杧果。

③杂质：整齐干净，无渗漏现象，无杂质。

(2)卫生指标　大肠杆菌、致病菌不得检出。

【任务分析】

针对速冻水果加工企业要生产速冻产品的需要，进行速冻桃的生产。主要包括桃的原料选择、预处理和速冻工艺，并注意预处理和速冻的关键控制因素。本任务从企业生产实际出发，通过基础理论的学习和实践锻炼，使学生学习速冻水果生产工艺，完成水果的加工。

【任务实施】

一、工作准备

(1)按照加工流程分配工作小组，明确各自职责；

(2)按照加工流程的操作要点落实各小组的加工设备及所需工具、盛装器皿。

二、计划实施

(一)小组讨论,制订工作方案、确定人员分工

1. 工作方案

表 7-2 方案设计表

<table>
<tr><td>组长</td><td></td><td>组员</td><td colspan="3"></td></tr>
<tr><td>学习项目</td><td colspan="5"></td></tr>
<tr><td>学习时间</td><td></td><td>地点</td><td></td><td>指导教师</td><td></td></tr>
<tr><td rowspan="2">准备内容</td><td>加工流程方案</td><td colspan="4"></td></tr>
<tr><td>加工设备及工具</td><td colspan="4"></td></tr>
<tr><td>具体步骤</td><td colspan="5"></td></tr>
</table>

2. 人员分工

表 7-3 工作分工表

姓名	工作分工	完成时间	完成效果

(二)产品加工

表 7-4 设备及工具统计表

设备及工具名称	型号	数量/个	使用前情况	使用后情况

(三)加工后整理

表 7-5 回收登记表

组号	所用材料	使用情况	所用工具	使用情况	所用仪器	使用情况

【评价与反馈】

1. 小组内评价

表 7-6 小组内评价表

班级		小组		姓名	
等级	实训态度/20	操作能力/30	实训报告/30	能力创新/20	总分
A	实训认真，积极主动，操作仔细，认真记录 16～20	熟练操作，提问有深度 24～30	团结小组成员，有号召力 24～30	PPT 制作能力强，表达能力强 16～20	
B	较好 12～16	较好 18～24	较好 18～24	较好 12～16	
C	一般 8～12	一般 12～18	一般 12～18	一般 8～12	
D	较差 0～8	较差 0～12	较差 0～12	较差 0～8	
得分					

2. 小组间评价

表 7-7 小组间评价表

班级		小组	评价人	
等级	操作评分/40	结果评价/40	答辩/20	总分
A	方法正确、操作熟练 16～20	结果准确 30～40	流程正确，回答问题确切，知识范围广 16～20	
B	较好 12～16	较好 18～24	较好 18～24	
C	一般 8～12	一般 12～18	一般 12～18	
D	较差 0～8	较差 0～12	较差 0～12	
得分				

3. 教师评价

表 7-8　教师评价表

班级		小组		姓名	
等级	实训态度/20	操作能力/30	实训报告/30	能力创新/20	总分
A	实训认真，积极主动，操作仔细，认真记录 16～20	熟练操作，提问有深度 24～30	格式规范，内容完整，真实 24～30	表现突出，报告完整，立意创新，同学认可 16～20	
B	较好 12～16	较好 18～24	较好 18～24	较好 12～16	
C	一般 8～12	一般 12～18	一般 12～18	一般 8～12	
D	较差 0～8	较差 0～12	较差 0～12	较差 0～8	
得分					

【知识拓展】

一、果蔬的分类

(一)水果的分类

水果按其果树本身的特征可分为以下几类。

1. 落叶果树类水果

仁果类：苹果、梨、山楂等。

核果类：桃、李、杏、梅、樱桃等。

浆果类：葡萄、草莓、猕猴桃、桑葚、木瓜等。

坚果类：核桃、板栗等。

杂果类：柿、枣等。

2. 常绿果树类水果

柑橘类：柑橘、柚子、柠檬等。

其他类：枇杷、杨梅、荔枝、龙眼(干制者又名桂圆)、橄榄、杧果等。

3. 多年生草本类水果

香蕉、菠萝等。

(二)蔬菜的种类

按食用部分的不同，蔬菜可分为以下几类。

根菜类：萝卜、胡萝卜、大头菜、甜菜等。

茎菜类：竹笋、芦笋、莴笋(又名莴苣)、葱头、蒜头、藕、姜、荸荠、芋、马铃薯等。

叶菜类：大白菜、卷心菜(又叫甘蓝)、雪里蕻、菠菜、芹菜、大葱等。

花菜类：花菜、紫菜薹、金针菜等。

果菜类：青豌豆（青豆或豌豆）、刀豆（四季豆、菜豆）、豇豆、蚕豆、毛豆、甜玉米、番茄、茄子、西瓜、冬瓜、黄瓜、南瓜、苦瓜等。

食用菌类：蘑菇、草菇、香菇、金针菇、平菇、木耳等。

二、果蔬的特性

果蔬在贮藏运输过程中，其化学成分会发生一系列的变化，由此引起果蔬在贮藏性、食用品质和营养价值等方面的改变。

（一）风味物质的变化

1. 糖

在果蔬贮藏过程中，糖分会因生理活动的消耗而逐渐减少。时间越长，果蔬甜味越淡。有些含酸量较高的水果，经贮藏后，口味变甜，这是因为含酸量降低比含糖量降低更快，引起糖酸比增大，但实际含糖量并未提高。

2. 有机酸

在果蔬贮运中，有机酸由于呼吸作用的消耗而逐渐减少，特别是在氧气不足的条件下，消耗得更多。如苹果等水果贮藏后由酸变甜。酸的变化会影响果蔬的酶活动、色素物质变化和抗坏血酸的保存。

3. 单宁

单宁在贮运过程中的变化主要是易发生氧化褐变，生成暗红色的根皮鞣红，影响果蔬的外观色泽，降低果蔬的商品品质。果蔬在采收、贮运中受到机械伤，或在贮藏后期，果蔬衰老时，都会出现不同程度的褐变。因此，在采收前后应尽量避免机械伤，控制衰老，防止褐变，保持品质，延长贮藏寿命。

4. 芳香物质

在果蔬贮运过程中，随着时间的延长，所含芳香物质由于挥发和酶的分解作用而降低，导致果蔬香气降低。但是，散发的芳香物质积累过多，具有催熟的作用，可引起某些生理病害。所以果蔬应在低温下贮藏，减少芳香物质的损失；及时通风换气，脱除果蔬贮藏中释放的香气，延缓果蔬的衰老。

（二）色素物质的变化

色素物质在贮运过程中随着环境条件的改变发生一些变化，从而影响果蔬外观品质。

蔬菜在贮藏中叶绿素逐渐分解，而促进类胡萝卜素、类黄酮色素和花青素的显现，引起蔬菜外观变黄。叶绿素不耐光、不耐热，光照与高温均能促进贮藏中蔬菜内叶绿素的分解。光和氧能引起类胡萝卜素的分解，使果蔬褪色。在果蔬贮运中，应采取避光和隔氧措施。花青素不耐光、热、氧化剂与还原剂的作用，在贮藏中，光照能加快其变为褐色。

（三）质地物质的变化

构成果蔬质地的化学成分的变化，则引起贮藏中果蔬质地的变化。

1.水分

水分作为果蔬中最多的化学成分，在果蔬贮运过程中的变化主要表现为游离水容易蒸发散失。由于水分的损失，新鲜果蔬中的酶活动会趋向于水解方向，从而为果蔬的呼吸作用及腐败微生物的繁殖提供了基质，以致造成果蔬耐贮性降低；失水还会引起果蔬失鲜，变得疲软、萎蔫，食用品质下降。因此，在果蔬贮运过程中，为了保持果蔬的鲜嫩品质，必须关注水分的变化，一方面要保持贮藏环境较大的湿度，防止果蔬水分的蒸发；另一方面还必须采取一系列控制微生物繁殖的措施。

大部分果蔬如苹果、梨、菠萝、萝卜等采后采取涂蜡、涂膜、塑料薄膜包装等措施，保持果蔬水分。在果蔬贮藏过程中进行地面洒水、喷雾、挂草帘等提高贮藏环境的相对湿度，保持果蔬的含水量，维持果蔬的新鲜状态，延长贮藏寿命。

少部分果蔬，如柑橘、葡萄、大马铃薯等，可适当降低含水量，降低果皮细胞的膨压，减少腐烂，延长寿命。

2.果胶物质

在果蔬贮运过程中，果胶物质形态变化是导致果蔬硬度变化的主要原因。

果胶物质分解的结果，使果蔬变得软疡，耐贮性也随之下降。贮藏中可溶性果胶含量的变化，是判断果蔬能否继续贮藏的标准。所以，为保证果蔬的食用品质和适应远运与久藏的要求，采收的果蔬应避免过于成熟，并保持良好的硬度。

霉菌和细菌都能分泌可分解果胶物质的酶，加速果蔬组织的解体，造成腐烂，贮运中必须加以注意。

3.纤维素和半纤维素

刚采摘果蔬的细胞壁中含纤维素，食用时口感细嫩；贮藏一段时间后，组织逐渐老化，纤维素则发生木质化和角质化，使蔬菜品质下降，不宜咀嚼。

(四)营养物质的变化

贮运中的果蔬由于自身的呼吸消耗、营养物质稳定性等原因的影响，营养物质变化的总趋势是向着营养成分减少、质量发生劣变的方向发展。

如果蔬中的淀粉含量在贮藏期间会由于淀粉酶的活性加强，淀粉逐渐变为麦芽糖和葡萄糖，致使某些果蔬(香蕉、梨等)的甜味增强，改善食用质量。但果蔬的耐贮性也随着淀粉水解的加快而减弱，马铃薯出现甜味，说明其食用质量下降。因此，在果蔬贮运过程中，必须创造低温、高湿条件，抑制淀粉酶的活性，控制淀粉的水解。

【思考练习】

1.我国速冻果蔬发展现状如何？存在什么问题？

2.简述果蔬的分类及特性。

3.简述速冻水果的基本生产工艺。

任务2　典型蔬菜的速冻加工

【任务目标】

1. 掌握典型速冻蔬菜选择和加工的方法。

2. 掌握典型速冻蔬菜加工的工艺流程，能够完成速冻蔬菜产品的加工。

【相关知识】

一、速冻蔬菜的生产工艺流程

速冻蔬菜的质量取决于原料的性质和速冻工艺。其速冻加工工艺流程如图 7-6 所示。

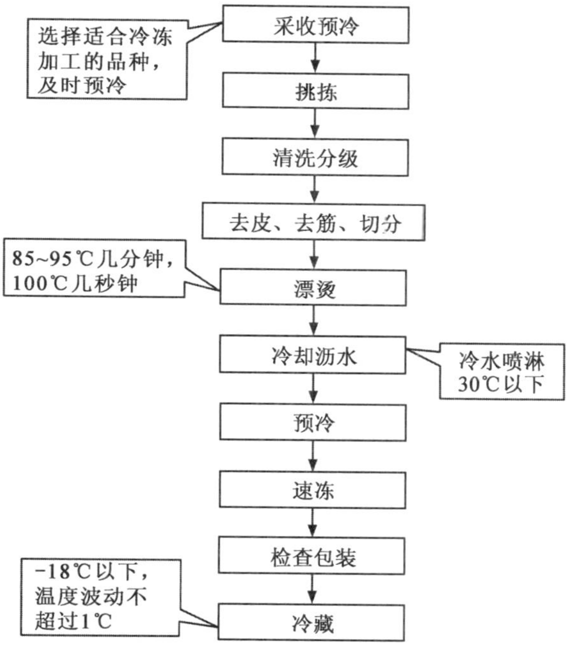

图 7-6　蔬菜速冻加工工艺流程

(一)原料采摘

选择好的原料是保证速冻果蔬产品质量的先决条件，蔬菜的种类、品质和新鲜度直接影响着速冻蔬菜制品质量。通过冻结、冻藏和解冻的速冻蔬菜将发生品质变化，其变化的大小由于蔬菜种类的不同而有差异。一般来说，含水分和纤维多的蔬菜对冻结速度敏感性强一些，而含水分少含淀粉多的蔬菜对冻结速度敏感性弱一些。适合速冻的蔬菜种类有：豆类（包括青豌豆、蚕豆、豆角、扁豆、毛豆、青刀豆、荷兰豆等），花菜、菠菜、蘑菇、芋艿、马铃薯、胡萝卜、芦笋、蒜苗、青椒、花椰菜、莲藕、甘薯等。

品质方面一般要求原料成熟度适宜、规格整齐、无机械损伤、无斑疤，外观、肉质、风味好，无病虫害、无微生物和农药残留的污染等。

如果仅有好的品种和品质，但新鲜度低的话，速冻果蔬产品质量还会受到严重影响。果蔬采收后随着时间延长，新鲜度越来越低，这是由于果蔬收获后仍然是生命体，继续着呼吸作用，伴随着新陈代谢，引起了生物化学变化，消耗了氧分，造成鲜度降低。所以若使其收获后尽可能保持较好的鲜度，应该采取以下措施来保持低的呼吸作用：①在最短时间内预冷，以减慢呼吸作用和生物化学变化；②在最短的时间内将其运输到加工地点，运输时尽量避免长时间暴露在阳光下，避免剧烈颠簸和挤压。

(二)原料预处理

在冷冻前，近乎所有蔬菜都要进行必要的处理。处理的内容和工序由于蔬菜的种类和制品的形状等不同而异。一般蔬菜的预处理包括预冷、挑除异物、洗涤、去根、去皮、去种子等不可食部分，根据成熟度、形态、大小进行挑选、成型、烫漂、冷却、包装等。在加工过程中原料不能直接与铜或铁的容器直接接触，否则产品易变色变味，因此，加工过程中应使用不锈钢器具和塑料器具。下面重点介绍速冻加工的几个重要工序。

1. 预冷

在蔬菜原料产地，用人工或机械方法将其冷却到规定的温度，使蔬菜维持正常的生命活动，在保证抗病能力的前提下，把呼吸作用和蒸发作用降低到仍能维持正常新陈代谢的最低水平，这一冷却方法称为预冷。目前预冷已成为蔬菜采收后加工的第一道工序。

预冷方法：①空气预冷法(强制通风法)，即在高温冷藏库内采用冷气流强制对流的冷却方法，适用于所有蔬菜品种，该方法简单易行但冷却速度慢，通常每次需 12～14 h。②水预冷，即通过水冷却装置用水冷却，该方法适用于根茎类、果菜类蔬菜，此法设备简单、操作方便、冷却速度快、成本低，但是蔬菜的可溶性营养成分易流失，并易受冷却水中细菌的污染。③真空冷却，是利用水蒸发的汽化热冷却的方法，使蔬菜所含的水分在较低的温度下蒸发带走蔬菜自身的热量，达到冷却蔬菜的目的。具体的过程是：将水的压力从常压 0.1 MPa 降到 613 Pa 时，水的沸点从 100℃降到了 0℃，此时水在 0℃迅速地沸腾蒸发。根据计算，每蒸发 1 g 水，就能带走约 2 514 J 热量；蔬菜每失水 1%就能降温 6.2℃。因为真空冷却是靠蒸发蔬菜本身的水分而达到较低温度的冷却方法，所以对单位表面积较大的叶菜特别有效，此方法冷却速度比其他方法快，被冷却的蔬菜温度也比较均匀。

2. 烫漂

由于蔬菜中含有各种酶类，尽管处于冻结状态仍有一定活性，从而引起蔬菜变色变味、质构和营养变化。当解冻品温上升时酶活性变强，加快了生物化学变化，使产品质量恶化。大多数蔬菜都要进行漂烫工序，只有少数蔬菜在冻结前不进行加热处理，如洋葱、青柿子椒等。

(1)烫漂的目的　速冻蔬菜烫漂的最重要的目的是使酶的活性被限制在最小限度，避免速冻、冷藏、解冻过程发生生物化学反应，使蔬菜营养损失、颜色和风味变坏。其次，烫漂能杀死部分微生物，利于蔬菜贮藏。再次，排除蔬菜组织中的空气，减少蔬菜贮藏过程中的氧化作用。

有几种酶由于在较高温度下仍能保持活性而被认为是蔬菜在冷藏过程中发生化学变化的原因。因此，把生鲜蔬菜在更高的温度下加热，这类的变化就可以避免，例如，在 88℃温度下加热数分钟，也可在 100℃下加热约 30 s。原料有大小，同样的原料，由于根、茎、叶等部位的热传导快慢不同，杀酶的效果也不同。因此，要根据不同情况确定烫漂时间才能保证冻菜质量。

图 7-7、图 7-8 记录了烫漂温度和时间对刀豆的过氧化物酶和抗坏血酸氧化酶活性的影响。从这两图可以看出，过氧化物酶比抗坏血酸氧化酶的耐热性要强，也就是说，在同样加热的条件下，过氧化物酶活性的降低要慢得多。因此，烫漂效果的检验一般是检查抗热性较强的过氧化物酶的活性。

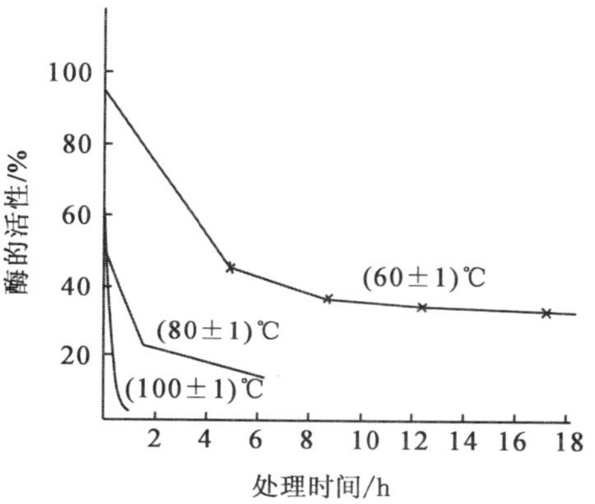

图 7-7　温度和时间对刀豆的过氧化物酶活性的影响

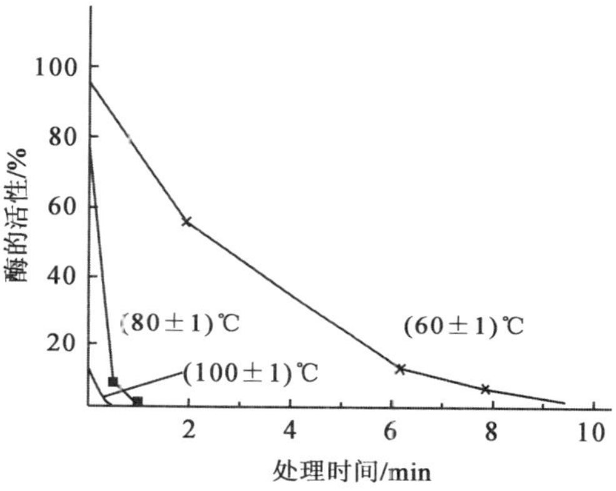

图 7-8　温度和时间对刀豆的抗坏血酸氧化酶活性的影响

(2)烫漂的方法　烫漂常用方法有热水烫漂和蒸汽烫漂两种。热水烫漂用水应符合生活饮用水的水质标准，水温多为 80～100℃，生产中常用水温为 93～96℃。烫漂时间因蔬菜种类和烫漂温度而不同。由于水的热容量大，传热速度快，因而热水烫漂时间较同温下蒸汽烫漂时间短，品温升高较均匀一致，适用的品种范围较广，操作简单，设备简单投资少。但热水烫漂存在着用水量大、蔬菜细胞破损严重、水溶性营养成分损失较多、失水率较大等方面的不足，影响到速冻蔬菜的风味、营养和外观品质，手工操作时劳动强度大。

蒸汽烫漂是把蔬菜放入流动的高温水蒸气(或水蒸气与空气混合气)中进行短时间的加热处理，紧接着用低温空气进行快速冷却。蒸汽温度为 100℃或 100℃以上，压力在 100 kPa 以上。此热烫和冷却方法对蔬菜细胞组织破坏性小，可减少水溶性营养成分的损失，如表 7-9 所示。它主要适用于叶菜类、果菜类和切细根菜类。该法存在热量损失较大，烫漂不均匀，水蒸气易在蔬菜表面凝结，需要专门的烫漂设备等缺点。

近几年，烫漂方法正在向快速、节能、操作控制方便的方向发展，主要新方法有微波烫漂、高温瞬时蒸汽烫漂、常温酸烫漂等。不管采用哪种烫漂方法，蔬菜的外观品质没有显著性差异，但在维生素 C 保持率、能耗和失水率等方面存在差异。

表 7-9　几种蔬菜在烫漂时成分的损失率　　%(质量分数)

品 种	无机盐			蛋白质			维生素 C		
	a	b	c	a	b	c	a	b	c
青豌豆	12	16	5	9	15	4	29	40	16
菜豆(薄片)	21	44	20	8	19	13	34	56	36
菜豆(整的)	9	11	15	0	10	3	7	18	8
胡萝卜(片)	15	24	10	30	30	26	26	39	22
胡萝卜(丁)	29	33	17	23	24	7	24	46	20
胡萝卜(整)	6	16	11	10	10	11	19	44	32
土豆(整)	7	19	10	8	10	10	32	34	39
甘蓝	10	23	17	5	12	11	31	48	11

注:a. 热水烫漂 1 min;b. 热水烫漂 6 min;c. 蒸汽烫漂 3 min。

微波烫漂:将预制的新鲜蔬菜放在 915 MHz 或 2 450 MHz 的电磁场中,利用微波的热力效应和生物效应,破坏酶的空间结构,使酶失活。此方法使蔬菜内外同时受热,品温上升快。

高温瞬时蒸汽烫漂:采用高温高压水蒸气短时间(5～6 s)加热蔬菜以达到烫漂效果,蔬菜汁液损失减少并改善其质构,热利用率高,节约能源。

常温酸烫漂:主要用于易褐变的蔬菜,如蘑菇,其中含有大量的多酚氧化酶,将蘑菇放在 pH 3.5、0.05 mol/L 柠檬酸溶液中浸泡几分钟,使酶的三级结构受到破坏,而且柠檬酸络合多酚氧化酶的中心离子,使酶失活。

烫漂温度和时间应根据蔬菜的种类、大小、成熟度、含酶种类和工艺要求等条件综合考虑确定,常以蔬菜中的过氧化物酶活性刚好全部破坏为度,也可以脂质氧化酶活性刚好全部破坏为标准,在生产中应结合实际情况,从蔬菜品质和节能两方面综合考虑,稍作调整。一般采用热水烫漂时,投料量与热水质量之比为 1∶20,以保证烫漂的有效温度。几种常见蔬菜在 100℃烫漂所需时间见表 7-10。

表 7-10　几种蔬菜的烫漂时间　　min

蔬菜种类	烫漂时间	蔬菜种类	烫漂时间
菜豆	2	青菜	2
刀豆	2.5	荷兰豆	1.5
菠菜	2	芋	10～12
黄瓜片	1.5	胡萝卜丁	2
蘑菇	3	蒜	1
南瓜片	2.5	蚕豆	2.5

注:条件为:100℃沸水。上海速冻蔬菜厂菜品。

(3)烫漂的检验　蔬菜烫漂的温度和时间与其效果密切相关。烫漂效果的检验一般是检查抗热性较强的过氧化物酶的活性,看其在烫漂后仍残留多少,来判断烫漂是否适当。具体方法:用 1.5%愈创木酚酒精液和 2% H_2O_2 等量混合后,将烫后蔬菜试样切片浸入其中,如果在数分钟后不变色,即表示过氧化物酶已被破坏,否则出现褐色。

有些蔬菜的风味、色泽受脂质氧化酶和脂质过氧化物酶的影响很大,因此,有时也可用脂质氧化酶和过氧化物酶的活性作为烫漂程度的指标。而这两种酶分别含有多种同工酶,每一种脂质氧化同工酶或过氧化物同工酶的抗热性不同，检验方法也有多种，如分光法等。

3.冷却和沥水

(1)冷却　蔬菜烫漂后应立即快速冷却，使其温度尽快降至5℃以下，以减少营养损失、色泽变坏。减少对热不稳定成分的变化。减少微生物繁殖，另外，原料品温低，进入冻结装置时还可减少冷冻时的干耗，缩短冻结时间。冷却方法有：①冷水浸泡。②用冷水喷淋冷却。③用冰水(或碎冰)冷却。④冷风冷却。浸泡和喷淋法会增加可溶性固形物的损失，还需沥去原料表面的水分；风冷却没有前者的缺点。

(2)沥水　用水冷却的蔬菜，冷却后必须沥水，特别是菠菜之类的叶菜类蔬菜，菜叶间的残留水分在冻结前会流出积聚于包装袋底部，冻结成冰块而影响成品外观。通常使用离心式、振动式沥水机沥水。

(三)速冻

目前，中国速冻生产厂普遍运用的方法有两种，一种是低温冻结间，是静止冻结，这种方式速度慢，冷冻产品质量不好，不宜推广。二是采用专用冻结装置生产，此方法速度快，产品质量好，适宜于各种速冻蔬菜。蔬菜冻结的速冻装置大体分为送风式(中国多用流化床速冻装置)、接触式和液氮或液态 CO_2 喷淋冻结装置，速冻蔬菜主要采月前两种形式的装置。无论采取哪种速冻方法，冻结速度和冻结品温这两点是获得优良冷冻产品的最重要因素。

在冻结过程中，最大冰晶生成温度带为－5～－1℃，在此温度范围内，原料的组织损伤最为严重。为使冰晶体损伤减小到最低程度，可采用迅速冻结法，即30 min内通过最大冰晶生成带，约80%的水分可冻结成冰。使冰晶体颗粒小而均匀地分布在细胞组织内，对组织结构不会造成机械损伤，可最大限度地保持冻结食品的质量和可逆性。

速冻应采用－35～－30℃以下的低温进行冻结，至果蔬的中心温度降到－18℃以下。冻结终温(冻结终了从冻结装置中把冻菜取出时的品温)要尽可能地达到冻藏温度或者接近这个温度，这对于冻藏后保持优良品质很重要。一般来说，冻藏室温度在－20℃以下，因此，冻结终温可以取－18℃以下。

需要注意的是，蔬菜在预处理时要经受烫漂过程的加热处理，如有条件，在冻结前将冷却后的蔬菜预冷使其冷透，品温接近于0℃，冷冻效果会更好，这一点很重要。如果冻结前原料的品温高，则相当于冻结过程经过最大冰晶生成温度带的时间加长了。前处理后的原料若不能立即进行冻结，应设法将其品温立即降到近于0℃，并放到冷藏室中暂时贮藏，以免发生变质。

(四)包装与冻藏

1.速冻食品包装的作用

速冻食品包装能有效控制食品在贮藏中的升华现象而引起的表面失水干燥；防止食品长期接触空气氧化变色；保持产品的卫生，防止食品受污染；便于运输销售。

2.速冻食品包装的要求

内包装要求耐低温、透气性低、不透水、无异味、无毒性等。铝箔、玻璃纸、纸和PVC、PE、PP、PET等塑料材料可作为内包装。包装形式有袋、托盘、杯、盒、桶。可采用普通包装、充氮包装、抽真空包装等，以0.06～0.08 mm厚的聚乙烯薄膜袋使用较多，充氮和抽真空包装效果好。外包装多用表面有防潮层的纸箱，标签或纸箱上印有品名、规格、重量、生产日期、贮存条件、贮藏期限、批号和生产厂家。

3. 包装注意事项

在包装前，所有包装材料须在－10℃以下低温间预冷；人工封袋时应注意排除空气，若不排除空气，在冻藏中将会加大蔬菜干燥和氧化的程度；包装内的蔬菜要摆放整齐紧密，尽量减少空隙，以免水蒸气从冻结蔬菜中向此空间移动，并在包装材料的内侧面凝霜，使透明的塑料膜变得白浊，其中的冻结蔬菜的表面就会变得粗糙而完全失去光泽并变得干燥；包装必须保证在－5℃以下低温环境中进行，温度在－4～－1℃以上时速冻蔬菜会发生重结晶现象，将大大地降低速冻蔬菜的品质；在包装前 1 h，包装间应开紫外灯灭菌，所有包装用器具、工作人员的工作服、帽、鞋、手均要定时消毒；工作场地及工作人员必须严格执行食品卫生标准，非操作人员不得随便进入，以防止污染；装箱后整箱进行复磅，用封口条封箱。

4. 冷藏注意事项

包装后立即送入－18℃以下的冷藏库贮藏，库温在短时间波动在所难免，一般尽量控制波动幅度不超过 1℃，大批产品进出库时，一昼夜升温应控制在 4℃以内。码垛时一定要注意高度限制，太高会造成塌垛现象，压坏冷冻产品。

(五)解冻

解冻就是将冷冻食品的温度回升到所指定的温度，使其内部的冰结晶融化成水，水分逐渐被细胞吸收，并保证恢复到最接近冻结前的状态，获得最大限度的可逆性。解冻是冻结的逆过程，也需要快速。解冻时间尽可能短、解冻终温尽可能低、解冻食品表面和中心部分的温差尽可能小、卫生条件较好才有利于恢复到冻结前的状态。但是不可能完全恢复到冻结前的状态，这主要因为解冻的方法不同和在解冻过程中要发生物理、化学变化，食品由于冰结晶对纤维细胞组织构造的损伤，使它们保持水分的能力减弱及蛋白质物理性质的变化，必然要产生汁液的流失；因为温度升高和冰结晶融化成水，能使微生物和酶的活动能力趋于活化。因此，冷冻果蔬解冻后要立即食用或加工，尽量不冷藏或冻藏，避免产品氧化褐变、流汁、营养损失，甚至受微生物影响腐败变质。

目前，冷冻食品的解冻方法有外部加热法和内部加热法两类。

(1)外部加热法　即由温度较高的物质向冷冻食品表面传送热量，热量由表面逐渐向中心传送。常用的该类方法有以下几种。

①空气解冻法，通常采用 25～40℃空气和蒸汽混合介质解冻。

②水(或盐水)解冻法，一般采用 15～20℃的水介质浸渍解冻。

③水蒸气凝结解冻法。

④热金属面接触解冻法。

(2)内部加热法　即在高频或微波场中使冻结晶各部位同时受热。常用的内部加热解冻方法如下。

①低频电流(50～60 Hz/s)加热解冻。该方法比空气和水解冻的速度快 2～3 倍，耗电少、费用低，其缺点是内部解冻不均，只适合薄片表面解冻。

②高频电流(1～50 MHz/s)加热解冻。解冻时间短，食品表面和内部同时加热。

③微波加热、超声波、远红外辐射等。解冻速度快，能较好地保持食品的色泽和营养，但成

本较高。

通常，解冻时低温缓慢比高温快速解冻流失汁液少。但蔬菜在热水中快速解冻比自然缓慢解冻流失汁液少。

速冻水果是供鲜食或作深加工原料用，不宜采用加热法解冻，采用低温全解冻方法较好。速冻蔬菜在解冻食用时，可直接烹饪，烹饪的火力要猛，加热要均匀，蒸煮时间要短，常温下不可久放。

二、典型的蔬菜加工技术

(一)速冻荷兰豆加工技术

1. 工艺流程

速冻荷兰豆加工工艺流程如图 7-9 所示。

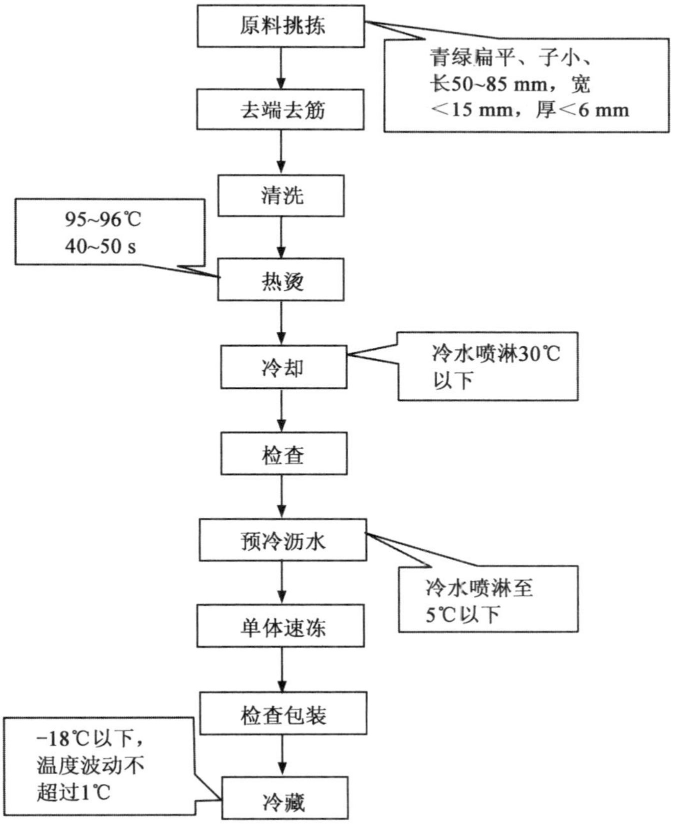

图 7-9　速冻荷兰豆加工工艺流程

2. 工艺要点

(1)原料选择　选出色泽青绿，豆荚扁平、子小、较直无明显弯曲，表面光滑无斑，无病虫害，豆荚长度在 50～85 mm、宽度＜15 mm、厚度＜6 mm 范围的荷兰豆。人工除去色浅、异色、粗老、有伤、有斑点或有虫的豆及杂质。

(2)去端去筋 手工将荷兰豆两侧的豆筋抽去，同时将荷兰豆两端去除。

(3)热烫和冷却 采用热水热烫，热烫温度95～96℃、热烫时间40～50 s。热烫后立即使用符合饮用卫生标准的水喷淋冷却至30℃以下(一级冷却)。为了加快降温速度和节约水源，可以利用后序预冷荷兰豆的较低温度的水再喷淋冷却(二级冷却)。

(4)检查 人工挑出因热烫产生的变色豆、烂豆及原料选择时漏筛的不合格豆。

(5)预冷、沥水 使用符合饮用卫生标准的冷水再次喷淋荷兰豆，冷却降温至5℃以下，紧接着用振动沥水和吹风除水方法除去豆荚上多余的水分。

(6)流态化单体速冻 使荷兰豆的中心温度较快降到－18℃以下，并且豆荚单体不粘连。

(7)检查包装 在－5℃以下的洁净环境中拣除结块豆、粘连豆、过弯豆和杂质及前序漏拣的不合格豆，然后称量，用塑料袋装好，热封袋封口，最后装箱。

(8)冷藏 包装后及时放入－18℃以下的低温冷库中冷藏。冷冻期间尽量减少冷库温度波动，最好不超过1℃。

3. 产品质量标准

(1)感官标准

①色泽：解冻前后色泽一致，均为正常的亮绿色。

②滋味和气味：解冻后具有荷兰豆应有的滋味和气味，没有异味。

③组织形态：豆荚基本直条、扁平子小、去端去筋、无裂缝，食之脆嫩无纤维感。

④杂质：无杂质异物，无病虫害。

(2)卫生标准 速冻荷兰豆微生物检验要符合国家卫生标准。

(二)速冻菜豆加工技术

菜豆又称四季豆、芸豆、豆角等，多以嫩荚作为菜用，含多种营养成分，食味鲜美，深受人们欢迎。在国际贸易中，菜豆占全部食用豆类贸易的20%～25%。菜豆贮藏性较差，易脱水老化、腐烂及在表皮出现褐斑(俗称“锈斑”)等，采用速冻保鲜可使菜豆贮藏期延长，调节蔬菜的季节供应，扩大出口，获得较好的经济效益。

1. 工艺流程

原料选择及处理→清洗→烫漂→冷却→滤水→速冻→包装→冷藏。

2. 工艺要点

(1)原料选择及处理 选择成熟度适中的新鲜嫩菜豆，去除有病虫斑的残次菜豆，摘掉筋，根据需要切成条、段或丝。

(2)清洗 清洗前可将原料在含有效氯浓度5～10 mg/L的水中适当浸泡，在浓度为15%～20%的盐水中浸泡20～60 min，达到驱虫、护色的目的，同时要及时清除浮在盐水表面的虫子。然后反复漂洗，以除去菜豆表面盐分和残虫。

(3)烫漂 清洗后的菜豆投入95～100℃沸水中进行烫漂，时间为2～3 min。

(4)冷却、滤水 取出菜豆，立即投进冷水中冷却，冷至中心温度10℃以下(最好冷至0℃)。冷却后沥去表面水分，以保证单体快速冻结，一般采用柔性振动和吹风结合。

(5)速冻 将冷却后的菜豆均匀放入速冻机内，温度为－30℃以下，待中心温度低于

−18℃ 以下时出货。

(6)包装、冷藏　速冻后立即装入 PE(聚乙烯)薄膜袋封口。置−18℃以下冷藏库冷藏，尽量避免温度波动。

(三)速冻豌豆加工技术

1.速冻豌豆粒

(1)工艺流程　原料验收→剥豆粒→分级→浸盐水→漂洗→拣豆→烫漂→冷却→沥水→冻结→包装→冻藏。

(2)工艺要点

①原料验收：选用白花品种，要求豆粒鲜嫩、饱满、均匀，呈鲜绿色，色泽一致。加工成熟度应选择乳熟期，过迟或过早都会影响品质。乳熟期的豌豆含糖量最高而淀粉最少，质地柔软，甜味适口，但这样的时间很短。如推迟几天采收，原料质量就要发生变化，所以一定要掌握适宜采收时间，并及时加工。

②剥豆粒：人工或机器剥荚，机械剥荚应尽量避免机械损伤。分级去荚后的豆粒按直径大小分成各种规格，按产品标准用筛分级。

③浸盐水：将豆粒放入2%的盐水中浸泡约 30 min，既可除虫，又可分离老熟豆。先捞取上浮豌豆，下沉的老熟豆作次品处理。浸泡后的豆粒用流水冲洗干净。

④拣豆：将浮选漂洗后的豆粒倒在工作台上，剔除失色豆粒如花斑豆、黄白色豆、棕色豆等色泽不正常的豆粒。表面有破裂、有病虫害的豆粒也应剔除，同时也应剔除碎荚、草屑等杂质。

⑤烫漂：沸水烫漂 1.5～3 min，要适当翻动，使之受热均匀，烫漂时间视豆粒的大小和成熟度而定，品质和熟度以口尝无豆腥味为宜。

⑥冷却、沥水：冷却后的豆粒立即投入冷水或冰水冷却，慢慢搅拌，加速冷却。冷却后捞出沥干水分。

⑦冻结：采用 IQF 冻结。

⑧包装、冻藏：冻结后按各种规格包装，纸箱和塑料袋应注明规格，然后冻藏。

(3)产品质量标准　呈鲜绿色不带异色豆；具有本品种应有的滋味及气味，无异味；组织鲜嫩，豆粒饱满，无破碎豆，无硬粒豆，无病虫害。

2.速冻豌豆荚

(1)工艺流程　原料验收→去端、除筋→浸盐水→漂洗→烫漂→冷却→沥水→冻结→包装→冻藏。

(2)工艺要点

①原料验收：选适于嫩荚食用的品种。在豆荚脆嫩，纤维少时采收，过迟或过早都会影响品质。采收后及时运输和加工。

②去端、除筋：人工除去两尖端和侧筋。剔除有病虫害、机械伤等不合格的原料。

③浸盐水：在2%盐水中浸泡 15 min，以驱除小虫。

④漂洗：将盐分、小虫、黏附的杂质和微生物漂洗干净。

⑤烫漂：沸水烫漂 1 min 至豆荚变鲜绿色、以口尝无豆腥味为宜。

⑥冷却、沥水：冷却后的豆荚立即投入冷水或冰水冷却，冷却后捞出沥干水分。

⑦冻结：采用 IQF 冻结。

⑧包装、冻藏：冻结后包装，然后冻藏。

(3)产品质量标准　呈鲜绿色；具有本品种应有的滋味及气味，无异味；组织鲜嫩，食之无粗纤维感，豆荚完整，无病虫害。

(四)速冻菠菜加工技术

1. 工艺流程

原料采收→挑选→清洗→整理→烫漂→冷却、沥水→速冻→包冰衣→包装→冷藏。

2. 工艺要点

(1)原料采收　菠菜是欧美国家的一个主要速冻蔬菜加工品种，叶嫩无纤维、花茎生长前机械采收。中国目前还是人工采收，菠菜加工出口日本较多。菠菜主要有圆叶和尖叶两类，圆叶菠菜适合速冻，尖叶适合冷藏。

(2)原料挑拣　应选择鲜嫩、无黄叶、无白斑、无抽薹、无病虫害的圆叶菠菜。采收后尽快加工，剔除枯黄叶，剪掉约 0.5 cm 的根头，修去根须。

(3)清洗整理　将菠菜逐棵用清水清洗，轻轻地捆成小把一排排地放在筐中。

(4)烫漂冷却　沸水热烫 1 min，立即冷却至 10℃以下。

(5)沥水　紧接着用振动沥水和吹风除水方法除去菠菜上多余的水分。

(6)速冻　菠菜不超过 4 cm 厚，选用传送带式速冻器，冷风温度为－40～－35℃，可在 40 min 内完成冻结。

(7)包冰衣　菠菜在冻藏中容易产生升华失水，影响产品质量。因此，冻结后立即包冰衣，冰衣既可防止干耗还可以护色。具体方法：将冻好的菠菜块放在 3～5℃的冷水中浸渍 3～5 s，迅速捞出，即可包上一层冰衣。

(8)包装　将包好冰衣的菠菜块装入聚乙烯袋中，封口，装入纸箱中。

(9)冷藏　将以上装好的菠菜立即放在－18℃以下的低温冷库中冷藏。

3. 产品质量标准

(1)感官标准

①色泽：解冻前后色泽一致，均为正常的绿色。

②滋味和气味：解冻后具有菠菜应有的滋味和气味，没有异味。

③组织形态：菠菜叶完整不碎烂。

④杂质：无杂质异物，无病虫害。

(2)卫生标准　要符合国家标准，农药的残留量符合国家规定。

(五)速冻青椒加工技术

1. 工艺流程

原料验收→挑选→清洗→杀菌→漂选→切头、尾→切丝→浸泡→沥水→复挑选→称重→装袋→装盘→冷冻→封口包装→贮藏。

2. 工艺要点

(1)原料验收　青椒果肉鲜嫩肥厚，质地脆嫩，皮呈鲜绿色，有光泽，无机械损伤、病虫害、异色斑点、老化等。

(2)清洗　用流动清水将青椒表面清洗干净。

(3)杀菌　将清洗后的青椒投入0.005%～0.01%的次氯酸钠溶液中杀菌，时间为60 s，每次投入的青椒与次氯酸钠溶液的质量比为1∶7。

(4)切丝　用切丝机将青椒切成宽5 mm的丝。

(5)浸泡　由于青椒速冻后食用时会产生异味，因而在速冻前要进行处理。浸泡液要提前配制，配制方法如下：

①将品质改良剂A配成浓度为50%的水溶液。

②在不锈钢水池中加水150 L，边搅拌边加入品质改良剂A(50%)溶液600 g，再加入试剂B 3 kg，待完全溶解后加入余下的150 L水。

③静置3 min后再充分搅拌，待用。300 L的浸泡液可处理125 kg的青椒丝，浸泡时间为30 min，每隔10 min搅拌一次，然后取出青椒丝。

品质改良剂A的配方：偏磷酸钠15%；明矾20%；柠檬酸10%；维生素C 3%；富马酸10%；乳酸钙10%；乳糖32%。试剂B的配方为：碳酸钠50%；异抗坏血酸钠50%。

称量、装袋。称取质量为500 g的青椒丝，装入塑料袋中，增量为2%，要求内容物距袋边3 cm以下。然后袋口折叠放入铝盘中轻轻拍平。

(6)冷冻　装盘后放在冻结间进行冻结，冻结间温度在－35℃以下，使冻品中心温度在－18℃以下。

(7)异物探测。青椒丝通过金属探测仪，确保产品中不存在金属异物。

3.产品质量标准

(1)感官指标

①色泽：呈青椒本身的鲜绿色，色泽一致。

②风味：具有青椒特有的气味，味甜，无异味。

③组织形态：新鲜，食之无纤维感，形态完整，果肉肥厚，无腐烂、蒂梗、虫斑、籽等。

规格：长度3.5～7 cm，宽度(5±1)mm的丝状。

袋尺寸：20.5 cm×15.5 cm×8.0 cm。

(2)卫生标准　符合食品卫生的要求。

(3)细菌指标　细菌总数小于3×10^6个/g；大肠菌群呈阴性。

(六)速冻甘薯茎尖的加工工艺

甘薯茎尖(100～150 mm段)及嫩叶、叶柄，作蔬菜用营养价值很高。据有关化验分析：茎尖粗蛋白含量为干重的12.1%～25.1%，与猪牛肉相当。茎叶和茎尖的蛋白质为2.7%、钙为74 mg/kg、铁为4 mg/kg、胡萝卜素为5 580 IU/100 g、烟酸为6～10 mg/kg，维生素B_1为3 mg/kg，维生素B_6为2.1 mg/kg，维生素C为41.07 mg/kg，尤其是胡萝卜素含量比胡萝卜高出3.8倍，是大多蔬菜不可比拟的。科学研究表明，甘薯茎尖具有补虚益气、健脾强肾、益肺生津、补肝明目、抗癌、延缓衰老等作用。在我国，由于甘薯茎尖的保鲜及运输问题迟迟未解决，所以，尽管产量大，但一直没有被充分利用起来。速冻甘薯茎尖是速冻蔬菜的新品种，它是将新鲜甘薯茎尖通过清洗、漂烫、速冻等加工处理后，和其他速冻蔬菜一样，较大程度地保持了新鲜甘薯茎尖原有的色泽、风味和维生素,可作长期贮藏,且食用方便,是一种不可多得的天然绿色保健食品。

1.工艺流程

原料采摘→清洗→漂烫→冷却→速冻→包装→冷藏。

2.工艺要点

(1)原料采摘　选取甘薯秧蔓顶端100～150 mm段的嫩茎尖,剔除老叶、黄叶、虫叶、蜘蛛叶,要求无虫眼,无霉叶,叶色亮绿、鲜嫩。采摘时要求不浸水捆扎,专用塑料篮散装,及时运输加工,以免发生变质。

(2)清洗　将采回的嫩尖放于流动水下冲洗,将上面的尘土、泥沙冲掉。因速冻甘薯茎尖食用时不再洗涤,解冻后直接烹饪,所以必须清洗干净。

(3)漂烫　为了保持嫩尖的颜色鲜绿,采用$NaHCO_3$溶液护色。把含0.01%$NaHCO_3$的热水烧至100℃,将甘薯茎尖用塑料吊篮迅速放入其中,要求漂烫5～10 s,达到半熟程度,立即送预冷间。漂烫时间把握适度,漂烫时间过长以及不及时冷却,都会使速冻茎尖在贮藏中变色、变味、质量下降,并使贮藏期缩短;漂烫时间过短起不到杀菌和灭酶的效果。

(4)冷却　将送入预冷间的嫩尖迅速置于流动的冷却水中进行冷却冲洗,使其内部充分冷却,温度下降至10℃左右,然后沥干水分。

(5)速冻　采用平面网带式速冻机,迅速冻结甘薯茎尖,冻结器平均温度－32℃,冻品进货平均温度约15℃,出货温度－18℃。控制好茎尖最大冰晶区生成的冻结速度、时间,以免甘薯茎尖产生大冰晶。叶组织细胞大幅度破坏,造成解冻后营养成分的流失,失去应有的鲜味和形态。

(6)包装冷藏　一面速冻,一面定量包装,一般规格为0.5 kg、1 kg、2 kg,采用食品用塑料袋,然后放入20 kg计量防水外包装纸箱,打包捆扎,要求贮藏温度－18℃以下。

3.产品质量标准

(1)感官指标　形体要完整,长短一致,无腐烂现象,色泽呈草绿色。

(2)卫生指标　重金属含量符合国家卫生标准:Pb≤1.0 mg/kg,As≤0.5 mg/kg,Cu≤1.0 mg/kg,Hg≤0.01 mg/kg。

(七)速冻茎椰菜加工技术

茎椰菜又名青花菜,供食用的部分主要是带有小花蕾的嫩茎,其色青绿,味清甜而不辣,肉质脆嫩,口感好,营养价值比白色花椰菜高,在国内外市场深受消费者的欢迎。

1.工艺流程

原料挑选→切碎→修整→护色→驱虫→漂洗→热烫→冷却→包装→金属检测→装箱。

2.工艺要点

(1)原料选择　原料新鲜度是决定茎椰菜色、香、味的首要因素,原料越新鲜产品的色、香、味就越好,营养物质保存得就越多,产品的质量也就越佳,因此原料从采收到加工的时间越短,产品质量就越好,在加工过程中要做到快速加工,不积压,不堆垛。

原料成熟度要适中,要做到适时收获,即花蕾球已充分发育良好,花簇紧密整齐,尚未松散和吐花之前为最佳。收获太早则花蕾尚未充分发育成熟,产量低;收获太晚则蕾球松散,花蕾开放，露出黄色的小花瓣，花球面高低不平；原料呈青绿色，无发黄、无虫蛀、无黑斑霉烂和污染现象；每只蕾球不小于 400 g。

(2)预处理　为便于产品包装和销售，根据市场的消费习惯，必须将蕾球按蕾簇的生长顺序切割成带嫩茎的小朵形花蕾簇，花蕾面径的宽度 3 cm 左右，蕾茎长度为 4～5 cm，同时要修除花蕾簇面部的异色小斑点，削净茎部皮层的粗老纤维质和黑色病斑点，要保持茎面光滑美观。

(3)原料的护色和驱虫　为防止削面的氧化褐变，经切削带茎的小朵花蕾簇应立即浸入至 2%～3%的食盐水溶液内浸泡 30 min 左右，驱除潜伏在花蕾簇内的小昆虫。

(4)清洗与沥水　经盐液浸泡后的原料应立即移入流动的清水池中反复漂洗，清除盐水残留液及原料本身携带的尘土、泥沙和杂质，使原料达到清洁卫生的要求。将洗净后的原料移入振动筛网或离心甩干机内除去表面水分，然后进行热烫。

(5)热烫与冷却　热烫即预煮和烫漂，就是把原料投入至沸水或蒸汽中烫几分钟或几秒钟后取出，迅速冷却。主要作用是破坏蔬菜中氧化酶的活性，抑制和阻止蔬菜在冻结、冷藏过程中氧化酶的活性，抑制和阻止蔬菜在冻结、冷藏过程中由于酶类引起的变色和产生异味。因此，热烫温度和时间的选择是保持蔬菜色、香、味的重要环节。热烫设备最好选用螺旋式连续热烫机，即热烫机和冷却槽衔接在一起构成的热烫冷却流水线。

沥水后原料由原料口进入机内沸水中进行热烫处理，水温保持在 96～98℃，热烫时间为 1.5～2.0 min。机温度可以自动控制，温差变化小，时间可自动调节，投料均匀，热烫效果好。热烫后的原料随即置入冷却槽迅速冷却降温。对生产能力小的厂家，热烫设备可采用夹层锅或不锈钢板焊制成的长方形热烫槽，槽的大小可根据生产能力设计，一般可容纳 150 kg 的清水，水与原料的质量比为 10 : 1，槽中通入蒸汽进行加热，待水沸，将装在篮筐中的原料约 15 kg 浸入至沸水中，水温需保持在 96～98℃，时间为 1.5～2.0 min，并轻轻翻转原料数次，使原料受热均匀。热烫用水的水质必须符合国家饮用水的标准，要经常更换新水，以保持水质清洁卫生，同时要控制好热烫水的 pH 在 7～8，保持水质呈弱碱性，必要时可加入适量的碳酸氢钠水溶液加以调配，这样能使叶绿素水解产生的叶绿原素与钠结合形成稳定的钠盐，保持蔬菜的绿色，否则在原料的连续漂烫过程中溶于热水的有机酸会使热烫水的酸性增强，而绿色蔬菜在酸性环境中，叶绿素中的镁离子会被氢离子取代，使叶绿素受到破坏，变成脱镁叶绿素，从而使绿色蔬菜失去鲜艳的绿色光泽以致褪色变黄。热烫后蔬菜本身的温度还很高，若不及时冷却，蔬菜会过度软化，从而使产品的品质下降。冷却介质的温度要低，而且速度要快，这是保持茎椰菜脆度和色泽的关键。冷却方法是将烫漂过的原料先用冷水喷淋降温后再移入 5℃以下的冷却水池中继续冷透。如采用符合卫生标准的碎冰水进行冷却降温，则效果更佳。

(6)原料的速冻　对原料必须采用快速冻结法，快速冻结是保证绿色蔬菜原有色、香、味的重要条件。只有采用快速冻结法，才能使蔬菜内 90%的自由水在细胞内和细胞间隙处同时形成微小、均匀的冰晶体，才能使冻品达到最大的可逆性，最大限度地保持蔬菜原有的色、香、味。

流态式冻结机是单体快速冻结的一种理想设备。在速冻前将速冻机先用高压水枪冲洗消毒，随后开机，将冻结间先预冷至－25℃以下，再将处理过的原料由提升输送带送入振动筛床，沥尽水分并把原料振散后送入冻结间冻结，冻结温度应控制在－25～－20℃，冻结时间为 8～10 min，使原料的中心温度达到－18℃以下。冻结完毕，冻品由冻结间出料口的滑槽连续不断地排出机外，落到皮带输送机上送入－5℃的包装车间立即装袋、称重，并通过金属检测器后封口，然后装箱入库冷藏。

(7)包装与冻藏　为防止冻品在包装过程中温度波动，影响冻品品质，包装车间的温度必须保持在－5℃以下，包装纸箱必须先预冷后再使用。包装工人的动作要熟练，操作要迅速，非包装工人不得任意出入包装车间，要做到冻品边出边装袋、边称重，并迅速通过金属检测器检查后立即封口装箱。内包装通常使用0.06～0.08 mm厚的聚乙烯薄膜袋，每袋装500 g；外包装为双瓦楞纸箱，必须具有良好的防潮性能和耐压能力，每箱装20袋，总质量为10 kg。装箱完毕后注明标记送入冷库冻藏，切不可久留在包装车间。

(8)冻藏　冻品必须存放在冻菜专用的冷藏库内，冷藏温度为－25～－20℃，温度波动范围为±1℃，相对湿度为95%～100%，波动范围在5%以内。冷藏温度要基本稳定，冷藏温度和冻结温度要保持基本一致。在冷藏期间不仅要注意冻品存放时间的长短，更要注意冷库温度的波动，以确保冻品质量。

(八)速冻苦瓜加工技术

苦瓜为葫芦科一年生蔓性草本植物果实，其性味苦寒，具有清热解毒、清心明目、滋养强壮、降低血糖等功效，有抑菌和抗病毒的作用，同时富含蛋白质、维生素、多种氨基酸及矿物质，是一种深受人们喜爱的食药两用的食品。但其季节性强，鲜食期短，不能满足市场需求。速冻苦瓜经原料预处理后，在－30℃的速冻设备中速冻，于－18℃的低温条件下贮藏，可全年供应。

1.工艺流程

原料验收→预冷→分级→漂洗→剖切、去瓤→预煮→冷却→护色→沥水晾干→摆盘→速冻→包装→冷藏。

2.工艺要点

(1)原料验收　肉质厚，成熟度适中，外皮呈绿色，无机械伤，无病斑，无虫害的新鲜优质苦瓜。

(2)预冷　将苦瓜放在预冷间，在5～10℃的温度下冷却，除去田间热和呼吸热，若原料来不及验收，可在验收前进行预冷。

(3)分级　根据色泽大小分级，分为乳白、淡绿两级，每级大小长短一致。

(4)漂洗　用流动水漂洗苦瓜，除去杂质、泥沙。

(5)剖切、去瓤　用刀把苦瓜纵切对剖，切两端，去瓤，去籽，根据需求切分，如切片、切块、切段等。

(6)预煮　将苦瓜放在90～95℃沸水中热烫3～4 min，以钝化组织中酶的活性，杀死部分微生物、排出组织中部分气体和部分水分，防止热烫过度和不足。

(7)冷却　预煮后立即分段冷却，避免物料长时间受热，使某些可溶性物质发生变化，保证产品的品质和质量。首先在流动水槽中，用自来水进行第一次冷却，然后在水冷却器中，用5～10℃的冷水进行第二次冷却，使其温度下降到10～15℃。

(8)护色、清洗、沥水晾干　将苦瓜浸泡于护绿液中1 h(真空条件下效果更好)使护绿液中铜离子、钙离子和锌离子渗入组织中。将苦瓜捞出，用清水冲洗干净，沥水、晾干，时间10～15 min，同时平放入盘中，注意不要堆积。

(9)速冻 采用隧道式单体速冻机速冻，冻结温度为－30℃，冻结时间为 10～15 min。

(10)称量包装、贮藏 称 0.25 kg、0.50 kg 的小包装，包装间的温度为 5～10℃。

速冻包装好的产品立即放在－18℃的冷藏库中贮藏，库温波动±1℃，避免重结晶和水分蒸发。注意堆放整齐，有外包装的每五层加一个底盘，无外包装的分层堆放，以防止下部的速冻苦瓜黏结。

3. 产品质量标准

(1)感官指标

①色泽：解冻前后均具有苦瓜品种的正常颜色，即乳白、淡绿。

②滋味及气味：解冻后具有苦瓜应有的滋味和气味，无异味。

③组织形态：大小长短均匀，单体无黏结，苦瓜表面和袋内无冰霜。

④杂质：不允许存在。

(2)理化指标 中心温度≤－18℃；食品添加剂：按 GB 2760 执行；农药残留量：符合我国绿色食品要求和输入国卫生许可标准。

(3)微生物指标 细菌总数≤10 万个/g；大肠菌群≤100/100 g；致病菌不得检出。

(九)速冻胡萝卜加工技术

胡萝卜经原料预处理后，在－30℃的速冻设备中速冻，于－18℃的低温条件下贮藏，可长期保持原有的生物活性成分、风味、品质不变，延长上市时间，调节市场供应，并且有利于远运外销，提高经济效益。

1. 工艺流程

原料验收→清洗→整理→去皮→切分→挑选→烫漂→冷却→沥水→速冻→包装→冷藏→解冻。

2. 工艺要点

(1)原料验收 胡萝卜要求选用肉红色，表面光滑无沟痕，形状挺直，肉质柔嫩，髓部小，大小均匀一致，无病虫害，无损伤，无腐烂变质，无斑疤，根形正常，充分成熟的原料。

(2)清洗、整理 清除胡萝卜表面黏附的泥土、沙粒和大量的微生物，及表面残留的农药，同时要对清洗用水及时更换，保持其清洁程度。切除胡萝卜的头部和表面的须根。

(3)去皮、切分 采用手工或机械去皮，削净表面及不能食用的部分。

一般根据国际市场销售习惯或客户要求而定，可切分成不同形状。切片规格厚度一般在 0.3 cm 左右，直径 3 cm 左右(圆形)；切丁规格为边长 0.8～1.0 cm 小方块或橘瓣块；切丝规格为厚 0.2 cm，长 3～4 cm 的细丝。

(4)挑选 可用筛选法。将切成丁、片、丝的原料进行分级，相同规则大小的原料筛选在一起，根据实际需要分为不同的级别，以便对不同级别的原料分批速冻。

(5)烫漂 将切分的胡萝卜放入筐内，在 pH 6.5～7.0 沸水中热烫 1.5～2 min，以钝化组织中的酶活性，杀死部分微生物，排出组织中部分气体和部分水分。要防止热烫过度和不足，热烫时要不断搅拌，根据需要可添加 1%氯化钠或氯化钙，可防止产品氧化变色。

(6)冷却、沥水 热烫后立即分段冷却，以减少余热效应对原料品质和营养的破坏。首先在流动水槽中，用自来水进行第一次冷却，然后在冷却槽中，用 0～5℃的冷水第二次冷却，使物料温度最后达到 1～5℃。采用中速离心机或振荡机沥去表面多余的水分，离心机转速为 2 000 r/min，沥水时间为 10～15 min。

(7)速冻　将散体原料装入冻结盘或直接铺放在传送带上，采用液态氮快速冷冻，冻结温度为－35～－25℃，冻结原料厚度为 5.0～7.5 cm，冻结时间为 10～30 min。

(8)包装　为防止冻结后的产品在冷藏中脱水干耗萎蔫和因与空气的接触而氧化变色，因此，对冻结原料应立即包装。一般用 0.06～0.08 mm 聚乙烯薄膜袋，每袋包装容量 500 g 较为适宜，外包装采用双瓦楞纸箱，每箱 10 kg。为防止在解冻和冷藏干耗时短缺分量，每袋应酌情增重 2%～3%。包装间的温度为 0～5℃。

(9)冷藏　包装好的产品立即放在－21～－18℃，相对湿度 95%～100%，库温波动±1℃的冷库中贮藏，避免重结晶和水分蒸发，一般安全贮藏期 12～15 个月，并可随时鲜销。

(10)解冻　解冻的方法较多，可放在冰箱、室温、冷水、温水或热水中解冻，解冻的过程愈短愈好，在微波炉中解冻更好。解冻后的原料在烹调时不宜过分加热，烹调时间要短。

3.产品质量标准

(1)感官指标

①色泽：呈淡红或橘红色。

②滋味及气味：具有胡萝卜应有的滋味和气味，无异味。

③组织形态：胡萝卜粒大小均匀，碎粒和不规则粒不得超过 3%。

④杂质：不允许存在。

(2)理化指标　黄曲霉毒素 B(μg/kg)≤5；铅(mg/kg)≤1；砷(mg/kg)≤0.5；食品添加剂按 GB 2760 执行。

(3)微生物指标　细菌总数(CFU/g)≤300 000；致病菌不得检出；霉菌总数(CFU/g)≤1 500。

注意事项：

● 速冻胡萝卜必须热烫处理，并且热烫要充分，不得夹生和热烫过度，否则其质量和风味不佳。对原料沥水要彻底，这样能避免表面多余的水分在冻结后发生相互粘连或黏结在冻结设备上。原料在速冻时，在冻结盘或输送带上的摆放厚度不能太厚，这样才能在短时间内达到迅速而均匀冻结的目的。速冻的胡萝卜在食用之前解冻，并且解冻之后立即食用，不宜在室温下长时间搁置待用。

(十)速冻竹笋加工技术

1.工艺流程

原料选择→清洗→剥壳→除笋衣和粗纤维→切片(丝)→漂烫→冷水喷淋冷却→冷水浸泡冷却→冷冻水浸泡冷却→沥水→速冻→检查→包装→金属探查→抽检→冷藏→冷链运输→冷柜销售。

2.工艺要点

(1)原料选择　选用新鲜无病虫害，符合国家卫生标准 GB 18406.1 无公害蔬菜安全要求的麻(甜)竹笋。

(2)原料预处理　将原料清洗干净，然后用剥壳机剥去笋壳，人工除去笋衣，切除笋基部纤维化部分，按规格（笋片 4 cm×1.5 cm×0.4 cm、笋丝 4 cm×0.4 cm×0.4 cm）切片或切丝，并立即用流动水冲洗以防笋肉褐变和发酵。

（3）漂烫　目的是钝化竹笋组织中酶的活性并杀菌，防止笋肉纤维化、氧化变色和微生物污染，用 96～98℃热水漂烫 2 min。由于此工序关系到产品微生物卫生标准，应严格控制工艺条件。

（4）预冷处理、沥水　冻结前物料的品温越接近冻结点，则物料冻结越快，产品的质量越好。因此，速冻前经过冷水喷淋、冷水浸泡和冷冻水浸泡三个阶段，逐渐将料温度降至 10℃左右。为了控制微生物的生长繁殖，在浸泡笋丝的冷水和冷冻水中添加含氯消毒液，以保证有效氯浓度为 4～5 mg/L；每 4 h 更换 1 次冷却水以确保其清洁卫生。冷水和冷冻水应处于流动状态以提高冷却效果。

预冷后的笋丝通过不锈钢输送带送往冷冻区的同时进行振动和吹风，去除笋丝表面的水分，防止冷冻时笋丝粘连在一起。

（5）速冻　采用流化床式速冻方法，温度－35～－30℃，流速 4 m/s 的冷空气从输送带下面向上吹，将笋丝吹起似沸腾状进行速冻。笋丝速冻过程分为两区段完成，第一区段为表层冻结区，第二区段为深温冻结区。笋丝进入冻结室后，首先进行快速冷却，即表层冷却至冰点温度使表层冻结，笋丝间或笋丝与不锈钢传送带间成散离状态，互不粘连，然后进入第二区段深温冻结至中心温度为－18℃以下，整个冷冻过程约 10 min 完成。

（6）在线检查　冻结的笋丝出冷冻室至包装前，在运行的输送带上由人工检查并剔除带黑点的笋丝与杂质，粘连的笋丝则拣出放回冷水浸泡工段解冻分离，重新冷冻。

（7）包装　包装材料经过预冷和紫外线杀菌处理后进入包装间。内包装用聚乙烯薄膜袋，外包装用纸箱，每箱净重 10 kg。

（8）检验　包括金属探测器探查和成品抽查。因为剥壳、切丝和速冻工序可能因设备破损或螺钉脱落而在产品中残留金属碎片，产生危害，所以须用金属探测器对包装后的每一箱产品进行金属检查方可入库。成品的抽查包括温度检查和不良率检查，抽样率为产品总量的 3%（箱）。温度检查，即用温度计插入包装箱中心测定产品品温，温度应低于－18℃，否则重新冷冻；不良率检查是将抽到的全部样品箱中的竹笋倒出称重，即得到样品总重量，然后将 3 片以上（含 3 片）的联结团、带黑点的或长度小于 3 cm 的笋片或笋丝检出称重，这部分笋片或笋丝的重量占样品总重的比例称为不良率。

（9）冷藏　冷藏库的库内温度应保持在－18℃以下，温度波动要求控制在 2℃以内。

（10）运输与销售　长途运输应保持品温在－18℃以下，短途运输允许温度升至－15℃，但交货后应尽快降至－18℃。销售冷柜应保持－15℃，允许短时升温但不得高于－12℃。

3. 产品质量标准

（1）结冻状态感官指标

①色泽：白色或淡黄色，色泽基本一致。

②组织形态：笋丝粗细均匀，长短基本一致。

③异物：异物不得检出；不良率≤12%。

（2）解冻状态感官指标

①色泽：淡黄色，色泽基本一致。

②风味：具竹笋特有的风味，无异味。

③质地：脆嫩，无粗纤维。

(3)微生物指标　细菌总数≤5×10^{5}个/g；大肠菌群≤1 000个/g；大肠埃希杆菌≤10个/g；酵母菌≤1 000个/g；霉菌≤500个/g；致病菌不得检出。

(十一)速冻玉米加工技术

1. 工艺流程

玉米果穗→人工去皮→洗净并剔除杂质→蒸煮→急剧冷却→沥干水分→速冻→包装→冷藏。

2. 操作要点

(1)采收糯玉米果穗　一般在糯玉米授粉后22～27 d时采收为宜，此时玉米籽粒基本达到最大，胚乳呈糊状，粒顶将要发硬，用手掐可掐出少许浆状水。为减少营养成分的损失，一般要求采收后立即加工处理，不能在常温下过夜。

(2)人工去皮　去除病虫害和锈尖部分，剪去花丝残余，去穗柄，要求保留靠籽粒的一层嫩皮，也可根据需要将玉米穗切整齐。

(3)清洗　用清水将玉米冲洗干净并去除杂质。

(4)蒸煮　根据收获玉米的老嫩，在105℃温度下，嫩穗蒸10 min，老穗蒸15 min，以熟透为宜。

(5)急剧冷却　用温度4～8℃的净水，使糯玉米的中心温度急剧冷却到25℃以下，目的是防止果穗籽粒脱水。之后沥干玉米上的水分。

(6)速冻　采用速冻可减少玉米营养成分的损失。方法是用速冻机在－30℃进行速冻，速冻越快，质量越好。速冻的方法有两种，一是干法速冻，即将处理好的玉米棒直接速冻；一是湿法速冻，即将玉米棒放入含有6.5%的糖和2%的盐的溶液中浸泡后再速冻。湿法速冻比干法速冻的产品味道好，色泽鲜。

(7)包装冷藏　速冻好的玉米用塑料袋包装后送入－18℃的冷藏库冷藏。

【任务分析】

针对速冻蔬菜加工企业要生产速冻产品的需要，进行速冻菠菜的生产。主要包括菠菜的原料选择、预处理和速冻工艺，并注意预处理和速冻的关键控制因素。本任务从企业生产实际出发，通过基础理论的学习和实践锻炼，使学生学习速冻蔬菜生产工艺，完成蔬菜的加工。

【任务实施】

一、工作准备

(1)按照加工流程分配工作小组，明确各自职责。

(2)按照加工流程的操作要点落实各小组的加工设备及所需工具、盛装器皿。

二、计划实施

(一)小组讨论,制订工作方案、确定人员分工

1. 工作方案

表 7-11 方案设计表

组长		组员			
学习项目					
学习时间		地点		指导教师	
准备内容	加工流程方案				
	加工设备及工具				
具体步骤					

2. 人员分工

表 7-12 工作分工表

姓名	工作分工	完成时间	完成效果

(二)产品加工

表 7-13 设备及工具统计表

设备及工具名称	型号	数量/个	使用前情况	使用后情况

(三)加工后整理

表 7-14　回收登记表

组号	所用材料	使用情况	所用工具	使用情况	所用仪器	使用情况

【评价与反馈】

1. 小组内评价

表 7-15　小组内评价表

班级		小组		姓名	
等级	实训态度/20	操作能力/30	实训报告/30	能力创新/20	总分
A	实训认真，积极主动，操作仔细，认真记录 16～20	熟练操作，提问有深度 24～30	团结小组成员，有号召力 24～30	PPT 制作能力强，表达能力强 16～20	
B	较好 12～16	较好 18～24	较好 18～24	较好 12～16	
C	一般 8～12	一般 12～18	一般 12～18	一般 8～12	
D	较差 0～8	较差 0～12	较差 0～12	较差 0～8	
得分					

2. 小组间评价

表 7-16　小组间评价表

班级		小组	评价人	
等级	操作评分/40	结果评价/40	答辩/20	总分
A	方法正确、操作熟练 16～20	结果准确 30～40	流程正确，回答问题确切，知识范围广 16～20	
B	较好 12～16	较好 18～24	较好 18～24	
C	一般 8～12	一般 12～18	一般 12～18	
D	较差 0～8	较差 0～12	较差 0～12	
得分				

3. 教师评价

表 7-17 教师评价表

班级		小组		姓名	
等级	实训态度/20	操作能力/30	实训报告/30	能力创新/20	总分
A	实训认真，积极主动，操作仔细，认真记录 16～20	熟练操作，提问有深度 24～30	格式规范，内容完整，真实 24～30	表现突出，报告完整，立意创新，同学认可 16～20	
B	较好 12～16	较好 18～24	较好 18～24	较好 12～16	
C	一般 8～12	一般 12～18	一般 12～18	一般 8～12	
D	较差 0～8	较差 0～12	较差 0～12	较差 0～8	
得分					

【知识拓展】

速冻金针菇工艺流程及工艺要点介绍如下。

一、工艺流程

原料挑选→护色→漂洗→热烫→冷却→沥干→速冻→分级→复选＋镀冰衣→包装→检验→冷藏。

二、工艺要点

1. 原料挑选

金针菇原料要求：新鲜、色白或淡黄，菌盖直径 1 cm 以内，半球形，边缘内卷，开伞度三分，菌柄长 130～140 mm。直径 2～4 mm，无畸形，允许轻微薄菇，但菌褶不发黑、不发红、无斑点、无鳞片。菇柄切削平整，不带泥根，无空心，无变色。春秋季是金针菇适宜生长的季节，分期接种，分期采收，一般每季可采收 2～3 批，产量主要集中在前两批，从出菇到收获完毕约 35 d。采摘后的金针菇后熟作用强，极易变色，应在避风处迅速削去菇根。注意要轻拿轻放，尽量做到快装、快运并严防机械伤。在采收后 2～4 h 运往工厂立即加工，能保证金针菇的优良品质。所有工具除须保持清洁外，严禁使用铁、铜等金属容器，以免金针菇发黑变色。

2. 金针菇的护色

将刚采摘的金针菇置于空气中，一段时间后在菇盖表面即出现褐色的采菇指印及机械伤痕。引起这种变色的主要原因是酶促褐变。控制酶促褐变主要从控制酶和氧两方面入手，主要方法有以下 3 种。

(1)亚硫酸盐溶液法 常用的有亚硫酸钠(Na_2SO_3)、焦亚硫酸钠($Na_2S_2O_3$)等。亚硫酸盐为果蔬制品保藏剂，它对多酚氧化酶有很强的抑制能力，当 SO_2 质量分数达 10 mg/kg 时，酶的活性几乎被完全抑制，SO_2 的残留量不得超过 20 μg/g。具体方法：将采摘的金针菇浸入 300 mg/kg 的 Na_2SO_3(或 500 mg/kg 的 Na_2SO_3)溶液中浸泡 2 min 后，立即将菇体浸泡在

13℃以下的清水中运往工厂。或在 $Na_2S_2O_3$ 溶液中浸泡 2 min 后捞出沥干，再装入塑料薄膜袋，扎好袋口并放入木桶或竹篓运往工厂，到厂后立即放入温度为 13℃以下的清水池中浸泡 30 min，脱去金针菇体上残留的护色液。这一方法能使金针菇色泽在 24 h 以内基本不变，这样加工的金针菇产品才能符合质量标准。

（2）半胱氨酸溶液法　将采摘后的金针菇浸入 0.4 mol/L 的半胱氨酸溶液，30 min 后取出，经此法护色的金针菇经 4～6 h 后菇色仍为白色，基本上保持了金针菇的本色，具有良好的护色效果。半胱氨酸护色处理后的成品，菇色不如焦亚硫酸钠处理的那么白，略偏暗，但真实感强，汤汁清晰，呈淡黄色，口味好，基本上保持了金针菇的风味。半胱氨酸对多酚氧化酶具有复合作用，同时可作为还原剂抑制非酶褐变，表现为降低褐变速度延迟褐变。同时金针菇经半胱氨酸处理后，补充了采后金针菇的部分营养，可延迟衰老进程，降低开伞和薄皮菇的比例。而且半胱氨酸作为人体必需氨基酸的一种，对人体无害，不存在残留问题，用于食品生产安全可靠，因此半胱氨酸用于金针菇护色切实可行。

（3）薄膜气调包装　将刚采摘的金针菇立即放入 0.09～0.12 mm 的聚乙烯袋，每袋可放 20 kg，将袋口扎紧。由于金针菇与外界空气基本隔断，因此亦可抑制酶促褐变反应。另一方面，由于薄膜袋较薄，尚有一定的透气性，可使袋内维持低氧和较高的 CO_2 浓度，金针菇在一段时间内仍能维持最低限度的呼吸作用，而不至于起有害作用。但时间必须严格控制在 4～6 h，此时测定薄膜袋内的气体成分为：O_2 2%～3%，CO_2 20%。若超过这一时间，由于袋内缺氧，金针菇无法维持最低限度的呼吸作用而可能导致金黄色葡萄球菌滋生。

3. 热烫

金针菇热烫的目的，主要是破坏多酚氧化酶的活力，抑制酶促褐变，同时赶走金针菇组织内的空气，使组织收缩，保证固形物的要求，还可增加弹性，减少脆性，便于包装。当利用亚硫酸盐护色时，利用热烫还可起脱硫的作用。为了减轻非酶褐变，常在热烫液中添加适量柠檬酸，以增加热烫液的还原性，改进菇色。

热烫方法有热水和蒸汽两种，用蒸汽的方法因可溶性成分损失少而风味浓郁。热烫用热水温度在 96～98℃，水与金针菇的质量比应大于 3∶2。在正常情况下，金针菇热烫后由白色转为淡黄色，这是非酶褐变的原因，随着热烫时间的延长，颜色更深，同时失重更多。一般在热烫水中加入 0.1%的柠檬酸溶液调整酸度来抑制反应，热烫的时间根据菌盖大小控制在 4～6 min。但热烫时间不宜太长，以免组织太老，失水大，失去弹性。为了防止菇色变暗，热烫溶液酸度应经常调整并注意定期更换热烫水。

4. 冷却、沥干

热烫后迅速将金针菇送入冷却水池中冷透，不使其过度受热影响品质。冷却水含余氯 0.4～0.7 mg/kg。

金针菇速冻前还要进行沥干，否则金针菇表面含水分过多，会冻结成团，不利于包装，影响外观，而且，过多的水分还会增加冷冻负荷。沥干可用振动筛、甩干机（离心机）或流化床预冷装置进行。

5. 速冻

冻结蔬菜的最大伤害是组织的破坏。这主要是由于冰晶体形成后体积膨胀，而蔬菜中的固体成分收缩，造成局部压力致使蔬菜的细胞壁破裂而破坏其组织结构；以及细胞脱水使蛋白质和胶体结构产生不可逆变性，解冻时生成的水分不能与蛋白质结合恢复原状，只能任其汁液流失，这些流失液中不仅是水，还包括溶于水的蛋白质、维生素、有机酸、色素、糖类、无机盐类等营养物质。为使冰晶体对蔬菜品质的影响减少到最小程度，可采用快速冻结，使冻蔬菜内的冰晶体颗粒小而均匀地分布在细胞组织内，这样就可以减少冰晶的重新组合及冰晶体对细胞产生的局部压力和脱水损害。

金针菇的速冻宜采用流化床速冻装置。将冷却、沥干的金针菇均匀地放在流化庆传送带上，由于金针菇在流化床中仅能形成半流化状态，因此传送带的金针菇层厚度为 800～1 200 mm，流化床装置内空气温度要求－35～－30℃，冷气流流速 4～6 m/s，速冻时间 12～18 min，至金针菇中心温度为－18℃。

6. 分级

速冻后的金针菇应进行分级，分级可采用滚筒式分级机或机械振筒式分级机。按菌盖形态大小和菌柄长度可分为甲、乙、丙三级。

甲级：菌盖未开展，直径在 13 mm 以下，菌柄长 140～150 mm，通体洁白，鲜度好；乙级：菌盖未开展，直径在 15 mm 以下，菌柄长度小于 130 mm，基部黄色至淡茶色，鲜度好；丙级：菌盖开展，直径在 25 mm 以内，菌柄长度小于 110 mm。菌柄下部茶色至褐色，鲜度好。

7. 复选

剔除不合乎速冻金针菇标准要求的如畸形、斑点、锈渍、空心、脱柄、开伞、变色菇、薄菇等。

8. 镀冰衣

为了保证速冻金针菇的品质，防止产品在冷藏过程中干耗及氧化变色，金针菇在分级、复选后须镀冰衣。镀冰衣有一定的技术性，既要使产品包上一层薄冰，又不能使产品解冻或结块。具体做法是把 5 kg 金针菇倒进有孔塑料筐或不锈钢丝篮中，再浸入 1～3℃的清洁水中 2～3 s，拿出后左右振动，摇匀沥干，并再操作一次。冷却水要求清洁干净，含余氯 0.4～0.7 mg/kg。

9. 包装与冷藏

包装必须保证在－5℃以下的低温环境中进行，温度在－4～－1℃及以上时速冻金针菇会发生重结晶现象，极大地降低速冻金针菇的品质。包装间在包装前 1 h 必须开紫外线灯灭菌，所有包装用器具，以及工作人员的手和工作服、帽、鞋要定时消毒。内包装可用耐低温、透气性低、不透水、无异味、无毒性、厚度为 0.09～0.12 mm 的聚乙烯薄膜袋。外包装用纸箱，每箱净重 10 kg，纸箱表面必须涂油，防潮性良好，内衬清洁蜡纸，外用胶带纸封口。所有包装材料在包装前须在－10℃以下的低温间预冷。

【思考练习】

1. 简述速冻蔬菜的生产工艺。
2. 在速冻蔬菜加工过程中为什么要进行漂烫处理？
3. 简述速冻青刀豆的加工工艺。

项目八

速冻食品的贮运和销售

项目描述

本项目重点描述冷链系统的基本概念和冷链系统的基本组成，以及速冻食品在贮藏、运输和销售过程中的影响质量的因素；重点讲述速冻食品在贮藏、运输和销售过程中存在的问题及处理方法等。

知识目标

通过本项目的学习，学生应了解冷链系统是保障速冻食品贮藏、运输和销售的前提条件，学习速冻食品贮运和销售的设施类型。学习速冻食品贮运和销售中影响质量的因素，以及控制速冻食品质量的方法，学习速冻食品的解冻方法和基础理论。

能力目标

通过本项目的学习，学生应掌握对于速冻食品而言，其贮运中所需的冷链设施，正确选择速冻食品的贮运条件和设施。在贮运和销售过程中如何控制速冻食品的质量，掌握速冻食品的正确解冻方法。

任务1 认识速冻食品贮运和销售过程中的冷链系统

【任务目标】

1. 掌握冷链系统的概念和基本组成，以及速冻食品对冷链系统的基本要求。
2. 掌握冷链系统在贮运和销售过程中需要的设备。
3. 掌握速冻食品贮运和销售过程中的温度管理方法。

【相关知识】

一、冷链系统的概念和速冻食品对冷链系统的基本要求

1.冷链系统的概念

所谓冷链是指易腐食品在生产、贮藏、运输、直到销售前的各个环节中始终处于规定的低温环境下,以保证食品质量,减少食品损耗的一项系统工程。冷链是随着科学技术的进步,制冷技术的发展而建立起来的,是以冷藏技术为基础,以制冷技术为手段,在低温条件下的物流现象。

2.速冻食品对冷链系统的基本要求

速冻食品的流通有其特殊性,从运输途中到销售网点,每一个环节都必须维持适宜的低温,即保持不超过-18℃的温度,这是保证速冻食品的质量必须满足的基本条件。

二、速冻食品冷链系统的基本组成

速冻食品在流通过程中的冷链由冷冻加工、冷冻贮藏、冷冻运输、冷冻销售四个环节组成,冷链系统中的各个环节都起着非常重要的作用,是不容忽视的,任何一个环节出现问题,都会影响食品的质量。在食品冷链中,温度是最重要的控制因素。食品冷链的建立和实施需要具备的条件是:从生产到销售的全部环节均需要有完善的低温贮藏、运输设施,需要建立和具备对上述环节中全部温度、时间,以及各环节食品品质进行有效监测、控制和管理的制度和方法。

1.冷冻加工

包括肉类、鱼类的冷却与冻结,果蔬的预冷与各种速冻食品的加工等,主要涉及冷却与冻结装置。

2.冷冻贮藏

包括食品的冷却冷藏和冻结冷藏,也包括果蔬的气调贮藏。主要涉及各类冷藏库、冷藏柜、冰柜及家用冰箱等。

3.冷藏运输

包括食品的中、长途运输及短途送货等。主要涉及铁路冷藏车、冷藏汽车、冷藏船、冷藏集装箱等低温运输工具。在冷藏运输过程中,温度的波动是引起食品质量下降的主要原因之一,因此,运输工具必须具有良好的性能,不但要保持规定的低温,更切忌大的温度波动,长距离运输尤其如此。

4.冷冻销售

包括冷冻食品的批发及零售等,由生产厂家、批发商和零售商共同完成。早期,冷冻食品的销售主要由零售商的零售车及零售商店承担,近年来,城市中超级市场的大量涌现,已使其成为冷冻食品的主要销售渠道。超市中的冷藏陈列柜,兼有冷藏和销售的功能,是食品冷链的重要组成部分之一。

三、速冻食品贮运和销售温度管理的理论认知

冷链的概念是1908年由法国和英国学者提出的。1948年美国针对战后市场冷藏品品质

低劣和必须加强管理的要求出发，用 10 年时间对各种食品在不同贮藏温度和贮藏时间内的品质变化状况，进行了 10 万个以上的采样测试和研究，1958 年于其研究报告中指出：

(1)食品在不同贮藏温度下品质的下降与其贮藏时间之间存在着一定的关系；降低食品贮藏温度，可使食品品质的稳定度随温度的下降呈指数关系增大。

(2)时间、温度对于品质带来的损失量在整个保藏期间是不断累积的和不可逆的，贮藏的时间和温度两者对品质的影响顺序与积累下来的品质损失总量无关。

(3)提出了冷冻食品的贮藏温度、贮藏时间与耐藏性的明确概念，即"3T"概念，并为国际冷藏行业所接受。TTT 是指冷冻食品在生产、贮藏及流通各个环节中经历的时间(time)和经历的温度(temperature)及产品的耐藏性(tolerance)。同时提出为使多数食品保质期限达到 1 年，须把贮藏温度保持在－18℃以下，提出对于贮藏中品质变化的计算评价方法。

TTT 理论是食品冷链的理论依据，用以衡量在冷链中食品的品质变化(允许的贮藏期)，并可根据不同环节及条件下冷藏食品品质的下降情况，确定食品在整个冷链中的贮藏期限。接着，美国的左尔补充提出冷冻食品品质还取决于产品冻前质量、加工方式、包装等因素，即"3P"理论；后来又有人提出冷却保鲜、清洁、小心的"3C"原则。这些理论不仅成为低温食品加工流通与冷链设施遵循的理论技术依据，更重要的是它奠定了低温食品与冷链发展和完善的坚实的理论基础。

食品在贮运中的冷藏温度应在－18℃以下，选择－18℃以下的温度作为冻结和冷藏的最高温度，是根据温度对食品的品质的影响、酶性和非酶性化学反应、微生物学以及贮运费用等所有因素进行综合考虑论证后所得的结论。对于速冻食品而言，冷藏温度越低，越有利于保持冷藏品质。但考虑到有关的设备费用、能源消耗、日常运转等费用以及运输过程中的温度控制等诸多因素，过低的温度既没有必要也不太现实。

四、认识速冻食品贮运和销售的冷链设施

1. 速冻食品冷链贮藏设施

速冻食品低温贮藏是速冻食品质量保证的基础。冷库是速冻食品贮藏的基本单元设施。其包括低温冷库，气调低温冷库和家用冰箱等设施。家用电冰箱作为冷冻食品冷链的终端，是消费者食用前最后一个贮藏环节。食品冷链作为一个整体，家用电冰箱是一个不可或缺的环节。冷冻食品和冻结食品贮藏于家用电冰箱中，由于微生物繁殖受到抑制，可较长时间地保持食品的原有风味和营养成分，延长保鲜时间。

2. 速冻食品冷链运输设施

速冻食品的运输是食品冷链的重要环节之一，需采用冷冻运输设备。冷冻运输设备是指在保持一定低温的条件下运输冷冻食品所用的设备，是食品冷链的重要组成部分。发达国家的冷藏运输工具有铁路冷藏火车、冷藏汽车、冷藏挂车、半挂车、冷藏船和冷藏集装箱。在中国，铁路冷藏火车仍是长途冷藏运输的基本工具，但公路冷藏运输工具也已处于蓬勃发展的阶段。在竞争中，铁路冷藏火车有逐渐被公路冷藏汽车和冷藏集装箱排挤的趋势。

3. 速冻食品冷链销售设施

速冻食品的销售包括速冻食品的批发和零售等，由生产厂家、批发商和零售商共同完成。

早期,冷冻食品的销售主要由零售商的冷冻车及零售商店承担;近年来,城市中超级市场的大量涌现,已使其成为冷冻食品的主要销售渠道。冷冻陈列柜作为食品冷链销售设备是速冻食品批发和零售等销售环节的冷藏设施,也是速冻食品冷链建设中的重要环节。

【任务分析】

销售过程中的温度控制是实现食品冷链销售的关键环节之一。为了更好地了解这一环节中需要的重要设施,以保证食品冷链的正常运行,同学们要深入超市进行实地考察,了解销售环节中有哪些关键设施,主要的类型是什么?认真做好记录。

【任务实施】

小组讨论,制订工作方案、确定人员分工。

1.调研方案

表 8-1　调研方案设计表

<table>
<tr><td>组长</td><td colspan="2"></td><td>组员</td><td colspan="3"></td></tr>
<tr><td>学习项目</td><td colspan="6"></td></tr>
<tr><td>学习时间</td><td colspan="2"></td><td>地点</td><td></td><td>指导教师</td><td></td></tr>
<tr><td rowspan="2">准备内容</td><td>调研对象</td><td colspan="5"></td></tr>
<tr><td>调研的地点</td><td colspan="5"></td></tr>
<tr><td>调研结果描述</td><td colspan="6"></td></tr>
</table>

2.人员分工

表 8-2　工作分工表

姓名	工作分工	完成时间	完成效果

【评价与反馈】

1. 小组内评价

表 8-3　小组内评价表

班级		小组		姓名	
等级	调研态度/20	知识运用能力/30	调研报告/30	协作能力/20	总分
A	态度认真，积极主动，准备充分 16～20	熟练运用知识，完成任务 24～30	报告翔实，表述准确 24～30	协作能力强，表达能力强 16～20	
B	较好 12～16	较好 18～24	较好 18～24	较好 12～16	
C	一般 8～12	一般 12～18	一般 12～18	一般 8～12	
D	较差 0～8	较差 0～12	较差 0～12	较差 0～8	
得分					

2. 小组间评价

表 8-4　小组间评价表

班级		小组	评价人	
等级	调研报告形式评分/40	调研结果评价/40	答辩/20	总分
A	形式新颖，全面反映调研内容 16～20	结果准确 30～40	流程正确，回答问题确切，知识范围广 16～20	
B	较好 12～16	较好 18～24	较好 18～24	
C	一般 8～12	一般 12～18	一般 12～18	
D	较差 0～8	较差 0～12	较差 0～12	
得分				

3. 教师评价

表 8-5　教师评价表

班级		小组		姓名	
等级	工作态度/20	知识运用能力/30	调研报告/30	协作创新能力/20	总分
A	工作认真，积极主动准备充分 16～20	知识掌握的熟练 24～30	格式规范，内容完整，真实 24～30	表现突出，报告完整，立意创新，同学认可 16～20	
B	较好 12～16	较好 18～24	较好 18～24	较好 12～16	
C	一般 8～12	一般 12～18	一般 12～18	一般 8～12	
D	较差 0～8	较差 0～12	较差 0～12	较差 0～8	
得分					

【知识拓展】

一、常用的食品冷链运输设备的类型

(一)冷藏火车

这种火车分为冰冷藏火车和机械冷藏火车两类,冷藏火车在车内之所以能保持一定的温度,是因为使外界传入的热和货物本身发出的热不断被车内的冷源(冰盐或机器)所吸收,建立了车内热平衡所致。就冷藏性能来说,机械冷藏火车优于冰冷藏火车。

1. 冰藏火车

冰藏火车的冷源是冰,车厢围护结构敷设隔热层,传热系数为 0.4~0.7 W/(m^2·K),常用的是 B6 型车顶冰厢式冷藏车。这种火车结构上分为带冰槽和不带冰槽的两种,不带冰槽的冷藏火车主要用来运输不怕与冰、水接触的冷冻水产品;带冰槽的冷藏火车主要用于运输不宜与冰、水直接接触冷冻食品等。若食品不宜与冰、水直接接触,也可以用干冰代替冰。干冰制冷或冰槽置于车厢顶部的冷藏火车要在食品表面覆盖一层防水材料,以防露水或霜会融化成水滴落在食品上。若冰槽设在车厢两头,需安装通风机。

2. 机械制冷的冷藏火车

机械制冷的冷藏火车的制冷机为双级氟利昂半封闭式压缩机,其标准产冷量为 10.5~24.4 kW,车厢采用聚苯乙烯泡沫塑料和聚氨酯泡沫塑料作隔热层,围护结构传热系数为 0.29~0.49 W/(m^2·K),车厢内温度维持在−18℃。机械制冷的冷藏火车有两种,一种是每一节车厢都备有制冷设备,而且用自己的柴油发电机驱动制冷压缩机,可以单辆与一般火车厢编列运行。另一种冷藏火车的车厢中只装有制冷机组,没有柴油发电机,这种火车不能单辆与一般货物列车编列运行,只能组成单一机械列运行由专用车厢中的柴油发电机统一供电,驱动制冷压缩机。目前我国运用的机械冷藏火车中,有 10 辆一组的 B18 型,9 辆一组的 B20 型,5 辆一组的 B19 型及进口的 B21 型与 B22 型,还有在 B22 型基础上生产国产化的 B23 型。

(二)冷藏汽车

冷藏汽车的特点是车体隔热,气密性好,车内有冷却装置,温热季节能在车内保持比外界气温低的温度。在寒冷季节,冷藏车还可以不冷保温运送或用电热器(机械冷藏车)加温运送,在车内保持比外界气温高的温度。根据制冷方式不同,冷藏汽车分为机械制冷冷藏汽车、液氮制冷冷藏汽车、干冰制冷冷藏汽车及蓄冷板制冷冷藏汽车等几种。

1. 机械制冷的冷藏汽车

机械制冷冷藏汽车带有蒸汽压缩式制冷机组,最常用的隔热材料是聚苯乙烯泡沫塑料和聚氨酯泡沫塑料,车厢的隔热系数通常小于 0.6 W/(m^2·K)。通常安装在车厢前端,称为车首式制冷机组。大型货车的制冷压缩机配备专门的发动机,小型货车的压缩机与汽车共用一台发动机。空气冷却器通常安装在车厢前端,采用强制通风方式。冷风贴着车厢顶部向后流动,从两侧及车厢后部下到车厢底面,沿底面间隙返回车厢前端。车厢内的温度用恒温器控制,使车厢内的温度保持在与规定温度偏离±2℃的范围内,应提前启动制冷机,待车厢温度达到要求后再开始装货。

机械制冷冷藏汽车的优点是车厢温度比较均匀稳定，车内温度可调，运输成本较低。其缺点是结构复杂、易出故障，维修费用高；初期投资高；噪声高，大型汽车的冷却速度慢，时间长，需要融霜。

2. 液氮制冷的冷藏汽车

液氮制冷装置主要由液氮容器、喷嘴及温度控制器组成。液氮容器通常装在车厢内，大型车的液氮容器装在车体下边，液氮容器进行真空多层隔热处理。车厢内部从前到后沿车厢顶部居中布置一条液氮管路，其上装有若干喷嘴，经喷嘴喷出液氮汽化使车厢降温，厢内温度维持在规定温度±2℃的范围内。

液氮制冷冷藏汽车的优点是装置简单，初投资少；降温速度快，当外界气温为 35℃时，20 min 可使车厢内的温度降至－20℃；没有噪声；液氮制冷装置的重量大大低于机械制冷装置的重量。其缺点是液氮成本高；运输途中液氮补给困难，长途运输时必须装备大的液氮容器或几个液氮容器，减少了有效装载量。

注意事项：液氮汽化时，容积膨胀约 600 倍，车厢上部需要安装排气管，使氮气排出车外。工作人员进入车厢时，应敞开车门 30 s，使车内进入一定量的氧气。工作人员进入车厢后应停止喷射液氮，防止液氮喷射到人的皮肤上发生冻伤。

3. 干冰制冷的冷藏汽车

车厢中装有隔热的干冰容器，可容纳 100 kg 或 200 kg 干冰。干冰容器下部有空气冷却器，用通风冷却后的空气在车厢内循环，吸热升华的气态二氧化碳，由排气管排出车外。有的干冰制冷冷藏汽车在车厢中装置四壁隔热的干冰容器，干冰容器中装有氟利昂盘管。在车厢中吸热汽化的氟利昂蒸汽进入干冰容器中的盘管，被盘管外的干冰升华所冷却，重新凝结为氟利昂液体，液体氟利昂进入车厢内的蒸发器，再次吸收外界传入车厢内的热量而汽化，如此循环，使车厢保持规定的温度。

干冰制冷冷藏汽车的优点是设备简单，投资费用低，很少出故障，维修费用少，无噪声。其缺点是车厢内温度不够均匀，冷却速度慢，时间长；干冰的成本高。

4. 蓄冷板制冷的冷藏汽车

蓄冷板中装有预先冻结成固体的低温共晶溶液，外界传入车厢的热量被蓄冷板中的共晶溶液吸收，共晶溶液由固态变成液态。常用的低温共晶溶液有乙二醇、丙二醇的水溶液及氯化钙、氯化钠的水溶液。一般来说，共晶溶液的共晶点应比车厢规定的温度低 2～3℃。出于安全上考虑，一般将蓄冷板安装在车厢两侧。蓄冷板距车厢壁以 4～5 cm 为宜，以利用厢内空气的自然对流。蓄冷板本身重量很大，使有效载重量减少。

蓄冷板制冷冷藏汽车的优点是设备费用比机械式制冷少；可以利用夜间廉价的电力为蓄冷板蓄冷，降低运输费用；无噪声；故障少。其缺点是蓄冷板的块数不能太多，蓄冷能力有限，不适于长途运输冷冻食品，蓄冷板减少了汽车的有效容积和载货量，冷却速度慢。

5. 保温汽车

保温汽车没有制冷装置，只在壳体上加设隔热层。这种汽车不能长途运输冷冻食品，只能用于市内由批发商店或食品厂向超市或零售商店配送冷冻食品。国产保温车的车体用金属内外壳，中夹聚苯乙烯塑料板为隔热层，传热系数为 0.47～0.8 W/(m^2·K)。中国的速冻食品加工企业中，绝大部分企业主要用保温汽车将冷冻加工后的食品运往分配性的冷藏库和零售商店。目前，我国冷藏保温汽车生产的品种已达到100种以上。但与发达国家相比，还存在很大的差距。

(三)冷藏船

冷藏船是水上冷藏运输的主要交通工具，船上装有制冷设备，船舱隔热保温。冷藏船用制冷系统一般采用直接蒸发方式，个别也有采用盐水系统的，制冷剂通常为R_{22}，双压缩制冷。冷藏货船内空气的循环通常采用冷风机强制对流，也有采用冷却排管让空气自然对流的。目前国际上冷藏船分为三种，即冷冻母船、冷冻运输船、冷冻渔船。冷冻母船是万吨以上的大型船，它有冷却、冻结装置，可进行冷藏运输。冷冻运输船包括集装箱船，它对隔热保温要求很严格，温度波动不得超过±0.5℃。冷冻渔船一般是指有低温装置的远洋捕鱼船或船队较大型的船。冷藏船主要用于渔业，尤其是远洋渔业。此外，经由海上运输易腐食品也必须用冷藏船。

在日本，为了保持金枪鱼的红色，运输金枪鱼的冷藏船温度低达－50℃。金枪鱼冷藏船的制冷能力通常按热带海域温度条件设计，制冷能力较大。金枪鱼的冷藏船在高纬度海域航行时，由于空气、海水的温度较热带海域低，制冷剂制冷的温度可比在热带海域低5～10℃。如表8-6所示。

表8-6 金枪鱼冷藏船温度变化

海域类型	NH_3 制冷剂		R_{22} 制冷剂	
	冻结室温度/℃	冷藏舱温度/℃	冻结室温度/℃	冷藏舱温度/℃
热带海域	－50～－45	－45～－40	－55～－50	－50～－45
高纬度海域	－55～－50	－50～－45	－60～－55	－55～－50

4. 冷藏集装箱

冷藏集装箱出现于20世纪60年代后期，是能保持一定的低温，用来运输冷冻加工食品的特殊集装箱。冷藏集装箱具有钢质轻型骨架，内外贴有钢板或轻金属板，两板之间填有隔热材料。常用的隔热材料有玻璃棉、聚苯乙烯、发泡聚氨酯等。围护结构传热系数为0.4 W/(m^2·K)。冷藏集装箱的尺寸，国际上已经标准化(表8-7)。

表8-7 冷藏集装箱的尺寸

类别	总重量/t	装载容积/m^3	外形尺寸/mm		
			长	宽	高
10英尺	10	14.0	2 990	2 435	2 435
20英尺	20	30.0	6 055	2 435	2 435
40英尺	30	63.0	12 190	2 435	2 620

冷藏集装箱的冷却方式很多，多数利用机械制冷机组，少数采用其他方式，如冰、干冰、液化气体等。冷藏集装箱应保持空气在箱内循环，使温度分布均匀。对机械制冷的冷藏集装箱，应保证制冷压缩机既可用各自的动力机驱动，也可以用外部电源驱动。海运冷藏集装箱的制冷机通常只用电动机驱动，电力由运输船供应。对专门运输集装箱的货船，可在船上设置大型

制冷机组，统一向所有的冷藏集装箱供冷。

冷藏集装箱运输的优点是：要更换运输工具时，不需要重新装卸食品，不会造成食品反复升温，从而避免了食品质量的下降；集装箱装卸速度很快，使整个运输时间明显缩短，降低了运输费用。

二、冷冻陈列柜的类型

根据冷冻陈列柜销售的冷冻食品不同，可分为冻结食品用冷冻陈列柜和冷却食品用冷冻陈列柜两类；根据食品冷冻陈列柜的结构形式不同，常用的有以下四种类型。①卧式敞开式冷冻陈列柜；②立式多层敞开式冷冻陈列柜；③卧式封闭式冷冻陈列柜；④立式多层封闭式冷冻陈列柜。各种陈列柜的性能见表 8-8。

表 8-8　各种食品冷冻陈列柜的特性比较

类型特性	封闭式		敞开式	
	卧式	立式	卧式	立式
单位长度有效内容积	100	230	110	240
单位占地面积有效内容积	100	220	85	190
单位长度消耗的电力	100	200	145	330
单位有效内容积消耗的电力	100	90	130	140

1. 单位长度有效内容积

就单位长度有效内容积而言，立式为卧式的 2 倍以上，同为卧式，敞开式又稍大于封闭式。对于卧式封闭式，出于保冷性能上的要求，不能很宽。而卧式敞开式由于开口处有空气幕，宽度可大一些。立式封闭式的制冷机是内藏的，制冷机占用了部分容积，所以，立式封闭式单位长度有效内容积比立式敞开式稍小一些。

2. 单位占地面积有效内容积

该指标由大到小的顺序为：立式多层封闭式冷冻陈列柜＞立式多层敞开式冷冻陈列柜＞卧式封闭式冷冻陈列柜＞卧式敞开式冷冻陈列柜。无论是卧式还是立式、敞开式都比封闭式小 15％左右。这是因为在敞开式中为了使冷空气循环，需要设置风道，在立式多层敞开式中，要设置 2～3 层空气幕，占用了相当的容积。如果立式多层封闭式冷冻陈列柜不采用内藏式制冷机的话，其单位占地面积有效内容积会更大。

3. 单位长度消耗的电力

无论是卧式还是立式，敞开式单位长度消耗的电力都是封闭式的 1.5 倍左右。无论是敞开式还是封闭式，立式又大约是卧式的 2 倍。这四种形式的冷冻陈列柜的单位长度耗电量与单位长度有效内容积的大小顺序相同。

4. 单位有效内容积消耗的电力

该指标由大到小的顺序为：立式多层封闭式冷冻陈列柜＞卧式封闭式冷冻陈列柜＞卧式敞开式冷冻陈列柜＞立式多层敞开式冷冻陈列柜。可见，封闭式比敞开式节省电力。同为敞开式，立式与卧式相差不大；同为封闭式，立式与卧式相差也不大。

【思考练习】

1. 冷链系统的概念和基本组成是什么？
2. 冷链中常见的设备有哪些？
3. 速冻食品贮运和销售温度管理的理论是什么？

任务2 速冻食品贮运和销售中的品质变化和控制管理

【任务目标】

1. 掌握速冻食品在贮运和销售中的品质变化和控制质量变化的方法。
2. 掌握冷链系统在贮运和销售过程中温度控制管理的方法。

【相关知识】

一、速冻食品贮运和销售过程中的质量变化

食品经速冻后，在贮运和销售过程中，环境条件控制得适宜，能有效保证速冻食品的质量，贮藏的时间较长，品质较好。但在贮运和销售过程中受各种因素的影响，速冻食品的品质也发生一些不良变化，严重的能影响食品品质。

1. 冰晶的成长和重结晶

食品冻结后，冰晶体的大小不会完全均匀。在相同温度下，冰结晶的蒸汽压＜液态水的蒸汽压，大型冰晶的蒸汽压＜小型冰晶的蒸汽压。在蒸汽压差的推动下，冷藏期间细小的冰晶会逐渐合并，成长为大的冰结晶。当温度发生波动时，含溶质较多的冰晶体首先融化，水分通过细胞膜扩散到细胞间隙的高温冰晶体上，在降温时再次结晶，使冰晶体颗粒增大。冰结晶的成长和重结晶会使细胞受到严重的机械损伤并促进蛋白质的变性。在贮运和销售期间，温度的波动会造成冰晶体融化和再结晶现象，致使冰晶体不断扩大，影响速冻食品质量。

2. 干耗与冻结烧

食品在贮运和销售过程中，食品与环境的空气之间存在一个温度差，促使水分从食品中不断地升华到空气中。循环的空气在流经空气冷却器时受到冷却，露点下降而使吸收的水蒸气在蒸发管表面凝结成霜。周而复始的升华—凝结过程使食品不断干燥，并由此造成重量损失，即干耗。

随着贮藏期的延长，冻结食品发生干耗时，食品表面的水分不断升华，内部的水分不能向表面补充，造成食品表面呈多孔状，从而增加了食品与空气中氧的接触面积，使食品脂肪、色素迅速氧化，造成食品变色、变味、脂肪酸败、芳香物质挥发、蛋白质变性和持水能力下降。速冻食品在冷藏过程中因严重干耗而引起的脂肪氧化，表面黄褐变的现象，通常被称为冻结烧。

3. 化学变化

速冻食品在冷藏期间也会出现不同程度的化学变化，如维生素的降解，色素的分解，类脂

物的氧化，某些化学变化引起的组织软化等。肉的鲜红色是肌红蛋白的颜色，在冷藏过程中，肌红蛋白中的亚铁离子被氧化而生成暗红色的高铁肌红蛋白。美拉德反应在冷藏期间也在缓慢地进行，使鱼肉等变色。速冻果蔬制品的色泽发生变化的原因有：酶促褐变、非酶褐变、色素的分解以及因制冷剂泄漏造成的食品变色，如氨泄漏时，红色胡萝卜会变成蓝色，洋葱、卷心菜、莲子的白色会变成黄色等。

二、贮运和销售过程中控制速冻食品质量变化的方法

(1)速冻食品温度－18℃下时，食品的各种生理变化进行缓慢，温度越低则变化越慢，因此速冻食品在贮运和销售过程中温度应控制在－18℃以下。

(2)温度波动是引起食品质量变化的主要原因之一，在贮运和销售过程中尽量避免大的温度波动，保持温度的恒定，避免冰晶的扩大和再结晶现象的发生，长途运输尤其如此。

(3)镀冰衣也叫包冰衣，是在冻结食品表面附着一层冰膜的工艺方法。用镀冰衣和包装的方法可以防止冷藏食品的干耗与冻结烧，特别是多脂鱼类，在冰衣中加入抗氧化剂和防腐剂，有效防止脂肪氧化和腐烂变质，也可适当添加附着剂以增加冰衣对水产品的附着。

(4)速冻食品在贮藏过程中出现冰的升华作用，使产品表面变色。采用不透气的塑料薄膜包装或在产品表面保持一层冰晶层以及提高库内相对湿度都是有效的防止措施。

(5)食品在一定容量的贮藏空间内的绝对质量损失，与此空间的货物实际装载量的关系是装货率越高干耗率越小，装货率为50%时的食品干耗率比装货率为100%时大一倍。速冻食品在贮运过程中应尽量装满。

三、贮运和销售过程中温度控制的措施

速冻食品的贮藏与流通具有特殊性，从贮藏运输途中到销售网点，每一个环节都必须维持适宜的低温，即保持不超过－18℃的温度，这是保证速冻食品的质量必须满足的基本条件，为保证速冻食品温度应采取如下的处理措施：

(1)贮存(生产者、加工商、批发商或销售商)：确保产品离开贮藏室前，温度为建议温度值，尽量缩短产品在装货板或卸货板停留的时间。

(2)运输：在装货前，事先给运送车辆降温；使用可保持产品规定温度的运输车辆；车辆装货时确保货物周围空气正常流通；尽量减少装货或卸货的时间。

(3)销售：迅速将产品从运送车辆上移入适当的冷藏库中，将产品移入陈列柜前，先降温至建议温度，产品从冷藏库移到陈列柜时，动作要迅速；在陈列柜摆放物品时，应确保适当的空气流动。

四、速冻食品在贮运和销售过程中的质量管理

1.贮藏过程中的质量管理

(1)冷藏库使用前的准备工作　冷藏库应具备可供速冻食品随时进出的条件，冷藏库要有通风设施，环境保持卫生清洁，库内的运输设施及相关辅助设施完好。

(2)入库食品的要求　凡是进入冷藏库的食品必须清洁、无污染，经严格检验合格后及时入库。如果冷藏库温度为－18℃，则冻结后的食品入库前温度必须在－16℃以下。入库时，对有强烈挥发性气味和腥味的食品以及要求不同贮温的食品应入专库贮藏，不得混放。

(3)食品入库环境的要求　要根据食品的自然属性和所需要的温度、湿度选择库房，力求库房内的温度、湿度稳定。正常情况下，温度波动不得超过1℃，在大批速冻食品入库出库时，一昼夜升温不得超过4℃，冷藏库的门要密封，一般不得随意开启；对入库冷藏食品执行先入先出的制度。

(4)速冻食品贮藏的卫生要求　速冻食品应堆放在清洁的垫木上，禁止直接放在地面上。货堆之间应保留0.2 m的间隙，不同种类的货堆，间隙应不小于0.7 m。货堆距设有顶排管的平顶0.2 m；距设有墙排管的墙壁0.3 m；距顶排管和墙排管0.4 m；距风道口0.3 m。

(5)消除库房异味　库房中的异味一般是由于贮藏了具有强烈气味的食品或是食品发生腐败所致。为了保证食品所具有的独特气味，必须对库房的异味进行消除。清除异味除了加强通风排气外，现在库房广泛使用臭氧进行异味的消除。但在使用臭氧的过程中一定要注意安全，当库房内有臭氧时，操作人员应在通风换气后进入库内进行作业。

2.速冻食品运输过程中的质量管理

(1)对冷藏运输设备性能的要求　速冻食品的冷藏运输设备要具有一定的制冷能力，使食品保持规定的温度；有装货设备、通风循环设备，以保证货物合理装载，保证运输设备内温度均匀；具有隔热处理的壳体，减少外界侵入热量；制冷装置要轻，占用空间少，安装稳定，能有效监督运输设备的温度状况，运输成本低。

(2)对冷冻运输设备环境的管理　用于食品运输和贮藏的工具和容器，必须防止食品被污染，进行适当的清洁与消毒。冷冻产品的温度应保持－18℃或更低。装运速冻食品的运输设备，要确保所装货物的前部、后部、顶部、下部及两侧制冷空气都能自由流动。冷冻运输设备只能用来运输已经冷冻加工的食品，切忌用冷冻运输设备运输未经冷冻加工的食品。

(3)对货物装卸过程的质量控制　运输设备应在装货前事先冷却，在装货过程中，应停止运输设备上的风扇。装、卸速冻食品时，须尽可能迅速；确保运输期间，食物产品摆放正确，要尽量密集码放，货垛与车厢或集装箱的围护结构之间都要留有空隙，避免散落或其他事故发生。装货或卸货过程中，不论因何种原因中途停止，运输设备的门始终要保持关闭。运输设备在某目的地还未完全卸除货物前，就应准备好装货的顺序。

(4)运输途中的质量控制　装货、运输和卸货期间只要产品温度保持在推荐温度水平，不会导致产品质量变化。运输设备应隔热，并应确保运送期间能够保持建议温度。运输车辆应装备适当的温度测量装置，以记录车内的空气温度。冷藏设施(如运输车辆等)应配备温度测量装置，最好是记录式温度计。避免食品受到异味、异臭及微生物的污染。运输冷冻食品的冷藏车，尽量不运其他货物。

注意事项：

● 运送途中尽可能减少产品温度高于－18℃情况，并且在任何情况下，产品包装温度最高都不能超过－12℃。任何产品出现温度高于－18℃，都应尽快降至－18℃。交货时，如果出现产品温度升高，必须在交货后立即降至－18℃。如果无法做到，该产品应尽快售出。

3.速冻食品销售过程中的质量管理

(1)对陈列柜的要求　存放速冻食品的陈列柜应具有制冷设备，有隔热处理，能保证冷冻食品处于适宜的温度下，使速冻食品在出售之前始终保持冻结状态。能很好地展示食品的外观，便于消费者选购，安全、卫生、无噪声，动力消耗少。

(2)批发零售时质量控制　零售过程中应注意冷冻食品温度变化，应将所售的速冻食品置于配有温度计的冷藏柜中，温度保持在－18℃。产品温度短期内升高是可以接受的，但产品包最热处的产品温度不能高于－12℃。避免冷藏柜所陈列的商品接触热空气流和一般的辐射热（比如，应免受阳光直射，强灯光照射，或加热器直接影响）。夜间或周末应对冷藏柜有所遮盖。设置解冻循环功能时，应尽可能使解冻避开营业时间。冷藏柜中的物品存储不能超过承载线。所存货物应注意轮换，以确保按“先进先出”原则销售产品。

【任务分析】

为了使同学们更好地掌握冷链系统在贮运输和销售过程中温度控制管理的方法等，同学们利用所学过的知识，通过网络查询和现场模拟，明确各环节中温度对品质影响的关键控制点，设计一份速冻食品质量控制的方案。

【任务实施】

小组讨论，制订工作方案、确定人员分工。

1. 工作方案

表 8-9　质量控制方案设计表

组长		组员			
学习项目					
学习时间		地点		指导教师	
资料的收集					
温度影响的关键控制点					
控制措施					

2. 人员分工

表 8-10　工作分工表

姓名	工作分工	完成时间	完成效果

【评价与反馈】

1. 小组内评价

表 8-11　小组内评价表

班级		小组		姓名	
等级	实训态度/20	知识运用能力/30	实训报告/30	协作能力/20	总分
A	态度认真，积极主动，准备充分 认真记录，16～20	熟练运用知识，问题分析准确，解决措施得当 24～30	报告翔实，表述准确 24～30	协作能力强，表达能力强 16～20	
B	较好 12～16	较好 18～24	较好 18～24	较好 12～16	
C	一般 8～12	一般 12～18	一般 12～18	一般 8～12	
D	较差 0～8	较差 0～12	较差 0～12	较差 0～8	
得分					

2. 小组间评价

表 8-12　小组间评价表

班级		小组	评价人	
等级	问题分析评价/40	解决措施评价/40	答辩/20	总分
A	资料准备充分，问题分析正确，16～20	方案设计合理，措施得当，30～40	PPT 设计美观，回答问题确切，知识面广 16～20	
B	较好 12～16	较好 18～24	较好 18～24	
C	一般 8～12	一般 12～18	一般 12～18	
D	较差 0～8	较差 0～12	较差 0～12	
得分				

3. 教师评价

表 8-13　教师评价表

班级		小组		姓名	
等级	工作态度/20	知识运用能力/30	工作方案/30	协作创新能力/20	总分
A	工作认真，积极主动 16～20	知识掌握的熟练 24～30	格式规范，内容完整，真实 24～30	表现突出，报告完整，立意创新，同学认可 16～20	
B	较好 12～16	较好 18～24	较好 18～24	较好 12～16	
C	一般 8～12	一般 12～18	一般 12～18	一般 8～12	
D	较差 0～8	较差 0～12	较差 0～12	较差 0～8	
得分					

【知识拓展】

一、中国食品冷链发展概况

中国冷链从1954年开始建设，历时几十年的发展，目前已出现了较为完整的冷链，从原料到销售每一个环节的冷链已经初步形成。追溯我国食品冷链的发展历程，大致可分为以下两个阶段。

第一阶段：食品冷链的形成阶段。我国食品工业中食品冷链的形成得益于以下四点。首先，从20世纪70年代中期至80年代中期，我国改革开放政策的成功，极大地提高了农、牧、渔业的劳动生产率，农村各类农副产品日见充沛，在自给有余的前提下，国家收购后需调节余缺。其次，为了解决生产季节性，调节市场均衡供应，食品冷链发展迅猛，日见普及。基本做到各县城均有冷藏库，为贮藏易腐食品打下了坚实基础。再次，国家狠抓基础设施建设，国道、省级公路和铁路运输网初具规模，是发展食品贮运的又一坚实基础。第四，国家领导人的高度重视，推动了我国冷藏运输设备的试制和生产。具备了这几个方面，尽管当时用保温车贮运易腐食品的数量远少于敞篷车贮运量，但是形成了我国食品冷链的雏形，只是当时还处于计划经济模式，同时也受到当时实际生产水平和国家综合经济实力的限制，食品冷链不可能有很大的发展。

第二阶段：食品冷链的高速发展时期。从20世纪90年代至今，我国对城市和工业经济成功地实行体制改革。同时，对外开放不断深入，外资和先进技术装备不断引进，国民经济飞速发展，国家综合实力和人民生活水平迅速提高，对食品的需求无论在数量还是在质量上提出了更高的要求，致使我国食品冷链进入蓬勃发展期。可以说，冷链的兴起和发展是生产和生活水平提高到一定规模的必然产物。从整体冷链体系而言，中国的食品冷链还未形成体系，冷链发展的滞后在相当程度上影响着速冻食品产业的发展。

二、我国冷链发展中存在的问题

1.冷链各环节的发展不平衡，缺乏上下游的整体规划

在冷库建设中还存在一些误区，重视肉类低温冻结冷库的建设，忽视果蔬高温保鲜冷库建设；重视城市经营性冷库建设，忽视产地加工生产性冷库建设；重视大中型冷库发展及管理，忽视批发销售小冷库的发展及管理。在食品供应链上，冷链的发展中存在严重的失衡和无法配套的现象；缺乏上下游的整体规划和整合，也缺乏食品冷链的综合性专业人才。目前冷链的建设基本限于大、中城市的冷藏库建设，全面的冷链建设尚未形成，更没有形成冷链的健全体系和连贯的贮运能力。

2.食品冷冻加工良莠不齐，国产速冻设备质量不高

冷冻食品企业规模小，目前全国2 000余家冷冻食品生产企业，产量稳定在万吨以上的为数不多，规模生产和统一的大市场尚未形成。我国一些引进技术和设备的企业，产品水平接近国际先进水平，但设计、装备制造和技术服务能力仍有差距。市场上流通的冷冻食品包装缺少保温性能，对冷冻食品的品质影响很大。

3. 冷链的发展仍处于无序状态，管理亟待加强

冷冻食品生产没有统一的行业标准和规范可循。当前，商业系统、轻工系统、外贸系统和水产系统都在各自生产冷冻食品，没有统一的行业标准和规范可遵循，管理处于无序状态，导致冷冻食品的质量参差不齐。在冷冻加工品种、数量、质量、包装及管理等方面尚存在一些隐患。其一，宏观管理失控致使行业管理混乱，产品质量低下，相关生产、运输、销售等的标准和法规的制定相对滞后；其二，产品质量无章可循，品种单调，重复现象严重；其三，销售条件欠缺。易腐食品的产、运、销部门互相分割，没有冷链的统管机构。

4. 食品冷链的硬件设施建设不足

中国目前的冷库总容量为 700 多万 t，中国冷藏汽车约有 3 万辆，铁路冷藏车只有 6 970 辆，每年需调运的易腐食品约 4 000 万 t，食品冷藏运输率 10%左右，由此可见，中国目前的冷链设施和冷链物流装备不足，原有设施设备陈旧，发展和分布不均衡，无法为易腐食品流通系统地提供低温保障。由此产生两个直接后果，一是易腐食品特别是初级农产品的大量损耗，由于运输过程中损耗高，整个物流费用占到易腐物品成本的 70%；二是食品安全方面存在巨大隐患。

5. 冷链配送技术落后，冷藏物流技术亟待提高

冷藏保鲜装置和冷藏陈列柜在大中城市中较大型的商场、食品超市或冻品专卖店配置较为齐全，但小城镇和农村市场的冷藏设备配置发展较缓慢；且国产冷柜质量参差不齐，性能不稳定，造成冷链中断；而进口冷柜价格又昂贵，令商家却步。我国目前能耗少的冷柜产品也仅达欧盟的 B、C 级能耗水平。食品冷藏柜设施运行服务队伍尚未走向专业化、独立化。

6. 食品冷链的市场化程度很低，第三方物流服务不能到位

中国易腐食品除了外贸出口的部分以外，大部分在国内流通的易腐食品的物流配送业务是由生产商和经销商完成的，食品冷链的第三方物流发展十分滞后，服务网络和信息系统不够健全，大大影响了食品物流的在途质量、准确性和及时性，同时食品冷链的成本和商品损耗很高。冷藏物流市场还没有形成规模，缺乏一批有影响力、全国性的第三方冷藏物流公司。

【思考练习】

1. 速冻食品在贮运和销售过程中会发生怎样的变化？
2. 速冻食品贮运和销售过程中温度控制的措施有哪些？
3. 速冻食品贮运和销售过程中如何控制质量的变化？

任务 3　速冻食品的解冻

【任务目标】

1. 掌握食品解冻的基本概念及解冻过程中的质量变化。
2. 掌握速冻食品常见的解冻方法及各种解冻方法的特点。

【相关知识】

一、食品解冻的基本概念和产品的解冻状态

1. 食品解冻的概念

食品解冻是指冻结食品温度回升，部分或全部冰晶融化的过程。

2. 食品解冻产品的解冻状态

冻结食品在消费或加工前必须解冻，解冻状态可分为半解冻和完全解冻。解冻是冻结的逆过程，在解冻过程中加入的热量使食品内的冰重新融化成水，并被组织吸收，吸收得越多，复原得越充分，解冻后产品质量就越好。解冻时冻品的融化层由表层逐渐向内推进，解冻过程可以分为三个阶段。第一阶段从冷藏温度至－5℃；第二阶段从－5～－1℃，称为有效温度解冻带，即相对于冻结过程中的最大冰结晶生成带；第三阶段从－1℃至所需的解冻终温。

二、速冻食品解冻过程中的质量变化

解冻时，越靠近食品的表面，解冻速度越快，解冻时间越短，因水的导热系数小于冰的导热系数，因此，解冻速度随解冻的进行而降低，越靠近食品深层，所需的解冻时间越长。因此，当食品深层温度达到食品冰点时，表面可能已长时间受解冻介质的作用，产品质量自然下降。

食品在解冻过程中的质量变化主要是汁液(液滴)流失。即速冻食品在冻结或冷藏过程中，由于冰晶的作用，组织细胞受到的机械损伤，解冻时产生细胞汁液的流失现象。解冻时汁液流失的影响因素主要有冻结速度、冷藏温度、生鲜食品的 pH 值、解冻速度等；造成汁液流失的原因还与食品的切分程度、冻结方式、冷藏条件以及解冻方式等有关。汁液流失对食品的质量影响最大，因此，流失液的产生率是评定冷冻食品质量的指标之一。

食品因冻结而使细胞结构受到损害，解冻时温度上升，细胞内压增加，汁液流失加剧，微生物和酶的活力上升，氧化速率加快，水分蒸发加剧，使食品重量减轻；冻结使蛋白质和淀粉失去持水能力，解冻后一部分水分不能被细胞回吸，造成食品的汁液流失，流失液中溶解有蛋白质、盐类、维生素等，使食品的风味和营养价值降低，重量也减轻。

三、速冻食品的解冻方法

速冻食品的解冻方法，按供热方式可分为外部加热法和内部加热法两种。外部加热法是利用外部介质的温度高于冻结食品的温度，进行由表面向内部传递热量以达到解冻的目的；常用的有空气解冻、水解冻、水蒸气凝结解冻等。内部加热法是利用电流和微波的特性，在冻结食品解冻时从内外同时进行加热解冻，常用的有低频电流加热解冻、高频电流加热解冻、微波解冻法等。也有采用多种方式的组合加热解冻，将使用空气、水和电来解冻食品的方法组合起来，称为组合加热法；组合加热法基本上都是以电解冻为主，再辅之以空气解冻或水解冻。

(一)外部加热解冻法

1. 空气解冻

空气解冻又称自然解冻,现已被广泛使用。常用的有以下 5 种方法。

(1)静止空气解冻 这是在空气温度为 15℃以下缓慢解冻的方法,故又称缓慢解冻法。此法对食品质量和卫生保证都很好,食品的温度比较均匀,汁液流失也较少,因为食品内的组织细胞有充足的时间来吸收冰融化后的水分。其缺点是解冻时间长,食品由于水分蒸发而失重较大。为了减少微生物的污染,可在解冻间装紫外灯杀菌。

(2)流动空气解冻 采用风机连续送风使空气循环进行解冻,又称快速解冻法。此法能大大缩短解冻时间,食品的干缩量也减少。但解冻过程中会因食品表面的汁液融化快,细胞组织来不及吸收而造成汁液流失较多,同时食品的表面层有干燥的倾向,故解冻时,应调节温度和湿度,最好带有包装解冻。

(3)热空气解冻 一般在温度 25～40℃、相对湿度为 98%～100%的条件下进行,解冻较快。这是由于热空气向食品表面冷凝,利用相变热来加速解冻。但由于空气温度高,会使食品表面先融化,内部后融化,故会影响食品的质量。

(4)加压空气解冻 在容器中通入压力为 0.196～0.294 MPa 的压缩空气,由于压力升高,冰点也升高,故在同样解冻介质温度下,食品易融化,解冻时间短,解冻后质量也好。如果在加压容器内使空气在风速 1～1.5 m/s 的条件下流动,把加压和流动空气组合起来以改善食品表面的传热状态,则能大大缩短解冻时间。

(5)隧道解冻 隧道解冻是法国先提出来的。该法解冻过程分为三个阶段:第一阶段,空气温度为(14±1)℃,空气循环量为每小时 200 次,相对湿度为 96%,时间少于 20 h;在第二阶段,空气温度为(10±2)℃,空气循环量为每小时 200 次,相对湿度为 96%,时间少于 16 h;在第三阶段,空气温度为(0±2)℃,空气循环量为每小时 100 次,相对湿度为 60%～70%,时间约为 4 h。总时间约 36 h,解冻后,放在温度不高于 3℃的库中存放。采用这种方法解冻后的产品质量好,不失重。

2. 水解冻

水比空气传热性能好,对冻结食品解冻快,且食品表面有水分浸润,还可增重。但食品的某些可溶性物质在解冻过程中将部分失去,且易受微生物污染。常用的水解冻方法有静水解冻、流水浸渍解冻和喷淋解冻。

(1)静水解冻 静水解冻适用于对带皮或有包装的冻结食品解冻,对半胴体的肉类和鱼片等,因切断面的营养物质会被水浸出,裸露部分易受污染,故不适用,如卫生条件不好,则细菌污染严重。

(2)流水浸渍解冻 流水浸渍解冻适用于冻鱼等小型冻结食品,使水温经常保持在 5～12℃,解冻时间只需 80～90 min。

(3)喷淋解冻 喷淋解冻是将冻结食品放在传送带上,用 18～20℃的热水向冻结食品喷淋解冻。水可以循环使用,但需要过滤器和净水器处理以保持卫生。也可把喷淋和浸渍结合在一起进行解冻。

3.水蒸气凝结解冻

水蒸气凝结解冻又称真空解冻，是利用蒸汽压力与沸点的对应关系，使水在低温下沸腾而形成水蒸气。例如，在 3 333 Pa 的压力下，水在 26℃就可沸腾。低温蒸汽遇到更低温度的冻品产生凝结并释放出凝结热，热量被冻结食品吸收，从而使冻品温度升高。

真空解冻一般在圆筒状金属容器内进行。容器两端是冻结食品的进、出口，冻结食品放在小车上送入容器内，顶上是水封式真空泵，底部盛水。当容器压力为 1 333.2～199.8 Pa 时，水在 10～15℃时即沸腾，变成水蒸气，每千克水蒸气在冻结食品表面凝结时放出 2 093.4 kJ 的热量。当水温较低时，水蒸气产生的热量就少，此时可通过蒸气加热管慢慢地将水加热到 15～20℃。这种真空解冻可完全自动进行。

真空解冻比空气解冻提高效率 2～3 倍；而且在抽真空、脱气状态下解冻，大多数细菌被抑制，有效地控制了食品营养成分的氧化和变色，食品汁液流失量比在水中解冻显著减少。同时由于是低温的饱和水蒸气，故食品不会出现过热现象和干耗损失，而且色泽鲜艳，从而保证了食品的质量。此法适用于肉类、禽兔类、鱼类(包括鱼片)、蛋类、果蔬类以及浓缩状食品的解冻，且能经常保持卫生，可半自动化也可自动化进行。但真空解冻在对大块冻结食品的内层升温时比较缓慢，可先进行真空解冻 2 h 左右，然后再在空气中解冻。

(二)内部加热解冻法

1.低频电流加热解冻

利用食品自身的电阻，当电流通过冻结食品时产生的电阻热而使食品被解冻。此方法也称电阻解冻法。采用频率为 50～60 Hz 的低频交流电。

低频电流加热解冻比空气和水解冻的速度快 2～3 倍，且耗电少，运转费低。缺点是只有密贴部分才能通电流，因此，只能解冻表面平滑的块状食品，有空腔的食品的内部解冻不均匀，紧贴电极部分容易产生过热现象。

2.高频电流加热解冻

解冻电流频率在 1～50 MHz，一般选用 13 MHz、17 MHz、40 MHz。在解冻时，冻结食品放在加有高频电的极板之间，食品的介质分子在高频电场中受极化后，跟随高频电场的变化而发生相应的变化。分子之间互相旋转、振动、碰撞，产生摩擦热。频率越高，分子之间转动越大，产生的摩擦热也越多，食品的解冻也越快。冻结食品的发热是在表面和内部同时进行的，故解冻较快。

3.微波解冻

微波解冻是利用波长在 1 mm 到 2.54 cm 之间的电磁波间歇照射食品，使食品中的介电物质发生强烈振动产生热量而进行解冻，全解冻时间只需 10～30 min。微波解冻迅速且温度又不高，可以保持食品完好无损，质量好，维生素损失较少，并能很好地保持食品的色、香、味；对于带有纸箱包装的食品也能解冻，既方便又卫生；同时，微波解冻占地面积小，有利于实现自动化。微波解冻的缺点是微波加热不均匀，有局部过热现象，且投资费用大，设备和技术水平要求较高，耗电能多等。

(三)组合加热解冻法

1. 电和空气组合加热解冻

先用微波加热到能用刀切入的程度时停止电加热,继之以冷风解冻,这样不致引起食品局部过热,可避免食品温度不均匀的现象。

2. 电和水组合加热解冻

先采用水把冻结食品表面稍融化,然后进行电阻解冻,这样电流容易通过冻结食品内部,可缩短解冻时间,节约用电。

3. 高频电流和水组合加热解冻

英国普遍采用这种解冻法。设备由 6 台高频解冻装置组成,每两台之间是水解冻装置,每台高频解冻装置的功率为 20 kW。

4. 微波和液氮组合解冻

微波解冻中产生的过热,可用喷淋液氮来消除。喷淋液氮时最好以静电场控制,这样液氮的喷淋面可集中。冻结食品放在转盘上,使其受热均匀,从而保证了解冻食品的质量。

【任务分析】

目前冷库中有一批肉制品需要解冻,进一步加工成熏肉制品。同学们,利用你们所学过的解冻知识,结合实验室现有的能力,对样品进行解冻处理。每个小组至少选择两种解冻的方式,认真观察解冻后的样品特点,并做好记录,确定在实验室现有条件下相对适宜的解冻方法。

【任务实施】

小组讨论,制订工作方案、确定人员分工。

1. 工作方案

表 8-14 实验方案设计和记录表

组长		组员			
学习项目					
学习时间		地点		指导教师	
准备内容	样品的准备				
	实验设备的准备				
	拟采取的解冻方法				
具体步骤					
实验记录					
实验结论					

2. 人员分工

表 8-15　工作分工表

姓名	工作分工	完成时间	完成效果

【评价与反馈】

1. 小组内评价

表 8-16　小组内评价表

班级		小组		姓名	
等级	实训态度/20	知识运用能力/30	实训报告/30	协作能力/20	总分
A	态度认真，积极主动，准备充分 认真记录，16～20	熟练运用知识，完成任务 24～30	报告翔实，表述准确 24～30	协作能力强，表达能力强 16～20	
B	较好 12～16	较好 18～24	较好 18～24	较好 12～16	
C	一般 8～12	一般 12～18	一般 12～18	一般 8～12	
D	较差 0～8	较差 0～12	较差 0～12	较差 0～8	
得分					

2. 小组间评价

表 8-17　小组间评价表

班级		小组	评价人	
等级	试验方案形式评分/40	试验结果评价/40	答辩/20	总分
A	准备充分，方法正确，方案可行 16～20	记录翔实，结果准确 30～40	流程正确，回答问题确切，知识范围广 16～20	
B	较好 12～16	较好 18～24	较好 18～24	
C	一般 8～12	一般 12～18	一般 12～18	
D	较差 0～8	较差 0～12	较差 0～12	
得分				

3. 教师评价

表 8-18　教师评价表

班级		小组		姓名	
等级	工作态度/20	知识运用能力/30	工作方案/30	协作创新能力/20	总分
A	工作认真，积极主动 16～20	知识掌握的熟练 24～30	格式规范，内容完整，真实 24～30	表现突出，报告完整，立意创新，同学认可 16～20	
B	较好 12～16	较好 18～24	较好 18～24	较好 12～16	
C	一般 8～12	一般 12～18	一般 12～18	一般 8～12	
D	较差 0～8	较差 0～12	较差 0～12	较差 0～8	
得分					

【知识拓展】

一、中国食品冷链的发展趋势

(1)我国逐步健全有利于低温食品产业健康发展的标准体系和标准监督实施体系改建，建立有预冷等多道流程，使货物多存量、在保证产品品质的条件下宏观调控低温食品的产量及品种协调搭配。

(2)对我国现有大容量设计的冷库进行必要的改装，按单行线单进单出，避免污染。引导冷库由原来的大批量、少品种、多存量、存期长向小批量、多品种、少存量、多流通形式转化，以灵活的方式适应多品种、全方位的发展趋势。

(3)引入市场竞争机制，建立适合我国国情的冷藏运输体系，大力发展公路冷藏运输。提高鲜活易腐货物冷藏运输率，逐步完善易腐食品冷链。同时，应加大对现有冷藏运输管理体制的改革力度，为冷藏运输行业的大发展创造宽松的外部环境，建立由铁路、公路、水路齐上的多渠道、多层次的冷藏运输格局。

(4)做好超市店中冷藏柜的选型、设计以及规范管理工作。冷藏陈列柜的形式多样、功能齐全和运行节能是我们今后选型的主要标准，低温食品的发展突出一个主题即新鲜、安全、营养、卫生。

(5)开发制造用抗菌材料生产的新一代环保无菌和节能化的冷藏设施，无菌冰箱及冷柜的普及意味着冷链的进一步完善，对保持食品高品质将起到巨大的作用。

(6)建立专业物流配送中心及专业化、独立化的食品冷藏柜设施运行服务队伍。生鲜食品的健康发展，必须实现产、供、销各环节的密切合作，逐步建立起紧凑的一条龙生产、加工、营销体系。尤其在配送营销方面，保持冷链的完整对于保证生鲜食品品质是最为重要的手段。配送中心应经常了解消费需求，掌握市场动态，适时改善配送条件及配送品种与数量。

二、速冻食品加工和销售全过程的质量原则

1. 加工过程应遵循3C、3P原则

“3C原则”是指：冷却(chilling)、清洁(llean)、小心(care)。也就是说，要保证产品的清洁，不受污染；要使产品尽快冷却下来或快速冻结，要使产品尽快地进入所要求的低温状态；在操作的全过程中要小心谨慎，避免产品受任何伤害。“3P原则”是指：原料(products)、加工工艺(processing)、包装(package)。要求被加工原料一定要用品质新鲜、不受污染的产品；采用合理的加工工艺；成品必须具有既符合健康卫生规范又不污染环境的包装。

2. 贮运过程应遵循3T原则

“3T原则”是指：产品最终质量还取决于在冷链中贮藏和流通的时间(time)、温度(temperature)、产品耐藏性(tolerance)。“3T原则”指出了冻结食品的品质保持所允许的时间和品温之间存在的关系。冻结食品的品质变化主要取决于温度。冻结食品的品温越低，优良品质保持的时间越长。

3. 质量检查要坚持“终端原则”。

水产品的鲜度可以用测定挥发性盐基氮等方法来进行。不管冷链如何运行，最终质量检查应该是在冷链的终端，即应当以到达消费者手中的水产品的质量为衡量标准。

4. 建立现代化生产、加工、贮运、解冻、销售等设备保证体系

这是冷链的硬件保证条件之一。发展和建设冷链应该有合适的冷藏库和专业生产企业，能生产国产的质优价廉的速冻装置、冷藏保温车、冷藏集装箱、冷藏柜、解冻装置与生产冷冻食品相关的辅助设备。目前国内的生产企业，在这方面还没有形成能与国外产品相抗衡的质量、能力和规模。

【思考练习】

1. 什么是冷冻食品的解冻？
2. 冷冻食品在解冻过程中的质量会发生什么样的变化？
3. 空气解冻方法有哪几种？其特点是什么？
4. 组合解冻方法有哪些？其特点是什么？

附　录

附录 A
(规范性附录)

小麦粉馒头比容测定

A.1　仪器

A.1.1　天平:感量 0.01 g。

A.1.2　面包体积测量仪。

A.2　测定步骤

A.2.1　称量

蒸制好的馒头冷却 1 h 后,取 1 个馒头称量,精确到 0.1 g。

A.2.2　体积测量

用馒头体积测量仪(菜籽置换法)测量馒头体积,精确到 5 mL。

A.3　结果计算

馒头比容按式(A.1)进行计算。

$$\lambda = m/V \qquad (A.1)$$

式中:

λ—馒头比容,单位为毫升每克(mL/g);

V—馒头体积,单位为毫升(mL);

m—馒头质量,单位为克(g)。

计算结果保留小数点后 1 位。

A.4　精密度

在重复性条件下获得的两次独立测定结果的绝对差值不应超过 0.1 mL/g。GB/T 21118—2007。

附 录 B
（规范性附录）

小麦粉馒头 pH 的测定

B.1 仪器

B.1.1 pH 计。

B.1.2 天平：感量 0.01 g。

B.1.3 高速组织捣碎机。

B.2 测定步骤

B.2.1 试样制备

将待测馒头样品切碎，置于高速组织捣碎机的捣碎杯中，粉碎 3 min，置于磨口瓶中备用。称取上述粉碎后的试样 50.0 g 置于高速组织捣碎机的捣碎杯中，加入 150 mL 经煮沸后冷却的蒸馏水，再捣碎至均匀的糊状。

B.2.2 pH 计的校正

以下提到的试剂均为分析纯试剂。

称取 3.402 g 磷酸二氢钾和 3.549 g 磷酸氢二钠，用煮沸后冷却的蒸馏水溶解后定容至 1 000 mL。此溶液的 pH 为 6.92(20℃)。

称取 10.12 g 烘干后的邻苯二甲酸氢钾，用煮沸后冷却的蒸馏水溶解后定容至 1 000 mL。此溶液的 pH 为 4.00(20℃)。

采用两点标定法校正 pH 计。如果 pH 计无温度校正系统，缓冲溶液的温度应保持在 20℃以下。

B.2.3 试样的测定

将 pH 复合电极插入足够浸没电极的 B.2.1 制备的试样中，并将 pH 计的温度校正器调节到 20℃。待读数稳定后，读取 pH。同一个制备试样至少要进行两次测定。

B.3 结果计算

取两次测定结果的算术平均值作为测定结果，精确到 0.01。

B.4 精密度

在重复性条件下获得的两次独立测定结果的绝对差值不应超过平均值的 2%。GB/T 21118—2007。

附 录 C
（规范性附录）

小麦粉馒头水分测定

C.1 仪器

C.1.1 高速组织捣碎机。

C.1.2 干燥箱。

C.1.3 天平：感量 0.01 g。

C.1.4 扁形铝制或玻璃制称量瓶：内径 60～70 mm，高 35 mm 以上。

C.2　试样制备

将待测馒头样品切碎，置于高速组织捣碎机的捣碎杯中，粉碎 3 min，置于磨口瓶中备用。

C.3　测定方法

准确称取 2.00～5.00 g 试样置于称量瓶中，放入 60～80℃的干燥箱中干燥 2 h，再按 GB/T 5009.3—2003 的第一法“直接干燥法”的规定进行测定。

C.4　结果计算

样品水分含量按式(C.1)进行计算。

$$X=(m_1-m_2)/(m_1-m_3)\times 100\% \quad (C.1)$$

式中：

X—样品中的水分含量，单位为%；

m_1—称量瓶和样品的质量，单位为克(g)；

m_2—称量瓶和样品经过两次干燥后的质量，单位为克(g)；

m_3—称量瓶的质量，单位为克(g)。

计算结果保留小数点后 1 位。

参考文献

1.隋继学.速冻食品加工技术.北京:中国农业大学出版社,2008.

2.刘建学.食品保藏学.北京:中国轻工业出版社,2006.

3.张国治.速冻及冻干食品加工技术.北京:化学工业出版社,2008.

4.冯志哲.食品冷藏学.北京:中国轻工业出版社,2005.

5.林志民,等.冷冻食品加工技术与工艺配方.北京:科学技术文献出版社,2004.

6.刘建学.食品保藏原理.南京:东南大学出版社,2006.

7.周光辉.制冷技术及应用.西安:陕西人民教育出版社,2001.

8.中国2002年食品冷藏链大会论文集.2002.11.

9.中国2004年食品冷藏链大会论文集.2004.11.

10.第五届食品冷藏链大会论文集.2006.11.

11.第六届2008年食品冷藏链大会论文集,2008.11.

12.第七届2010年食品冷藏链大会论文集,2010.11.

13.曾庆孝.食品加工与保藏原理.北京:化学工业出版社,2002.

14.周家春.食品工艺学.北京:化学工业出版社,2003.

15.马长伟.食品工艺学导论.北京:中国农业大学出版社,2002.

16.彭珊珊,等.食品添加剂.北京:中国轻工业出版社,2009.3.

17.王韵.速冻汤圆品质改良的研究.江南大学,2009.

18.张国治.糯米粉的品质分析及速冻汤圆品质改良.冷饮与速冻食品工业,2006,12(2):39-42.

19.魏强华.HACCP在速冻汤圆生产中的应用.广东轻工职业技术学院学报,2004,3(4):19-21.

20.傅晓如,等.速冻汤圆生产新工艺.西部粮油科技,2001,26(6):37-41.

21.王德志,等.速冻食品专用油脂制备及其在汤圆中的应用评价.中国粮油学报,2010,25(12):71-73.

22.程学勋,等.不同加热方法对大米主要化学成分及食味的影响.粮食与饲料工业,2006,8:1-3.

23.吴伟雄,等.基于PLC的粽子蒸煮自动控制系统.机电工程,2007,24(3):64-67.

24.梁锐鸿.热处理等加工过程对粽子品质的影响.华南理工大学,2011.

25.张国治,等.HACCP在速冻粽子生产中应用.河南工业大学学报,2007,28(6):49-54.

26.隋继学,等.速冻食品的质量管理.食品工业科技,2003,4:90-91.

27.速冻食品生产HACCP应用准则:GB/T 25007—2010.

28.陈光耀.不浸泡蒸煮方便米饭的工艺及食用品质研究.江南大学,2011.

29.朱卫中.冷冻米饭,粮食加工新技术.中日食品新技术研讨会论文集,66-72.

30.王正刚.大米保鲜及大米新陈度快速检测技术研究进展.粮食加工,2007,32(3):27-30.

31. 刘敏，等. 方便米饭生产中若干技术问题的探讨. 武汉工业学院学报，2000，2：28-31.

32. 稻谷、大米蒸煮食用品质感官评价方法：GB/T 15682—2008.

33. 杨晓蓉，等. 不同类别大米糊化特性和直链淀粉含量的差异研究. 中国粮油学报，2001，16(6)：37-42.

34. 叶为标. 淀粉糊化及其检测方法. 粮食与油脂，2009，1：7-10.

35. 隋继学. 制冷与食品保藏技术. 北京：中国农业大学出版社，2005.

36. 张文叶. 冷冻方便食品加工技术及检验. 北京：化学工业出版社，2005.

37. 谢晶. 食品冷冻冷藏加工技术. 北京：化学工业出版社，2005.

38. 中国冷链物流联盟. 中国冷链年鉴. 北京：航空工业出版社，2011.

39. 中国物流与采购联合会冷链物流专业委员会. 中国冷链物流发展报告. 北京：中国物资出版社，2010.

40. 隋继学，等. 河南省速冻食品业现状及发展趋势. 冷藏技术，2009，2：10-13.

41. 魏庆葆，等. 果蔬及肉类冷链食品在流通过程中的安全控制. 冷藏技术，2010，1：51-53.

42. 张雪，等. HACCP 在冷冻干燥蘑菇生产中的应用. 现代食品科技，2006，1：108-110.

43. 隋继学，等. 我国速冻食品未来十年的发展. 冷藏技术，2011，3：7-11.